定制毁伤系列丛书

失能定制毁伤

目光团队 ◎ 著

CUSTOMIZE DAMAGE TO
CAPABILITY CHARACTERISTICS
OF TARGET

北京理工大学出版社
BEIJING INSTITUTE OF TECHNOLOGY PRESS

版权专有　侵权必究

图书在版编目（CIP）数据

失能定制毁伤 / 目光团队著. -- 北京：北京理工大学出版社，2023.7

ISBN 978-7-5763-2639-0

Ⅰ. ①失… Ⅱ. ①目… Ⅲ. ①导弹-击毁概率-研究 Ⅳ. ①E927

中国国家版本馆 CIP 数据核字（2023）第 159583 号

出版发行 /	北京理工大学出版社有限责任公司
社　　址 /	北京市海淀区中关村南大街 5 号
邮　　编 /	100081
电　　话 /	(010) 68914775（总编室）
	(010) 82562903（教材售后服务热线）
	(010) 68944723（其他图书服务热线）
网　　址 /	http://www.bitpress.com.cn
经　　销 /	全国各地新华书店
印　　刷 /	保定市中画美凯印刷有限公司
开　　本 /	710 毫米×1000 毫米　1/16
印　　张 /	18.25
字　　数 /	316 千字
版　　次 /	2023 年 7 月第 1 版　2023 年 7 月第 1 次印刷
定　　价 /	128.00 元

责任编辑 /	张鑫星
文案编辑 /	张鑫星
责任校对 /	周瑞红
责任印制 /	李志强

图书出现印装质量问题，请拨打售后服务热线，本社负责调换

序言

从古至今,毁伤始终是战争中最激烈的作战行为,也是消灭敌人、保护自己的最后手段,影响战争进程、决定战争胜负。掌握技术和性能领先的毁伤武器是军事强国竞争的核心,也是抢占世界军事科技高地的关键。俄乌冲突让学术界深刻体会到毁伤科技与现代信息科技、无人科技、智能科技的深度融合,展现出前所未有的作战效能,成为致胜现代战场的有效方法。

目光先生是我十分敬仰的战略学者和专家,具有独到的学术眼光和深邃的观察力,针对未来战争可能出现的新目标、新作战环境和新作战样式,创建和发展了定制毁伤的新概念和学术思想,凝聚高校和兵器、航天、航空等研究力量形成了"定制毁伤研究团队",为毁伤科技发展提供了全新思路和独特视角。在目光先生的组织和策划下,定制毁伤团队历经系统论证和深化研究,广泛听取同行专家学者的宝贵意见后,反复锤炼,编纂出版了《导弹定制毁伤导论》这一开篇新作,构建了定制毁伤的基础理论体系,聚焦作战使命和功能定位梳理出四类典型目标,根据目标特性研究创新提出了"失基、失性、失能、失联、失智"(简称"五失")的定制毁伤样式,为毁伤科技发展指出了新方向,这完全可以成为导弹武器和毁伤科技工作者的"枕边书、手中宝"。

如众所望,继《导弹定制毁伤导论》后,《失能定制毁伤》新作如期而至,全书集合了人员、单元、平台和体系四类典型目标的易损性,阐述了通过削弱目标薄弱部位或环节的能力实现目标战斗力的毁损,即失能。由此,目光团队通过定制毁伤机理、样式和能量形态等研究,梳理出可行的技术途径,形成了216项失能定制毁伤图谱,为毁伤科技发展奉献出珍贵的智慧和成果。作为一名长期从事毁伤科技的研究人员,我由衷钦佩目光先生的睿智,为定制毁伤研究成果深感欣慰。我和大家一样,共同期待着他们后续新的佳作,也更加期望在他们的带领下,我国毁伤科技理论和技术跨入新的发展水平。

2023 年 7 月 23 日

前言

战争的根本法则是消灭敌人、保存自己。何为敌人？既包括敌方的作战人员，又包括敌方进攻和防御作战的手段。何为消灭？既包括剥夺敌方作战人员的生命和能力，又包括剥夺敌方作战手段的"生命"和能力。何为自己？既包括己方的作战人员，又包括己方进攻和防御的作战手段。何为保存？既包括通过防御作战最大限度地保存己方的作战人员和作战手段，又包括通过最大限度地消灭敌人保存己方的作战人员和作战手段。

作战人员和作战手段构成了作战的目标。何为目标？目标是战斗力的载体，是毁伤的对象。何为战斗力？战斗力既包括作战人员，又包括作战装备，也包括作战环境和作战对手。何为毁伤？让目标削弱和丧失战斗力就是毁伤。

从战斗力的角度看目标，目标的种类包括人员类目标、单元类目标、平台类目标和体系类目标。目标的种类不同，其所承载的战斗力要素和内涵亦不同。目标从人员到体系的演变，是科技变革和战争形态发展的结果。战争形态每发展到一个新的阶段，就会出现新的目标形态，就会出现新的战斗力要素，消灭敌人、保存自己的内涵就会更加丰富。

从目标角度看战斗力，四类目标共包含12种作战能力，即生命力、机动力、火力、防护力、信息力、保障力、凝聚力、协同力、弹性力、覆盖力、敏捷力、智能力。无论何种目标，都至少包括一种作战能力。任何作战能力的削弱和丧失，目标在战争和作战中的地位和作用就会降低，战斗力就会下降。因此，打击和毁伤目标的过程，就是削弱和丧失目标作战能力的过程，就是压制和降低敌方战斗力的过程，就是消灭敌人、保存自己的过程。

从作战能力看能力特性，目标种类不同，具有不同的关键且易损能力特性。人员类目标具有功能特性、品质特性、思维特性、行动特性、保障特性、兵力众员特性等6项通用关键且易损特性。单元类目标具有感知装备特性、认知装备特性、机动装备特性、攻防装备特性、网电装备特性、保障装备特性、交通设施特性、工程设施特性等8项通用关键且易损特性。平台类目标具有结构特性、感知特性、攻防特性、网电特性、保障特性等5项通用关键且易损特性。体系类目标具有节点特性、网络特性、支援特性、对抗特性、自主特性、环境特性等6项通用关键且易损特性。这25项共性能力特性的削弱和丧失，就会带来12种通用作战能力的削弱和丧失，就会带来战斗力的削弱和丧失。因此，失能即是毁伤，失能就转化为丧失通用能力特性。

从通用能力特性看毁伤方式和能量形态，毁伤的方式分为硬毁伤和软毁伤、直接毁伤和间接毁伤、整体毁伤和局部毁伤等，毁伤的能量形态包括机械能、热能、化学能、电能/磁能、辐射能、核能和信息能。对任何一种通用能力特性的毁伤，总会寻找出一种或多种最佳的毁伤方式和最优的毁伤能量形态。不局限于硬毁伤和直接毁伤，不局限于机械能毁伤和化学能毁伤，是失能定制毁伤的精髓所在。

从毁伤方式和能量形态看毁伤技术途径，通过逐一分析和选择，可以得到216项失能定制毁伤技术图谱。技术图谱并非包罗万象，试图得到所有可能的失能定制毁伤技术，但一定会存在程度不同的疏漏。技术图谱是毁伤发展的"指南针"。目前列出的216项毁伤技术，没有更深入的技术具象，更多的是指出一种毁伤的可能性，一种创新突破的毁伤技术途径。这种创新源于对毁伤本质的理解和认知，源于对定制毁伤的认识和把握，源于对未来目标的发展和把握，源于对打赢战争的坚定信念。不是所有的技术途径和可能都会转化为现实的毁伤能力，不是所有的技术途径都会产出累累硕果。只要沿着"指南针"所开辟的新方向和新路径不断探索，就一定会进入毁伤的新境界和新高地，就一定会抵达定制毁伤的彼岸。

为解决失能定制毁伤能否达成作战目的的疑虑，针对四类目标的12种通用作战能力，按照杀伤链的要素和流程，设计了作战场景和想定，设想了打击的手段和毁伤的方式，并对失能定制毁伤的有效性进行了初步的评估。透过这些作战想定和失能毁伤方式手段，可以体会到失能定制毁伤的意义所在。

本书正是以上研究思考成果的集大成之作，是继《导弹定制毁伤导论》之后定制毁伤系列作品的第二部著作，是目光团队集体智慧的结晶。目光是失能定制毁伤概念、理论、方法和技术的提出者和倡导者，指导和参与全书各章的研究和创作，负责全书的统稿审核；北京理工大学材料学院是本书的牵头组织单位，提供了方方面面的保障和支撑；材料学院邹浩明主笔第一章，空空导弹研究院刘俊明主笔第二章，兵器203研究所姬龙、郭勋成主笔第三章，兵器5013厂李东伟主笔第四章，西安交通大学董军和目光主笔第五、第六和第七章，航天二院二部谷逸宇主笔第八章，邹浩明、马圆圆负责文字统筹和校对工作。全书经过两轮综合修改，张维民、樊会涛、杨树兴、邹汝平、肖川、庞思平、金海波、马壮、黄风雷、肖忠良、黄正祥、何勇、闫桂荣、初哲、王平、白真、梁争锋、王伯周、王邵慧、冯成良、刘俞平、唐明南、宋保华、崔东辉、段春泉、李炜、张东俊等专家和学者提出了非常宝贵的修改意见和建议。在此，对组织单位和各参与创作的单位给予的支持和帮助，对各位作者的深入研究和辛勤劳作，对各位专家学者的认真负责和专业精神，表示衷心的感谢！

  本书适用于从事毁伤技术研究、导弹技术研究、导弹作战运用研究等相关部门及人员，可作为相关院校的教学参考。欢迎各位读者提出批评意见和修改建议。

  落笔之时，恰逢毛泽东逝世46周年纪念日。掩卷长思，更加缅怀毛泽东的丰功伟绩，更加体会人民战争的巨大威力。不禁畅想，若将失能定制毁伤比作制衡强敌的"人民战争"，必定会将各类强敌目标埋葬于定制毁伤的汪洋大海之中。

目光
起草于 2022 年 9 月 9 日
修改于 2022 年 11 月 18 日

目　录

第一章　能与失能 ··· 001
第一节　目标与能力 ··· 001
一、从目标的属性看目标 ·· 001
二、从能力的性质看能力 ·· 004
三、从能力的演变看目标 ·· 005
四、从目标的形态看能力 ·· 006
五、从通用的目标看能力 ·· 008
第二节　导弹与杀伤链 ·· 009
一、导弹杀伤链 ··· 009
二、筹划链 ··· 011
三、任务链 ··· 012
四、飞行链 ··· 014
五、毁伤链 ··· 015
六、评估链 ··· 016
七、"五链"的关系 ·· 018
第三节　失能与毁伤 ·· 019
一、失能定制毁伤概念 ·· 019
二、失能定制毁伤特点 ·· 020
三、失能定制毁伤规律 ·· 020
四、失能定制毁伤机理 ·· 021

第四节 途径与技术 ··· 022
   一、确定目标的关键能力特性 ·································· 023
   二、确定目标的关键且易损特性 ································ 023
   三、确定毁伤的方式 ·· 023
   四、确定毁伤的能量形态 ·· 024
   五、确定毁伤的技术途径 ·· 024
   六、确立毁伤技术图谱 ··· 024

第五节 设计与实现 ··· 025
   一、选择需要打击的作战目标类型 ···························· 025
   二、分析作战目标的作战能力 ·································· 026
   三、分析目标的关键且易损特性 ······························· 027
   四、选择失能毁伤的技术途径 ·································· 028
   五、设计失能毁伤的战斗部/有效载荷 ······················· 029
   六、设计导弹和武器系统 ·· 029

第六节 想定与运用 ··· 029
   一、失能的作战筹划 ·· 030
   二、失能的作战过程 ·· 031

第二章 失能定制毁伤目标 ··· 033

第一节 目标与战斗力 ·· 033
   一、目标的概念 ·· 033
   二、生产力与战斗力 ·· 034
   三、目标和战斗力 ··· 036

第二节 目标的演变 ··· 036
   一、原始战争与毁伤目标 ·· 037
   二、冷兵器战争与毁伤目标 ····································· 037
   三、热兵器战争与毁伤目标 ····································· 039
   四、机械化战争与毁伤目标 ····································· 040
   五、信息化战争与毁伤目标 ····································· 041

第三节 目标的形态 ··· 042
   一、人员类目标 ·· 043
   二、单元类目标 ·· 044
   三、平台类目标 ·· 046
   四、体系类目标 ·· 047

第四节　目标的能力 050
一、人员类目标的能力 050
二、单元类目标的能力 051
三、平台类目标的能力 053
四、体系类目标的能力 054
五、目标的通用作战能力 058

第三章　失能定制毁伤链 060
第一节　毁伤过程与毁伤链 060
一、从毁伤过程看毁伤 061
二、从毁伤要素看毁伤 061
三、从毁伤因素看毁伤 062
四、从毁伤机理看毁伤 062
五、从毁伤系统看毁伤 062
六、毁伤链的概念与内涵 063

第二节　能量控制 065
一、能量控制的概念 065
二、能量控制的分类 066
三、能量控制的方式 067

第三节　能量释放 069
一、能量释放的概念 069
二、能量释放的分类 075
三、能量释放的方式 075

第四节　能量转化 076
一、能量转化的概念 077
二、能量转化的分类 078
三、能量转化的方式 078

第五节　目标响应 079
一、目标响应的概念 080
二、目标响应的分类 080
三、目标响应的方式 080

第六节　毁伤链的毁伤有效性 082
一、毁伤有效性概念内涵 082
二、控制精准性的表征 086

三、释放完全性的表征 ··· 086
四、转化高效性的表征 ··· 087
五、响应针对性的表征 ··· 087
六、毁伤有效性的表征 ··· 087

第四章　失能定制毁伤机理 ··· 088

第一节　基本概念 ··· 088
一、组成要素 ··· 088
二、构成因素 ··· 095
三、相互关系 ··· 098

第二节　能量控制的机理 ··· 100
一、能量控制的种类 ··· 100
二、能量控制的形态 ··· 101
三、能量控制的本质 ··· 102
四、能量控制的机理 ··· 103

第三节　能量释放的机理 ··· 103
一、能量释放的种类 ··· 104
二、能量释放的形态 ··· 105
三、能量释放的本质 ··· 106
四、能量释放的机理 ··· 106

第四节　能量转化的机理 ··· 107
一、能量转化的种类 ··· 107
二、能量转化的形态 ··· 108
三、能量转化的本质 ··· 109
四、能量转化的机理 ··· 109

第五节　目标响应的机理 ··· 110
一、目标响应的种类 ··· 110
二、目标响应的形态 ··· 111
三、目标响应的本质 ··· 113
四、目标响应的机理 ··· 113

第五章　关键特性和易损特性（一） ································· 115

第一节　生命力特性 ··· 115
一、生命力模型 ·· 115

二、感知力关键特性和易损特性 ······················· 117
三、认知力关键特性和易损特性 ······················· 118
四、行为力关键特性和易损特性 ······················· 119
五、意志力关键特性和易损特性 ······················· 120
六、生命力关键且易损特性 ························· 121

第二节 机动力特性 ··················· 121
一、机动力模型 ····························· 121
二、兵力机动力关键特性和易损特性 ····················· 123
三、平台机动力关键特性和易损特性 ····················· 125
四、火力机动力关键特性和易损特性 ····················· 126
五、信息机动力关键特性和易损特性 ····················· 128
六、机动力关键且易损特性 ························ 129

第三节 火力特性 ···················· 129
一、火力模型 ····························· 129
二、火力密度关键特性和易损特性 ····················· 131
三、火力覆盖关键特性和易损特性 ····················· 132
四、火力闭环关键特性和易损特性 ····················· 132
五、火力关键且易损特性 ························ 134

第四节 信息力特性 ···················· 134
一、信息力模型 ···························· 135
二、信息感知力关键特性和易损特性 ···················· 137
三、信息处理力关键特性和易损特性 ···················· 137
四、信息利用力关键特性和易损特性 ···················· 138
五、信息传输力关键特性和易损特性 ···················· 139
六、信息力关键且易损特性 ······················· 140

第五节 防护力特性 ··················· 140
一、防护力模型 ···························· 140
二、主动防护力关键特性和易损特性 ···················· 142
三、被动防护力关键特性和易损特性 ···················· 143
四、环境防抗力关键特性和易损特性 ···················· 144
五、防护力关键且易损特性 ······················· 146

第六节 保障力特性 ··················· 147
一、保障力模型 ···························· 147
二、后勤保障力关键特性和易损特性 ···················· 149

三、装备保障力关键特性和易损特性 ………………………………… 150
　　四、作战保障力关键特性和易损特性 ………………………………… 152
　　五、保障力关键且易损特性 …………………………………………… 153

第六章　关键特性和易损特性（二） ……………………………………… 155

第一节　凝聚力特性 ……………………………………………………… 155
　　一、凝聚力模型 ………………………………………………………… 156
　　二、作战力量凝聚力关键特性和易损特性 …………………………… 157
　　三、作战体系凝聚力关键特性和易损特性 …………………………… 158
　　四、凝聚力关键且易损特性 …………………………………………… 159

第二节　协同力特性 ……………………………………………………… 159
　　一、协同力模型 ………………………………………………………… 159
　　二、沟通力关键特性和易损特性 ……………………………………… 160
　　三、配合力关键特性和易损特性 ……………………………………… 161
　　四、互补力关键特性和易损特性 ……………………………………… 162
　　五、协同力关键且易损特性 …………………………………………… 162

第三节　弹性力特性 ……………………………………………………… 162
　　一、弹性力模型 ………………………………………………………… 163
　　二、自组织力关键特性和易损特性 …………………………………… 164
　　三、自适应力关键特性和易损特性 …………………………………… 165
　　四、自定义力关键特性和易损特性 …………………………………… 167
　　五、弹性力关键且易损特性 …………………………………………… 168

第四节　覆盖力特性 ……………………………………………………… 168
　　一、覆盖力模型 ………………………………………………………… 169
　　二、任务覆盖力关键特性和易损特性 ………………………………… 170
　　三、战场覆盖力关键特性和易损特性 ………………………………… 171
　　四、能力覆盖力关键特性和易损特性 ………………………………… 172
　　五、覆盖力关键且易损特性 …………………………………………… 174

第五节　敏捷力特性 ……………………………………………………… 174
　　一、敏捷力模型 ………………………………………………………… 175
　　二、灵活性关键特性和易损特性 ……………………………………… 176
　　三、快速性关键特性和易损特性 ……………………………………… 177
　　四、协调性关键特性和易损特性 ……………………………………… 177
　　五、敏捷力关键且易损特性 …………………………………………… 178

第六节 智能力特性 … 179
一、智能力模型 … 179
二、人智力关键特性和易损特性 … 180
三、机智力关键特性和易损特性 … 181
四、人机交互力关键特性和易损特性 … 181
五、智能力关键且易损特性 … 182

第七节 共性关键且易损能力特性 … 182
一、分类原则与通用能力特性 … 182
二、人员类目标特性 … 184
三、单元类目标特性 … 184
四、平台类目标特性 … 185
五、体系类目标特性 … 186

第七章 失能定制毁伤技术途径 … 188

第一节 人员类目标失能技术途径 … 188
一、人员功能特性的失能技术途径 … 188
二、人员品质特性的失能技术途径 … 190
三、人员思维特性的失能技术途径 … 192
四、人员行动特性的失能技术途径 … 194
五、人员保障特性的失能技术途径 … 196
六、兵力众员特性的失能技术途径 … 196

第二节 单元类目标失能技术途径 … 198
一、感知装备特性的失能技术途径 … 198
二、认知装备特性的失能技术途径 … 199
三、机动装备特性的失能技术途径 … 200
四、攻防装备特性的失能技术途径 … 202
五、网电装备特性的失能技术途径 … 203
六、保障装备特性的失能技术途径 … 203
七、交通设施特性的失能技术途径 … 205
八、工程设施特性的失能技术途径 … 207

第三节 平台类目标失能技术途径 … 209
一、平台结构特性的失能技术途径 … 209
二、平台感知特性的失能技术途径 … 211
三、平台攻防特性的失能技术途径 … 211

四、平台网电特性的失能技术途径 ……………………………… 213
　　五、平台保障特性的失能技术途径 ……………………………… 214

第四节　体系类目标失能技术途径 ……………………………………… 215
　　一、体系节点特性的失能技术途径 ……………………………… 215
　　二、体系网络特性的失能技术途径 ……………………………… 216
　　三、体系支援特性的失能技术途径 ……………………………… 217
　　四、体系对抗特性的失能技术途径 ……………………………… 218
　　五、体系自主特性的失能技术途径 ……………………………… 219
　　六、体系环境特性的失能技术途径 ……………………………… 219

第五节　失能定制毁伤技术图谱 ………………………………………… 219
　　一、技术图谱 ……………………………………………………… 220
　　二、有关说明 ……………………………………………………… 220

第八章　失能定制毁伤运用 …………………………………………… 226

第一节　机动力失能毁伤运用 …………………………………………… 226
　　一、作战背景 ……………………………………………………… 226
　　二、作战筹划 ……………………………………………………… 227
　　三、作战过程 ……………………………………………………… 229

第二节　火力失能毁伤运用 ……………………………………………… 231
　　一、作战背景 ……………………………………………………… 231
　　二、作战筹划 ……………………………………………………… 232
　　三、作战过程 ……………………………………………………… 233

第三节　信息力失能毁伤运用 …………………………………………… 235
　　一、作战背景 ……………………………………………………… 235
　　二、作战筹划 ……………………………………………………… 236
　　三、作战过程 ……………………………………………………… 238

第四节　防护力失能毁伤运用 …………………………………………… 239
　　一、作战背景 ……………………………………………………… 239
　　二、作战筹划 ……………………………………………………… 239
　　三、作战过程 ……………………………………………………… 240

第五节　保障力失能毁伤运用 …………………………………………… 242
　　一、作战背景 ……………………………………………………… 242
　　二、作战筹划 ……………………………………………………… 242
　　三、作战过程 ……………………………………………………… 244

第六节　智能力失能毁伤运用 ·· 245
　一、作战背景 ·· 245
　二、作战筹划 ·· 245
　三、作战过程 ·· 247
第七节　生命力失能毁伤运用 ·· 248
　一、作战背景 ·· 248
　二、作战筹划 ·· 248
　三、作战过程 ·· 250
第八节　凝聚力失能毁伤运用 ·· 251
　一、作战背景 ·· 251
　二、作战筹划 ·· 251
　三、作战过程 ·· 253
第九节　覆盖力失能毁伤运用 ·· 254
　一、作战背景 ·· 254
　二、作战筹划 ·· 254
　三、作战过程 ·· 256
第十节　敏捷力失能毁伤运用 ·· 257
　一、作战背景 ·· 257
　二、作战筹划 ·· 258
　三、作战过程 ·· 259
第十一节　协同力失能毁伤运用 ··· 259
　一、作战背景 ·· 260
　二、作战筹划 ·· 260
　三、作战过程 ·· 261
第十二节　弹性力失能毁伤运用 ··· 262
　一、作战背景 ·· 262
　二、作战筹划 ·· 263
　三、作战过程 ·· 264

附表 ·· 265

参考文献 ··· 270

第一章
能与失能

能与失能是一对矛盾统一体。能是指目标的作战能力，寄附于目标之上，包含于目标之中，是目标的生命和灵魂之所在。失能是指剥夺目标的关键作战能力，使目标丧失生命和灵魂，空剩一副皮囊，失去作战和存在的意义。目标是战斗力的载体，失去战斗力的目标无异于废铜烂铁和断壁残垣。能与失能的较量，是体系与体系对抗的重心，是导弹攻防作战的焦点，是战争的时代形态和目标的时代特征的体现，是剥夺战争意志的根本。研究"能"就必须研究目标及其作战能力，研究"失能"就必须研究杀伤链和毁伤链、毁伤机理与毁伤技术、设计方法与作战运用。这些研究内容构成了本书的重点和核心，也构成了本书创作的思想脉络和逻辑路线。第一章所阐述的主要内容是对后七章内容的凝练和归纳。

第一节　目标与能力

失能定制毁伤是通过对目标关键且易损能力的损毁，使目标丧失作战能力的毁伤形式，因此首先要研究目标及其能力。

一、从目标的属性看目标

1. 目标的概念属性

目标的一般含义是指打击、攻击或寻求的对象，也指想要达到的境地或标准。这里我们重点强调的是目标的第一层含义，即打击和攻击的对象。传统的目标定义更多的是从目标的形态出发，将目标定义为硬目标和软目标、静目标和动目标、单目标和多目标、陆地目标和海空目标、有生目标和无生目标、自然目标和人工目标、装备目标和战场目标等。这种侧重于目标外在特性和功能的目标定义方法，不仅造成目标种类的宽泛，同时也带来毁伤需求的过度膨胀。

我们从目标的本质出发，从目标和战斗力的关系出发，从摧毁目标和使目标丧失战斗力的目的意义出发，对打击和攻击的目标进行了重新的定义和阐述，赋予了目标新的内涵。

目标是敌方作战力量的重要组成部分，是敌方战斗力的核心载体，是敌方战争潜力的突出标志，是导弹作战打击的主要对象，是定制毁伤的研究重点。对敌方目标的摧毁，意味着敌方作战力量的瓦解；对敌方目标作战能力的剥夺，等同于敌方战斗力的丧失。

目标是敌方作战力量的重要组成部分。作战力量由不同种类和规模的作战目标组成，不同性质的目标组成不同军种的作战力量，不同功能的目标组成特定体系和任务的作战力量，不同形态的目标组成不同形态的作战力量。

目标是敌方战斗力的核心载体。将一种战斗力要素或多种战斗力要素的组合置身于目标之上，使目标具有战斗力。不同种类的目标具有不同种类的战斗力要素和作战使命任务。不同形态的目标具有不同形态的战斗力要素和作战使命任务。没有战斗力的目标是没有军事价值的目标，战斗力要素越多或越强，目标的军事价值就越大。具有战斗力的目标不仅包括军事目标，还包括能够提供作战能力的民用目标。

目标是敌方战争潜力的突出标志。战争潜力目标是支撑战争的关键经济目标，包括国家主干企业、军工、石油、电力、化工等具有战争潜力价值的目标；是支撑战争的基础设施目标，包括道路、桥梁、机场等具有机动、战争物资输送价值的目标；是支撑战争的民众意志，即通过打击来影响民众的精神心理状态。伴随着战争的目的从杀伤有生力量到剥夺战争意志的转变，对战争潜力目标的打击日益成为导弹作战的重要对象和重点。

目标是导弹作战打击的主要对象。导弹打击的对象历来是高价值的战争目标。目标的价值体现在目标的性质、目标的作用、目标的地位和目标的威胁等方面。打击目标意味着打击目标的战斗力，意味着实现消灭敌人、保存自己的作战目的。目标被歼灭或摧毁，意味着战斗力的削弱和丧失，意味着战争意志的涣散和剥夺。

目标是定制毁伤的研究重点。打击目标是手段，毁伤目标是目的。只有对目标及其承载的战斗力实施有效的毁伤，实施失基、失性、失能、失联和失智的定制毁伤，才可以真正实现导弹作战的目的，才可以夺取导弹作战的胜利。没有对目标的有效毁伤就没有有效的导弹作战。

2. 目标的能力属性

一定的目标与一定的作战能力相联系。目标的性质取决于所承载的战斗力的性质，战斗力的性质取决于目标所具有的作战能力的属性。作战能力虽然具有不同的能力属性，但没有重要和次要之分，也没有高低和贵贱之别。需要完成什么样的作战任务,就需要构建什么样的作战体系,就需要发展什么样的作战目标,就需要拥有什么样的作战能力。作战能力与作战任务直接相关,作战任务与作战目标密不可分。

关键的目标与关键的作战能力相联系。任何作战力量和作战体系都是由一定规模的不同的作战目标组成的有机整体。在作战力量体系中,那些承担指挥控制、火力打击等核心关键任务使命的目标,那些与其他目标联系最为广泛的目标,往往是力量体系的关键目标。而关键目标所承载的作战能力往往是力量体系的关键作战能力。作战能力本身不具有关键性,而一旦它寄附于关键目标上,作战能力就具有了关键属性。对关键的目标实施打击,对关键目标的关键作战能力实施毁伤,是导弹作战的最高原则。

易损的目标与易损的作战能力相联系。目标的作战能力是目标内在性质和属性的外在呈现。目标薄弱的性质和属性决定了目标具有薄弱的作战能力,这就构成了易损的目标特性和易损的目标作战能力。对易损的目标作战能力实施失能定制毁伤,就意味着对易损的目标特性实施有效毁伤,就意味着剥夺目标的生命和灵魂。

3. 目标的特征属性

目标具有固有的属性。目标的内在本质和属性是设计者所赋予的,目标一旦建立和组成,就具有与生俱来的固有的功能和性能,这些功能和性能一般不随作战环境和作战任务的变化而变化。而作为内在属性的外在呈现,作战能力也具有其与生俱来的特性。从这个意义上讲,有什么样的目标就拥有什么样的作战能力。

目标具有动态的属性。随着作战环境和作战对手的不同,目标作战能力的发挥会受到对抗博弈的制约和压缩,目标的作战能力具有动态性和一定的不确定性。目标作战能力的不确定性决定了目标属性的动态性。

目标具有协同的属性。单一目标具有单一目标的属性和作战能力。如果把不同的目标聚合成有机的整体,建立起不同目标间的紧密联系,目标的属性和作战能力就会产生整体性的提升,这就是整体大于局部之和的道理,这就是目标体系所具有的能力弹性。目标一旦具有协同和弹性的能力,对目标的打击和毁伤就有了分布式打击和重点打击的要求。

4. 目标的本质属性

目标具有不同的性质、不同的形态、不同的种类和不同的能力。在目标的所有属性中,其能力属性是目标的本质属性。使目标丧失作战能力比目标自身存在的消失更具实战的意义。对目标实施击毙、击毁、击沉、击落、击瘫等失基毁伤,固然能够彻底使其丧失作战能力,但需要付出的代价可能会更大。若对目标的关键作战能力实施失能毁伤，虽然目标的形态可能还会存在，但由于关键作战能力已经丧失，其在作战体系中的地位作用如同失基毁伤一样被剥夺或摧毁。

二、从能力的性质看能力

1. 能力的概念

人类以何种方式生产就以何种方式作战。生产力决定战斗力，生产方式决定战争方式，人类社会生产形态决定人类战争形态。

社会的能力就是生产力，军队的能力就是战斗力。生产力决定了社会的发展进步，战斗力决定了战争的胜负。

生产力由劳动者、劳动资料和劳动对象三大要素组成。战斗力由作战人员、作战装备、作战对手和作战环境四大要素构成。作战人员和作战装备是战斗力的主体性因素，对战斗力起决定性作用。作战对手和作战环境是战斗力的客体性因素，对战斗力起一定的反作用。

战斗力是消灭敌人、保存自己的能力，是夺取战争和作战胜利的能力，是征服作战对手、驾驭作战环境的能力。作战能力是作战实力的体现，是战争潜力的反映。

2. 能力的特点

作战能力的功能性。作战能力是作战功能在一定条件下的发挥和体现。不同的作战设计，需要不同的作战体系，需要不同功能的作战要素，需要不同作战能力的相互配合。对作战功能的设计就是对作战能力的选择，对作战能力的组合就是对整体战斗力的集成。没有独立的作战功能和作战能力，就没有灵活机动的整体战斗力。

作战能力的任务性。作战能力总是指向特定的作战任务，作战任务总是呈现发现—调整—决策—行动任务环的闭合特征。具有任务环不同功能的要素可以组成完整的功能任务闭环，可以形成不同作战能力组成的完整的作战能力闭环，可以实施不同的作战使命和任务。离开了作战任务的规定性，作战能力就失去了本身的意义。

作战能力的对抗性。现代战争是体系与体系的对抗，是作战能力与作战能力的博弈，是敌对双方战斗力的较量。没有对抗的作战能力，是静态的战斗力，是理论上的战斗力，是经不起实战检验的战斗力。只有在激烈的战场对抗博弈条件下仍具有较强的战斗力和作战能力，才能夺取战争和作战的最终胜利。

作战能力的相对性。从战斗力"人装敌环"的四大要素构成可以看出，战斗力是相比较而存在的：一方面是"人装"主体性要素与"敌环"客体性要素的对立统一；另一方面是敌方的战斗力与己方的战斗力的此消彼长。没有作战对手就没有战斗力，没有博弈对抗就没有战斗力。

3. 能力的本质

"武器是战争的重要因素，但不是决定因素，决定因素是人不是物"。毛泽东的重要论述指出战斗力的决定性因素是人。从战斗力的四要素组成看，战斗力的决定性因素是作战人员，是作战人员的技战水平和能力素质，是作战人员的"气"。

三、从能力的演变看目标

1. 原始战争的目标

原始战争敌我双方参战以部落人员为主；武器装备以木棍和石器为主；战场环境以陆地自然环境为主。原始战争的作战目的是占有地盘、资源、作物、牲畜、妇女和儿童，其毁伤的特征是剥夺生命力。原始战争的本质形态是"兵力中心战"。因此，原始战争的目标主要是作战人员。

2. 冷兵器战争的目标

冷兵器战争敌我双方参战以军队人员为主；武器装备以铜制、铁制武器为主；战场环境除了陆地和海洋自然环境，还有人类建造的城堡建筑、军事设施等。冷兵器战争的作战目的以掠夺和侵占资源为主，其毁伤的特征是剥夺生命力。冷兵器战争的本质形态是"兵力中心战"。因此，冷兵器战争的目标主要是作战人员。

3. 热兵器战争的目标

热兵器战争敌我双方参战的除了军队人员，还有车船等作战平台；武器装备以具有大规模杀伤能力的枪炮弹药为主；作战域拓展至陆、海、空三域，战场环境还包括其中的建筑、战场设施等。热兵器战争的作战目的仍然以掠夺和侵占资源为主，其毁伤的特征是剥夺生命力。热兵器战争的本质形态是"兵力中心战"。因此，热兵器战争的目标主要是作战人员。

4. 机械化战争的目标

机械化战争敌我双方参战的有军队人员和机械化作战平台；武器装备以坦克、装甲战车、自动火炮、作战飞机和作战舰艇等装备为主；作战域为陆、海、空三域，战场环境还包括其中的建筑、战场设施等。机械化战争作战的直接目的是歼灭敌军的机械化装备平台，其毁伤的特征是剥夺敌军的机动力。机械化战争的本质形态是"平台中心战"。因此，机械化战争毁伤的目标主要是作战平台。

5. 信息化战争的目标

信息化战争敌我双方参战的有军队人员、信息化作战平台和信息作战体系；武器装备主要包括信息体系装备和信息化装备；作战域从陆、海、空、天向"两深一极"、网电空间和认知空间延伸，战场环境也包括这些作战域中的建筑和设施。信息化战争作战的直接目的是瘫毁敌方信息作战体系和信息化装备，其毁伤的特征是剥夺敌军的信息力。信息化战争的本质形态是"网络中心战"。因此，信息化战争的目标主要是信息体系。

6. 智能化战争的目标

智能化战争敌我双方参战的有军队人员、智能化作战平台和智能作战体系，武器装备主要包括智能体系装备和智能化装备，作战域从陆、海、空、天向"两深一极"、网电空间和认知空间延伸，战场环境也包括这些作战域中的建筑和设施。智能化战争作战的直接目的是瘫毁敌方智能作战体系和智能化装备，其毁伤的特征是剥夺敌军的智能力。智能化战争的本质形态是"智能中心战"。因此，智能化战争的目标主要是认知体系。

7. 抽象化战争的目标

如果把上述各种战争形态下的目标特征进行本质化的抽象，就可以得到一般的战争形态下的目标形态。据此我们将目标分解为人员类目标、单元类目标、平台类目标和体系类目标四种形态。人员类目标是指军队作战力量中的有生力量。单元类目标是指能够独立完成任务环要素闭环作战任务，或能够完成作战任务中某种作战功能的作战单元。平台类目标是指战车、战舰、战机和军事卫星等作战平台目标。体系类目标是作战体系中能够实现杀伤链闭环的关键体系要素和体系要素之间的关键联系。认知类目标存在于上述四类目标之中。

在原始战争形态下，目标的形态主要包括人员类目标；在热兵器和冷兵器战争形态下，目标的形态主要包括人员类目标和单元类目标；在机械化战争形态下，目标的形态主要包括人员类目标、单元类目标和平台类目标；在信息化战争形态下，目标的形态主要包括人员类目标、单元类目标、平台类目标和体系类目标。可见，目标的形态随战争形态的发展而变化，打击和毁伤的重点和方式也必须随目标形态的变化而发展。

四、从目标的形态看能力

1. 人员类目标的能力

根据作战人员在作战过程中承担任务的不同，可以将人员类目标划分为陆战人员、海战人员、空战人员、太空战人员、电磁战人员、网络战人员等六类。人员类目标首先具有生命力，生命力主要体现在人的感知能力、认知能力和行为能力上。

2. 单元类目标的能力

根据承担作战任务和功能的不同，单元类目标可以分为功能单元和能力单元。功能单元是指具有单一作战功能的要素，主要包括侦察预警功能单元、调整判断功能单元、决策指挥功能单元、作战行动功能单元。能力单元是指具有独立遂行任务环要素闭环作战任务的最小作战单元，主要由上述四种功能单元组成闭合的任务链。能力单元的形态可以按照能力载体的属性划分为装备类能力单元形态、设施类能力单元形态、潜力类能力单元形态。装备类能力单元形态是指能够独立遂行作战任务的装备系统，该装备系统由多个功能单元子系统组成。设施类能力单元形态是指位于地面和地下，主要实施功能单元作战任务和支援保障作战任务的设施任务系统。潜力类能力单元形态是指不直接承担作战任务，主要负责为战争提供持续支撑和保障的任务系统。

功能单元的侦察预警单元最重要的能力是信息力；调整判断功能单元和决策指挥单元最重要的能力是信息力和智能力；作战行动功能单元具有机动力、火力和保障力。重要的功能单元一般还具有防护力。

装备类能力单元的作战能力主要体现在任务链在强对抗战场环境下的快速闭合上。设施类能力单元的作战能力主要体现在预警侦察能力、调整判断能力、决策指挥能力、作战行动能力和支援保障能力。潜力类能力单元的作战能力主要体现在国家经济实力、国防动员能力、国防军工能力和支前保障能力。这些能力都可以和机动力、火力、防护力、信息力、保障力、智能力相对应。

3. 平台类目标的能力

平台类目标按照执行作战任务的作战域，可分为陆域作战平台、海域作战平台、空域作战平台、天域作战平台、跨域作战平台等。平台类目标一般具有机动力、火力、信息力、防护力、保障力和智能力。

4. 体系类目标的能力

作战体系能力是指作战体系内在素质所决定的、在作战博弈对抗运用中所呈现出的，具有稳定性、全面性、深刻性和特征性的能力，具体可分解为凝聚力、协同力、弹性力、覆盖力、敏捷力。

在信息化和智能化作战体系中，凝聚力是指作战体系各要素之间相互联系、相互作用的紧密程度和聚合能力；协同力是指作战体系诸要素之间，步调一致、默契配合、相互支撑、齐心协力地完成特定目标任务的能力，是作战体系与其他作战体系协同作战的能力；弹性力是指在对抗博弈中或在恶劣战场环境下，作战体系的功能和能力虽然有所改变，但仍能保持和恢复基本的和规定的作战功能的能力；覆盖力是指作战体系力量布势的覆盖范围和区域大小，是指作战体系功能和能力能够覆盖的时空范围，是指在激烈的博弈对抗和严酷的战场环境下，作战体系能够对打击目标实施侦察发现、分类识别、跟踪定位、火力打击、效果评估等一系列作战行动的能力边界，是指作战体系对任务、目标、区域、作战域、全天时、全天候的覆盖能力；敏捷力是指在动态的攻防博弈情况下，作战体系能够及时和灵活应对动态变化的能力，是在设计规定的要素和架构框架中作战体系快速和灵敏的反应、运作的能力，是研发、构建和运用作战体系的时间效率、成本效率和打击效率。

五、从通用的目标看能力

总结和归纳四种形态目标能力构成，目标的通用作战能力可确定为生命力、机动力、防护力、火力、信息力、保障力、凝聚力、协同力、弹性力、覆盖力、敏捷力和智能力等 12 种通用能力特征。目标能力图如图 1.1.1 所示。

四类目标不是相互孤立地存在，而是相互联系的整体。一般情况下，人员类目标和单元类目标组成平台类目标，人员类目标、单元类目标和平台类目标共同组成体系类目标。因此，人员类目标和单元类目标是基础性的核心目标。

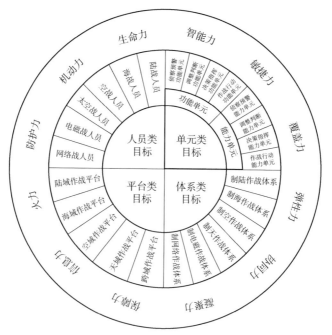

图 1.1.1　目标能力图

第二节　导弹与杀伤链

传统的任务链 OODA 源于空空作战行动，始于侦察发现，终于作战行动。它是一切作战行动抽象出的逻辑表达，既表征了任务链的要素，又表征了要素之间的顺序和关系，更揭示了 OODA 闭环时间长短决定作战胜负的制胜机理。将任务链对应到导弹作战任务就出现了打击链的概念。对于进攻性导弹作战而言，打击链可以表征为发现—分类—定位—瞄准—打击的任务过程；对于防御性导弹作战而言，打击链可以表征为发现—分类—跟踪—瞄准—打击的任务过程。这种任务链和打击链的表征更注重任务和打击过程的描述，更注重行动和打击之前的"因"，而没有表征行动和打击的过程，没有关注行动和打击的"果"。任务和打击行动的"果"是对目标造成有效毁伤，而有效毁伤的前提离不开导弹发射、飞行和毁伤的过程。对"因"和"果"全部要素和过程进行客观描述，是导弹杀伤链提出的根本动因。

一、导弹杀伤链

1. 导弹杀伤链的概念

导弹杀伤链（Missile Objective Killing Chain，MOKC）是指从导弹作战任务筹划至导弹作战评估的闭环过程，是筹划过程、发射准备过程、发射及飞行过程、毁伤过程的集合。

导弹杀伤链是对 OODA 任务环的拓展，向前拓展至作战筹划，向后拓展至导弹发射、飞行、命中、毁伤、评估。

导弹杀伤链体现导弹作战的任务流程，反映导弹作战体系的基本组成，展示导弹作战体系各要素之间、导弹作战流程各环节之间的内在联系和相互关系。

导弹杀伤链与具体的导弹作战任务相联系。不同的导弹作战任务，往往对应不同的导弹杀伤链，对应不同的导弹作战体系。具有多样化能力的导弹作战体系，具有多个不同的导弹杀伤链。分布式、网络化的导弹作战体系，可以自组织导弹杀伤链，构成具有弹性的导弹杀伤网。

导弹杀伤链的组成及其相互关系如图 1.2.1 所示。

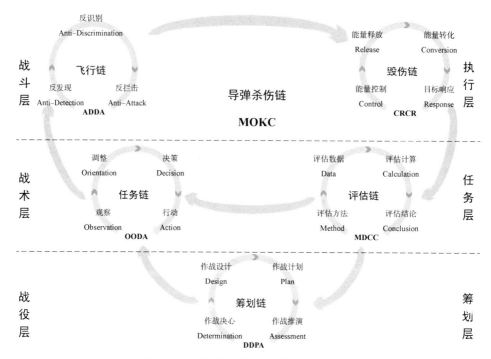

图 1.2.1　导弹杀伤链的组成及其相互关系

2. 导弹杀伤链的组成

导弹杀伤链由筹划链 DDPA、任务链 OODA、飞行链 ADDA、毁伤链 CRCR 和评估链 MDCC "五链"组成。"五链"的小闭环以及循环衔接而构成的大闭环，是导弹作战任务分解为专项子任务、再由子任务聚合为整体作战任务的系统过程。

"五链"的组成是相对的，链与链之间存在交叉和融合。对于利用辐射能（如激光和高功率微波武器）毁伤目标的方式，任务链、飞行链和毁伤链是不可分割的整体。

"五链"之间的顺序也不是串行和一成不变的。在飞行中筹划、从传感器到射手，就是对"五链"顺序的颠覆和发展，这种发展恰恰指向导弹作战体系的发展方向，指向导弹杀伤链的前进道路。

3. 导弹杀伤链的特点

整体性特点。"五链"是不可分割的有机的整体，在功能上可以做出划分，在作战运用上必须整体性地构建和体系化地运用。

目的性特点。没有通用的导弹杀伤链，只有针对特定作战任务的导弹杀伤链。离开了具体明确的作战任务，导弹杀伤链只是一个概念。

对抗性特点。导弹杀伤链反映的是导弹作战的过程，是己方导弹作战体系与敌方作战体系的博弈与对抗。导弹杀伤链在对抗环境下能否实现闭合，是衡量导弹杀伤链能力和弹性的战斗力标准。

动态性特点。在动态的战场环境下，静态和理想的导弹杀伤链是不存在的。导弹杀伤链的构成要素及其要素间的相互关系，是一个动态变化的重组和重构的形态。

相容性特点。虽然导弹杀伤链针对特定的作战任务，但是不同的作战任务总会有相同的作战需求以及相似的功能要求。这些相同和相似的需求，使作战体系的主要构成要素及要素间的主要关系出现共用和重叠，这也是构建攻防一体、多样化任务一体导弹杀伤链的必然要求。

4. 导弹杀伤链的作用

导弹杀伤链的构建和运用，对于树立和巩固导弹中心战的作战理念，发展导弹作战的先进理论，实现以兵力为核心的联合作战向以火力为核心的联合作战转变，引领新一轮的军事变革，具有重要意义。

导弹杀伤链的构建和运用，对于构建完整高效的导弹作战体系，加强导弹作战力量的建设，实现各种导弹作战力量的有机融合，具有重要意义。

导弹杀伤链的构建和运用，对于掌握导弹作战的特点规律，生成符合导弹杀伤链特点的导弹作战战法，提升导弹作战的中心地位，发挥导弹作战的长板效应，具有重要意义。

导弹杀伤链的构建和运用，对于引领导弹作战体系、导弹作战平台、导弹武器系统和导弹武器装备的未来发展建设，具有重要意义。

二、筹划链

筹划链是杀伤链的第一阶段，负责为杀伤任务提供指挥和决策。筹划链 DDPA 由作战决心（Determination）、作战设计（Design）、作战计划（Plan）、作战推演（Assessment）四个部分组成。筹划链的组成如图 1.2.2 所示。

图 1.2.2　筹划链的组成

1. 作战决心

作战决心是指挥员对作战目的和行动做出的基本决定，是实施作战的基础和制订作战计划、下达作战命令、组织作战协同的基本依据。作战决心是指挥活动的核心内容，主要内容包括作战企图、主要作战方向、作战部署、作战行动方法、重要保障措施、完成作战准备时限等。

2. 作战设计

作战设计是对作战场景、交战过程和应对策略总体考虑，是对敌我双方作战力量的基本估计，是对作战行动的总体性描述。作战设计的主要内容包括作战方针和作战原则、力量运用和作战步骤、风险控制和作战要求等。

3. 作战计划

作战计划是指军队为达成作战任务而制定的指导作战准备、作战行动的指挥文书，是对作战资源的分工和分配过程，是实现作战决心和作战设计的实施方案。科学而周密的作战计划，是夺取作战胜利的重要条件。其内容主要包括：敌情判断结论；上级意图、本级任务和决心；部队编成、部署和任务；作战阶段划分；行动预案；协同动作的原则和要求；主要保障措施；指挥、观察配系等。

4. 作战推演

作战推演是利用作战仿真系统、任务规划系统、作战推演系统，将各种不同的作战计划进行模拟对抗和综合对比，在与敌方相同的时间和空间中，对战争的发展进行预测，最终输出作战结果。经作战推演验证的作战计划，是实施作战行动的主要依据。

完整的作战筹划是指挥机构依据对战场态势的掌握和预判，依据指挥员的决心意图开展作战方案的设计，依据作战方案制订作战计划和作战行动。明确作战行动的要素要点，然后对作战计划进行作战推演，发现存在的问题，优化迭代作战方案和计划直至计划满足决心意图。经批准的作战计划既是指挥机构作战筹划的结果，也是任务部队实施作战行动的依据。完成一个完整的作战筹划是一个复杂的系统工程，涉及对指挥员决心意图的准确理解，涉及对敌情、我情、环情的全面把握，涉及对战场态势发展变化的精准预判，涉及对作战方案设计的匠心独运，涉及对作战计划制订的周到细致，涉及对任务部队行动能力的了如指掌，涉及对作战推演结果的评估认定，涉及对方案计划优化调整的反复迭代。

三、任务链

任务链又叫 OODA 循环，也称为博伊德循环，是美国空军上校约翰·博伊德（John Boyd）凭借其战斗机飞行员的经验和对能量机动性的研究发明的理论。任务链 OODA 是由观察（Observation）、调整（Orientation）、决策（Decision）、行动（Action）四个环节组成。任务链的组成如图 1.2.3 所示。

图 1.2.3　任务链的组成

1. 观察

观察是获得战场态势、发现和识别作战目标的过程，是对各种观察来源进行融合分析判断的过程，是去粗取精、去伪存真的过程，是联系战场态势的变化趋势进行思考的过程。

2. 调整

调整是依据观察的结果，指挥员主动调整兵力部署和预定的作战计划，主动塑造有利于实施导弹攻防作战的战场态势，是作战力量和作战计划适应复杂战场环境的能力体现，是指挥员因地制宜、因敌制宜的指挥艺术和指挥能力的体现。

3. 决策

决策是在占有有利的作战态势的基础上，指挥员定下决心和计划、下达作战命令、实施导弹作战的过程，是指挥员拨开战争迷雾、审时度势实施指挥与控制的过程，是人工智能辅助指挥员决策的过程。决策的及时性和正确性是决定导弹作战成败的重中之重。

4. 行动

行动是作战部队根据指挥员下达的作战命令和作战计划，进行导弹发射的各种准备的过程，是导弹技术准备、导弹协同准备、导弹规划准备的过程，是将指挥员决心转化为作战行动的过程，是指挥员对作战行动实施指挥和控制的过程。

如果说筹划链是指挥机构的职责，那么任务链就是任务部队的使命。任务部队根据作战计划要求严阵以待、捕捉战机，全力以赴完成任务。任务链的闭环与任务直接相关，任务不同任务链闭环的方式也不同，任务链闭环的要求也不同。

按照导弹执行的任务性质不同,可将任务链分为进攻性任务链和防御性任务链;按照支撑与保障方式不同,可将任务链分为体系任务链、平台任务链和导弹任务链;按照实现导弹作战任务链闭合的能力不同,可将任务链分为技术任务链和战术任务链。现代战争的激烈对抗从来不是单一导弹作战打击的博弈,而是多种作战任务相互协同的作战,如导弹进攻与导弹防御的协同、网电信息战与火力战的协同、陆海空天电网不同作战域任务的协同、不同的任务部队组成联合作战的协同。这样的协同作战,涉及多个任务链协同,涉及多任务链在时空间上的资源分配,涉及多任务链协同闭环,既包括每个任务链的小闭环,也包括整个任务链的大闭环。大闭环不仅取决于小闭环,小闭环还会相互影响,从而对大闭环产生作用。这是多任务的任务链,也是多域战的任务链,也是协同作战的任务链,也是联合作战的任务链。OODA任务链是共性的任务规律,而具体的导弹作战,其任务链各有各的不同,必须抓好各种任务链建设和运用。这是打赢未来战争的重要环节,这是以具体求深化的必然要求。

四、飞行链

飞行链ADDA是导弹自发射至抵达目标的飞行过程,是发现识别目标、精准命中目标的过程,是在与敌方对抗博弈中反发现、反识别、反拦击的过程,是穿透敌方防御的过程。由于导弹飞行过程中自身功能的实现必须建立在敌方激烈对抗的条件之上,因此反发现、反识别、反拦击的过程和能力,成为导弹飞行链的核心过程和能力。飞行链ADDA由反发现(Anti-Detection)、反识别(Anti-Discrimination)和反拦击(Anti-Attack)构成。飞行链的组成如图1.2.4所示。

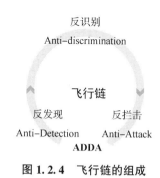

图1.2.4　飞行链的组成

1. 发现与反发现

发现与反发现贯穿于飞行链全过程,也贯穿于杀伤链全过程。对导弹进攻方而言,导弹作战行动不被防御方发现,完成杀伤链就有了前提和保障。反发现包括导弹作战意图的反发现、导弹作战征候的反发现以及导弹飞行过程的反发现。

2. 识别与反识别

识别与反识别贯穿于导弹飞行链全过程，也贯穿于导弹攻防全过程。反识别的手段有"泥牛入海"式反识别、"以假乱真"式反识别以及"隐真示假"式反识别等。

3. 拦击与反拦击

拦击与反拦击贯穿于导弹作战的全过程，也贯穿于导弹飞行的全过程。反拦击包括两个方面内容，一方面是对于硬毁伤的反拦截，另一方面是对于软毁伤的反干扰。拦截的前提是发现和识别，没有发现和识别就构不成拦截的条件。反拦截的手段有压低弹道的反拦截、依靠高速反拦截以及飞行机动反拦截等。反干扰的手段包括目标指示的反干扰、导弹制导的反干扰等。反拦截、反干扰的过程，就是软硬一体的反拦击过程。

同一种导弹进攻体系相对于不同的导弹防御体系，其穿透能力是不同的。同一种导弹防御体系相对于不同的导弹进攻体系，其防御能力也是不同的。这表明没有一种进攻导弹其穿透能力是万能的，总是有所长有所短，总是突出了"三反"中的一环，总是针对了某一种防御体系，同时也表明没有一种防御体系能够阻止所有进攻导弹的穿透。任何一种防御体系都是主要针对某一种进攻体系，都是主要选择"三反"中的一个薄弱环节，这就使导弹飞行链快与慢有了选择性，而选择的标准就是穿透性。需要强调的是，进攻导弹的穿透能力等于 $1-P_{发现} \cdot P_{识别} \cdot P_{拦击}$，其中 P 是防御体系的相应能力。对于进攻导弹而言，只要使防御体系的一个 P 为零，则穿透能力就是 100%。因此进攻导弹只要追求"一着鲜"，就可以显著提升穿透能力，而没有必要面面俱到、劳民伤财。

导弹从发射到命中目标的过程就是 ADDA 链的过程，ADDA 链的均衡和不断链，ADDA 链闭环时间的快慢，决定了突防和抗干扰能力的高低，决定了导弹穿透防御的能力。飞行链的本质是突防链，没有突防能力的飞行链就不会有导弹的实战能力；太多突防措施的飞行链又将大大增加打击成本，这是一把双刃剑。

五、毁伤链

导弹对目标的毁伤不是一蹴而就的事情，不是战斗部爆炸瞬间就完成的事情。导弹抵近或击中目标后，引信根据设定将战斗部引爆，战斗部内装载的炸药通过剧烈的化学反应将能量释放出来，并转变为其他形式的能量至目标上，目标对不同形式能量有不同的敏感性，不同的能量形式对目标会造成不同的毁伤效果。定制毁伤强调研究毁伤的过程，并将其分解为能量控制、能量释放、能量转化和目标响应四个步骤，比照任务链的概念，将这四个步骤串联在一起就形成了毁伤链。导弹命中目标并不意味着摧毁目标，要有效毁伤目标，在导弹精准命中的前提下，必须完成毁伤链的闭合。毁伤链 CRCR 由能量控制（Control）、能量释放（Release）、能量转化（Conversion）和目标响应（Response）四个环节组成。毁伤链的组成如图 1.2.5 所示。

图 1.2.5　毁伤链的组成

1. 能量控制

能量控制就是引爆控制，在弹目交汇的最佳时空内引爆战斗部，主要研究引信与战斗部的匹配性，包括引爆时间、引爆空间和引爆方式等。

2. 能量释放

能量释放就是从战斗部爆炸中释放出能量，主要研究能量释放方式、释放机理和释放效率等。

3. 能量转化

能量转化就是爆炸能转化为毁伤能，主要研究能量转化方式、转化机理和转化效率等。

4. 目标响应

目标响应就是目标对毁伤能量的反应程度，主要研究毁伤能量与目标易损特性的匹配性、目标对毁伤能量的敏感性等。

能量控制、能量释放、能量转化和目标响应是决定毁伤的四个因素，四个因素之间既相对独立又相互衔接，既相互依存又依次传递，前一因素是后一因素的输入，每一次传递都会引发能量损失，都会引发能量形态的转化和转移。毁伤就是最后目标响应的结果，取决于能量释放和转化的效率。

六、评估链

评估链 MDCC 是导弹杀伤链的最后阶段，负责评估上一次导弹的杀伤效能，评估下一步的导弹作战行动。评估链 MDCC 由评估方法（Method）、评估数据（Data）、评估计算（Calculation）、评估结论（Conclusion）四个环节组成。评估链的组成如图 1.2.6 所示。

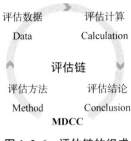

图 1.2.6　评估链的组成

1. 评估方法

评估方法是指对毁伤效果做出定性和定量分析的具体方法，包括实际观测、仿真评估、舆论评估等。

2. 评估数据

评估数据是指用于评估毁伤效果的数据，包括导弹飞行数据、战场态势数据、攻防对抗数据、毁伤效果数据等。

3. 评估计算

评估计算是指利用评估方法对获得的评估数据进行计算，通过计算结果评估此次作战实施达到既定目标的情况、目前敌我双方作战态势及发展方向、下一步作战行动等内容。

4. 评估结论

评估结论是指利用评估计算结果，针对完成作战目标情况、作战态势发展和未来作战行动等三个问题提出结论。评估结论将作为下一迭代周期中筹划链的输入条件，为指挥员提供重要参考信息。

完成一次导弹作战任务之后，理论上要进行一次评估：一要评估上一次导弹作战实施情况是否达成了作战目的，与筹划方案有哪些变化，什么原因造成这些变化。如果没有达到作战目的，存在的问题及其根源是什么，有哪些需要总结和反思的地方。二要评估目前态势及未来走向。敌方在遭受上次打击之后已经或将要做出哪些调整，是调整部署还是加强力量，是开始反击还是强化防御，敌方的调整是否超出筹划集，是否需要重新筹划或调整筹划，是否需要改变己方的方案计划，如何才能解决问题、达到目的。三要评估下一步的导弹作战行动，一方面是如何进攻，如何改进策略和战法，如何调整兵力和火力，如何提升穿透能力；另一方面是如何防御，如果敌方开始反击，己方后续在进攻的同时如何加强防御作战，攻防如何转化和衔接，两类杀伤链闭环如何统筹。

评估过去只是总结经验，筹划未来才是评估的应有之义。下一回合的导弹作战绝不是上一轮作战计划的重演，必然有所调整、有所改变、有所加强。经过上一轮导弹作战，己方作战意图已经暴露，敌方必会做出相应改变，要么疯狂反扑、针锋相对，要么转移战场、另寻战机。因此，我们没有时间和资源进行完整的全面的评估，必须一个行动接一个行动地施压，不给敌方以喘息之机，直至达成导弹作战的目的。但又不能盲目打击、重复作战，必须对打击结果进行评估，对后续的作战给出指导。这就决定了评估的极端重要性，决定了评估所具有的快速性要求和风险性因素。

七、"五链"的关系

导弹杀伤链 MOKC 闭环是大闭环。从图 1.2.1 中可以看出 MOKC 导弹杀伤链像一只大碗。碗底是 DDPA 筹划链，意味着筹划链既是导弹杀伤链的基础，也是导弹杀伤链的起点。另外四个链像碗沿的四个碗耳，意味着它们是导弹杀伤链的重要支撑。碗形的导弹杀伤链 MOKC 实际构成两个导弹杀伤链闭环：闭环一是由"五链"构成的闭环；闭环二是把碗底筹划链去掉，由其他"四链"组成的闭环。闭环一更适用于日常训练和战前谋划，闭环二则侧重于应对战时和临机决断的情况。

碗形的导弹杀伤链可以分为三个层次，这样的层次划分有两种方法：第一种划分为战役层、战术层和战斗层，其中战役层为筹划链，是由战役指挥机构负责的闭环；战术层为任务链和评估链，是由任务部队指挥员负责的闭环；战斗层为飞行链和毁伤链，是由导弹系统完成的闭环。第二种划分为筹划层、任务层和执行层，是按任务性质所做的划分，筹划层对应战役层，任务层对应战术层，执行层对应战斗层。无论哪一种层次划分方法，都是上一层决定下一层，下一层反馈于上一层，由此形成层次嵌套的结构。如果把碗形导弹杀伤链的边线拉直，导弹杀伤链就变形为 V 形，V 形导弹杀伤链如图 1.2.7 所示。导弹杀伤链顶点是 V 形的底点，从底点向左上延伸就是上层向下层的发展。自右上向左下延伸，就是下层向上层的反馈。这种导弹杀伤链的层次结构是由作战的指挥层级所决定的，指挥层级越多，导弹杀伤链层级越细，完成导弹杀伤链闭环的时间越长，对作战的主动和取胜越不利。

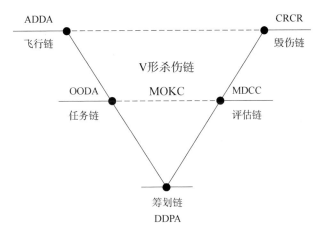

图 1.2.7　V 形导弹杀伤链

第三节　失能与毁伤

目标的"能"是指目标的作战能力、作战功能和战术技术性能。目标的"失能"是指目标丧失关键的作战能力、关键的作战功能和关键的战技性能。失能定制毁伤的目的和意义在于，通过剥夺目标的关键能力，达到削弱和摧毁目标战斗力。

一、失能定制毁伤概念

狭义的失能定制毁伤是指对目标外在能力的损毁，即在规定时空和环境等条件下通过损毁目标全部或部分外在能力特性，从而使目标丧失关键能力的毁伤方式，如毁伤目标的机动力、火力、信息力、防护力、保障力、智能力等。

广义的失能定制毁伤是指对目标固有性能、作战功能以及外在能力的损毁，即在规定时空和环境等条件下通过损毁目标全部或部分性能、功能或能力特性，从而使目标丧失关键性能、功能或能力的毁伤方式，如功能单元类目标的侦察预警功能、平台类目标的防护性能、体系类目标的弹性能力等。

性能是指事物具有的物理、化学或技术特性，如强度、化学成分、纯度、功率、转速等。性能是目标内在的、固有的特性，一般不随时间和空间而变化。多种不同的性能构成事物的某种功能，性能是功能的基本组成单元。

功能是指事物满足使用者需求的一种属性，如探测功能、发射功能、连通功能等。多种不同功能构成事物的某一能力，功能是能力的基本组成单元。

能力是指事物完成一项目标或者任务所体现出来的综合素质。能力总是和完成一定的任务相联系在一起的，是目标在具体任务中外在表现出来的特性，如目标的机动能力、防护能力、弹性能力等。

二、失能定制毁伤特点

1. 针对性

失能定制毁伤的针对性体现在三个方面：一是针对目标的关键且易损性能；二是针对目标的关键且易损功能；三是针对目标的关键且易损能力。失能定制毁伤是对目标量身定制的毁伤方式和毁伤途径，是区别于传统毁伤的新型毁伤模式，是新质毁伤战斗力。

2. 过程性

失能定制毁伤的过程性体现在两个方面：一是毁伤要素之间相互作用的过程性；二是毁伤能量在环境和目标之间传递转化的过程性。一个好的毁伤过程体现在过程的衔接性、过程的连续性、过程的匹配性上。

3. 连带性

失能定制毁伤的连带性是指对目标关键能力的毁伤之后，随着目标的运动和毁伤产生的附带能量，使目标产生连带毁伤的过程，如隐身能力的丧失，会使隐身战机降维，丧失四代机的作战能力。

4. 有效性

失能定制毁伤的有效性体现在三个方面：一是毁伤方式和能量与目标关键且易损特性的高效匹配；二是导弹战斗部/有效载荷对目标的高效打击；三是导弹装备的高效发展。这种高效是对单一依靠威力的增大实施毁伤的一种变革，是对有效实现导弹作战目的的一种简化和优化。

5. 本质性

失能定制毁伤的本质是击敌要害、以小博大、"四两拨千斤"。

三、失能定制毁伤规律

失能定制毁伤除具有定制毁伤的一般规律外，还具有"失能"的特殊规律。

1. 普适性规律

无论是何种作战目标都是战斗力的载体，或多或少承载着战斗力的各种要素。在多数目标当中，存在着相同的战斗力要素，这就使失能定制毁伤能够对多数目标进行失能打击，从而使失能定制毁伤具有对各类作战目标的普适性。如在信息化战争形态下，信息力是各类目标的典型和核心能力，使目标丧失信息力的失能毁伤模式就具有普适性。

2. 集约型规律

集约型是以毁伤效益为根本的毁伤模式，是以最小的代价获得最大的毁伤效果。失能定制毁伤充分体现了集约型的特点和规律。

3. 精准性规律

精准是实现失能定制毁伤的前提和条件：一是导弹打击要精准；二是关键且易损特性选择要精准；三是毁伤能量与易损特性匹配要精准。精准是信息化技术发展的必然结果，导弹打击精度的提升、目标关键特性的突显、毁伤物质和毁伤能量的多元为精准性提供了时代基础和技术基础。

四、失能定制毁伤机理

失能定制毁伤是定制毁伤"五失"毁伤方式之一，因此具有和定制毁伤相同的毁伤机理，即时间差、空间差、能量差的"三差"毁伤机理。能量控制、能量释放、能量转化和目标响应是失能定制毁伤链的四个基本环节和构成因素，每一因素又有其相对应的"三差"毁伤机理。

1. 失能定制毁伤的时间差机理

失能定制毁伤的时间差机理包括能量控制的时间差机理、能量释放的时间差机理、能量转化的时间差机理和目标响应的时间差机理。

能量控制的时间差是指己方能量控制的闭环时间与敌方能量控制的闭环时间的时间差。通常采取加快自身的能量控制环闭环时间、迟滞和中断敌方能量控制环的闭环的方法，夺取能量控制的时间差优势。

能量释放的时间差是指能量释放的敏捷性和协同性。通常采取在战斗部设计中，能量物质、引爆控制、壳体结构以及终点环境和目标之间实现最优匹配的方法，夺取能量释放的时间差优势。

能量转化的时间差是指能量转化的敏捷性和协同性。通常采取释放能量与终点环境和目标易损特性之间实现最优匹配的方法，夺取能量转化的时间差优势。

目标响应的能量差是指能量产生作用到目标产生毁伤的时间跨度。通常采取缩短目标在毁伤能量作用下产生转变的时间的方法，夺取目标响应时间差优势。

2. 失能定制毁伤的空间差机理

失能定制毁伤的空间差机理包括能量控制的空间差机理、能量释放的空间差机理、能量转化的空间差机理和目标响应的空间差机理。

能量控制的空间差是指能量控制的空间范围和精度与目标动态范围的空间差。通常采取扩大能量控制的空间范围、提升能量控制的空间精度的方法，夺取能量控制的空间差优势。

能量释放的空间差是指能量释放的空间范围和精度与目标动态范围的空间差。通常采取扩大能量释放的空间范围、提升能量释放的空间方位精度的方法，夺取能量释放的空间差优势。

能量转化的空间差是指能量转化的空间范围和精度与目标动态范围的空间差。通常采取扩大能量转化的空间范围、提升能量转化的空间方位精度的方法，夺取能量转化的空间差优势。

目标响应的空间差是指毁伤能量对目标易损特性的覆盖范围和对准程度。通常采取扩大"一拍即合"的覆盖范围、提升"一拍即合"的空间方位精度的方法，夺取目标响应的空间差优势。

3. 失能定制毁伤的能量差机理

失能定制毁伤的能量差机理包括能量控制的能量差机理、能量释放的能量差机理、能量转化的能量差机理和目标响应的能量差机理。

能量控制的能量差是指持续保持能量控制的时间差和能量差的能力，以及对环境的适应和对抗能力。通常采取提升战斗部的固有能量水平、提高能量控制的环境适应性、提高能量控制博弈对抗下的弹性的方法，夺取能量控制的能量差优势。

能量释放的能量差是指持续保持能量释放的时间差和能量差的能力，以及对环境和目标的适应能力。通常采取提升战斗部的固有能量水平、提高能量释放的环境适应性的方法，夺取能量释放的能量差优势。

能量转化的能量差是指持续保持能量转化的时间差和能量差的能力，以及对环境和目标的适应能力。通常采取提升战斗部的固有能量水平、提高能量转化的环境适应性，即提升转化的效率的方法，夺取能量转化的能量差优势。

目标响应的能量差是指持续保持目标响应的时间差和能量差的能力，以及毁伤能量的水平。通常采取提升战斗部的固有能量水平、提高"一拍即合"的匹配性的方法，夺取目标响应的能量差优势。

第四节　途径与技术

寻找和发现失能定制毁伤的新途径、新技术和新方法，需要遵循基本的工作思路：一是从目标的诸多能力特性中找出目标的关键能力特性；二是从目标的关键能力特性中找出易损的特性；三是确定针对每一个关键且易损特性的毁伤方式；四是确定毁伤方式的能量形态；五是选择失能定制毁伤的技术途径。

这里需要强调的是，大部分的技术途径在现役战斗部中均已采纳，一部分技术途径现在尚未取得发展，但是符合失能定制毁伤的第一性原理，作为后续可以选择的发展方向。

一、确定目标的关键能力特性

首先，针对特定的作战目标，对照 12 种通用作战能力，列出该目标所具有的各种作战能力，如作战平台具有机动力、火力、防护力、信息力、保障力和智能力。

其次，针对目标的每一种作战能力，对作战能力进行分解，构建出该种作战能力的能力模型，如作战平台的机动力由平台控制系统、平台结构系统、平台动力系统和平台信息系统组成。

再次，在分解的作战能力子项中，找出目标的关键作战能力，如平台控制系统能力、平台动力系统能力和平台信息系统能力为作战平台机动力的关键作战能力。

最后，对目标的关键作战能力再做一次分解，得到目标的关键作战能力特性，如平台控制系统能力中的指控特性和信息特性为作战平台机动力的关键能力特性。

二、确定目标的关键且易损特性

针对目标作战能力的关键能力特性，逐一分析哪些能力特性是易损的特性，最终得到目标作战能力的关键且易损特性，如作战平台机动力中平台控制系统的指控特性和信息特性中，指控人员特性和网络通信特性是其关键且易损特性。

三、确定毁伤的方式

毁伤的方式有多种多样，按毁伤的性质，可分为失基毁伤、失性毁伤、失能毁伤、失联毁伤和失智毁伤；按毁伤的方式，可分为软毁伤和硬毁伤；按毁伤的形态，可分为直接毁伤和间接毁伤；按毁伤的结果，可分为整体毁伤和局部毁伤。

针对目标的每一个关键且易损特性，在上述毁伤方式中，选择一种或多种最适宜、最简便、最有效、最经济的毁伤方式，作为该关键且易损特性的优选毁伤方式，如对平台机动力中平台控制系统指控特性的毁伤，选择软、硬毁伤的方式。

四、确定毁伤的能量形态

自然界中存在七种基本的能量形态，分别是机械能、热能、化学能、电能/磁能、辐射能、核能和信息能，其他的能量形态都是由这七种基本的能量形态演变和组合而成的。这七种能量形态都是失能定制毁伤可以选择的能量形态。传统的毁伤能量形态主要是化学能，对其他能量形态的合理运用，能够极大地拓展失能定制毁伤的途径和方法。

针对目标的每一个关键且易损特性所选择的毁伤方式，分别对比七种能量形态中，哪一种能量形态或哪几种能量形态最适宜用于毁伤目标的关键且易损特性，从而确定最适宜的毁伤能量形态。如对平台机动力中平台控制系统指控特性所选择的软毁伤方式，可以选择辐射能作为毁伤指控人员视觉能力的能量形态，也可以选择冲击波超压能和破片动能的组合能量形态实施硬毁伤。

五、确定毁伤的技术途径

确定了失能定制毁伤的能量形态，就可以从这种能量形态出发，依据毁伤能量与易损特性的最佳匹配原则，明确需要采用的毁伤技术途径。如针对平台机动力中平台控制系统指控特性所选择的软毁伤方式的光能毁伤能量形态，可以选择连续闪光的强光弹技术途径，使作战平台的操控人员的眼睛致盲或致眩，失去对作战平台的操控能力，造成作战平台的失控和坠毁，从而达到最终毁伤作战平台的目的。

六、确立毁伤技术图谱

以作战目标的失能定制毁伤为元点，按关键作战能力、易损能力特性、毁伤方式、毁伤能量形态、毁伤技术途径逐级分解，最终得到失能定制毁伤的技术图谱。

这个技术图谱，涵盖了不同的作战目标类型、目标的不同作战能力以及需要毁伤的关键且易损能力特性，包括了所有可能的毁伤方式、能量形态和毁伤技术途径。

毁伤技术途径指明了毁伤技术的发展方向，而在这个方向上的具体技术并没有一一列出。沿着这些技术途径，我们就可以寻找和发现新的毁伤关键技术，就可以开辟新的毁伤方式和毁伤手段，就可以形成符合时代特点的毁伤新质作战能力，就能够打赢未来与强敌的战争博弈和对抗。

第五节 设计与实现

有了失能定制毁伤的概念框架和可供选择的技术途径之后，我们面临的首要问题是如何设计一型导弹武器系统，如何设计导弹的毁伤有效载荷，以实现对特定作战目标的失能定制毁伤。我们研究提出了一种基于目标能力特性的导弹设计方法，这是一种有别于传统的导弹设计方法，传统的导弹设计始于作战需求，基于对导弹打击目标的失基毁伤，采用武器系统设计、导弹总体设计、导弹战斗部设计的自上而下的设计方法。基于目标能力特性的导弹设计方法，是一种始于目标的作战能力分析、基于对导弹打击目标的失能毁伤、确定导弹战斗部设计、确定导弹总体设计、确定导弹武器系统设计的自下而上的设计方法。自下而上的设计方法与自上而下的设计方法相融合，是实现导弹和导弹武器系统设计的最佳选择。

一、选择需要打击的作战目标类型

1. 确定作战目标类型

信息化战争形态下的目标主要包括人员类目标、单元类目标、平台类目标和体系类目标共四种类型，首先要确定作战目标属于哪一种类型。

有一些目标只是单一类型的目标，如电源车仅属于单元类目标内的功能装备类目标。有一些目标同时属于多种目标类型，如多功能驱逐舰，它既是平台类目标，又是体系类目标的重要节点目标。对于同属于多种目标类型的目标，应当将其目标类型向上归集，即对多功能驱逐舰，选择它为体系类目标，而不是作为平台类目标。这样选择的原因是，对于同样的"人装"因素，体系类目标的"敌环"更加强大，导弹杀伤链和毁伤链面临的对抗更加激烈，对导弹、战斗部、引信等要素要求更高。如果"人装"能够打击体系类目标，打击同样的平台类目标和单元类目标都不在话下。

如果我们选择打击人员类目标，而且作战人员存在于其他类型目标之中，如驱逐舰中的作战人员、地下工事内的作战人员等，则应该将其视为平台类和单元类设施类目标。通过毁伤平台和设施杀伤作战人员，或利用舰艇和坑道形成的密闭空间杀伤作战人员。这也是一种目标类型的向上归集。

如果实施打击作战的导弹具有选择性打击能力，能够选择打击驱逐舰上的"宙斯盾"雷达，这种情况下，我们不再把雷达当成平台类目标，而是当作单元类的装备目标，对其实施失能定制毁伤。这是一种目标类型的向下归集。

无论是向上归集还是向下归集，都要从目标的作用地位出发，从目标的特点特性出发，从此目标与其他目标的相互关系出发，妥善地选定目标类型，为后续设计和工作打下基础。

2. 确定作战目标类型的目的

在信息化战争形态下，任何目标都是作战体系的一员，都可以称作体系类目标。之所以还要对目标类型进行具体划分，主要有三个方面的目的意义：

一是有利于分割围歼。如作战体系中的航母作战平台，它是作战体系的核心节点，是典型的体系类目标，如果我们在作战体系的"虎口"中去拔航母之"牙"，这样的作战是很难达成目的的，而且要付出极大的代价。如果我们先切断航母作战平台与其作战体系的联系，就可以把它作为平台类目标实施分割围歼。

二是有利于因情施策。目标类型选择得准，对后续作战能力的分解，以及对关键且易损能力特性的确定，就会有的放矢，针对目标的"七寸"和"死穴"因情施策，实施失能定制毁伤。

三是有利于提高有效性。对于战斗部载荷而言，导弹就是投送的平台。载荷越重，投送得越快越远，导弹的复杂程度和成本就会越高。这也正是传统毁伤单一依靠提高战斗部当量和威力，进而造成导弹成本居高不下的根本原因。而选准目标类型，就意味着选准关键且易损能力特性，就意味着可以用较小的战斗部载荷和毁伤能量，使目标削弱或丧失作战能力。这是一种"多快好省"的提高毁伤有效性的举措。

二、分析作战目标的作战能力

1. 确定目标的作战能力

任何目标的作战能力都包含在 12 种通用作战能力之中，每一种目标类型也都有其独有的目标能力表达。根据选定的目标类型，在该类型目标的能力表达中列出所有的作战能力。如对四代战机平台类目标，其作战能力包括机动力、火力、防护力、信息力、保障力和智能力；如果把四代战机作为体系类目标，其作战能力主要包括凝聚力、协同力、覆盖力、弹性力、敏捷力和智能力。同一个作战目标作为不同的目标类型，其作战能力归属不同。

2. 从作战能力中识别关键的作战能力

通过对作战目标能力进行分解，得到作战能力的子项构成，据此构建目标作战能力的能力模型。

在作战能力子项中，选择最关键的作战能力子项作为该目标的关键作战能力。

然后对关键子项作战能力进一步分解，分析得出该作战目标关键的能力特性。关键能力特性是失能定制毁伤的主要出发点。

3. 识别关键作战能力的意义

一是有利于发现目标的"长板"能力。作战目标的关键作战能力往往是该目标独有的核心能力和"长板"能力，这一能力是其他目标的能力和该目标的其他能力所无法替代的。该目标失去"长板"作战能力，就意味着该目标的作用和地位降低或削弱。

二是有利于寻找目标的关键能力特性。目标的关键作战能力是由目标的关键能力特性所决定的，找到和找准目标的关键能力特性，并将其作为重要的目标特性加以毁伤的审视，就可以高效地聚焦失能定制毁伤的模式和途径。

三是有利于识别目标连带的关键能力特性。目标的关键能力特性中，有一些能力特性被毁伤之后，还会对目标的其他能力特性产生连带毁伤，使作战目标的作战能力产生"塌方式"的毁损。这种关键能力特性一旦发现和识别，就会为失能定制毁伤带来更好的有效性。

三、分析目标的关键且易损特性

1. 从关键能力特性中识别易损能力特性

由于目标类型和形态的不同，目标的关键能力特性中有些是易损的，有些是不易损的，要寻找易损的能力特性作为失能定制毁伤的对象。如坦克内的作战人员，由于在坦克壳体的严密保护下，是不易损的；而布设在坦克防护壳体外部的信息化装备的传感器则是易损的。

2. 从关键且易损的特性中识别最关键且最易损的能力特性

对一个作战目标而言，可能存在若干个关键且易损能力特性，需要对这些关键且易损能力特性进行综合比对，找出最关键且最易损的能力特性，作为失能定制毁伤的主攻方向和主要的毁伤技术途径。

3. 识别关键且易损能力特性的意义

目标的能力特性中，有些能力特性关键但不易损，有些能力特性易损但不关键，只有很少的一部分能力特性具有关键且易损的特征。找到这些特征的意义在于：

一是有利于毁伤的"定制"。使毁伤能量和毁伤元与目标的易损特性相协调，可以使用最少的毁伤能量实现有效的失能毁伤。

二是有利于毁伤的"条件"。传统的毁伤要么需要战斗部增大威力半径，要么需要进一步提升导弹的打击精度，要做到这两点都需要付出极大的代价，在未来战争中都是不可为继的选择。而针对目标最关键且最易损的能力特性实施定制毁伤，则有利于降低威力要求和导弹精度链的闭合要求。

三是有利于毁伤的"结果"。失能和失基相比较，有人认为失基才是根本的毁伤，因为失基必然导致失能，而失能打击有多此一举之嫌。在战争的实践中，让一个作战目标失能，除了可以使其丧失关键作战能力之外，为救护和修复失能的作战目标，作战对手还要付出更多的和更高的兵力及其代价。从这个意义上讲，失能的效能和效益要远远地超过失基的效能和效益，而且不易产生过度毁伤和附带毁伤。

四、选择失能毁伤的技术途径

1. 选择毁伤方式

针对目标的每一个关键且易损特性，可能会有一种或多种毁伤方式，原则上选择最适宜、最简便、最有效、最经济的毁伤方式。

如果多种毁伤方式中，有一种毁伤方式可以利用现役的导弹实现，就优先选用现役的毁伤方式。

如果适宜的毁伤方式可以由现有的毁伤方式改进获得，就优先采用改进现有毁伤方式的方式。

如果多种毁伤方式综合运用更有利于毁伤关键且易损特性，则采用综合的毁伤方式，如杀伤爆破战斗部利用破片动能和冲击波超压两种毁伤方式毁伤目标。

2. 选择能量形态

针对目标的每一个关键且易损特性的毁伤方式，可能会有一种或多种能量形态用于毁伤目标，选择最适宜、最有效的毁伤能量形态。

如果多种能量形态中，有一种能量形态可以利用现役的导弹实现，就优先选用现役的能量形态。

如果适宜的能量形态可以由七种基本的能量形态转化获得，就优先采用转化基本能量形态的方式。

如果多种能量形态综合运用更有利于毁伤关键且易损特性，则采用综合的能量形态，如钻地弹和反航母战斗部利用动能和化学能两种能量形态毁伤目标。

3. 选择技术途径

确定了失能定制毁伤的能量形态，就可以从这种能量形态出发，依据毁伤能量与易损特性的最佳匹配原则，明确需要采用的毁伤技术途径，可能会有一种或多种技术途径，选择最适宜、最简便、最经济的技术途径。

如果多种技术途径中，有一种技术途径可以利用现役的导弹实现，就优先选用现役的技术途径。

如果适宜的技术途径可以由现有的技术途径改进获得，就优先采用改进现有技术途径的方式。

如果多种技术途径综合运用更有利于毁伤关键且易损特性，则采用综合的技术途径。如含能破片云战斗部采用动能破壳技术和穿壳后碰炸技术两种技术途径，实现对薄壳结构目标的有效杀伤。

五、设计失能毁伤的战斗部/有效载荷

1. 设计毁伤元

根据选定的毁伤方式和毁伤能量形态确定毁伤元的类型、尺寸和质量，并相应开展单个毁伤元对典型目标"死穴"的试验验证。

2. 设计战斗部

根据目标的基本特性和毁伤机理以及选择确定的毁伤元，按照有效毁伤的标准和要求，综合权衡确定毁伤元的数量、作用范围、战斗部装药质量以及战斗部的尺寸和质量。

六、设计导弹和武器系统

1. 设计导弹

根据战斗部的设计方案，结合其他作战要素，确定导弹的总体方案。如果战斗部的设计方案能够适装现有的导弹，也可以通过换装战斗部的方式实现导弹的总体方案。

2. 设计武器系统

根据导弹设计方案，生成最基本的作战要素，构建适应导弹作战运用的OODA闭环条件，满足最小作战单元使用要求。

3. 设计作战运用

按照夺取"三差"的导弹作战制胜机理，充分考虑攻防对抗的实战环境，把最大限度地发挥导弹性能和毁伤有效性作为目标函数，合理地设计导弹作战运用的技术、战术和战法。

第六节 想定与运用

在未来战争的导弹攻防作战中，如何选择导弹作战的技战术战法，如何高效地实现对作战目标的失能定制毁伤，是我们需要面对和研究的又一个重要问题。研究这一问题的基本思路是：针对需要定制毁伤的目标的12种基本作战能力，分别选择一个基本的作战想定（典型的作战场景）和一个典型的作战

目标，按杀伤链的作战流程进行作战设计，采用失能定制毁伤的技战术办法，分析和评估对目标实施失能定制毁伤、达成导弹作战目的的能力和程度。

一、失能的作战筹划

1. 定下作战决心

在导弹攻防作战中，指挥员决定采用失能定制毁伤的方式打击敌方作战目标时，一般有以下几种情形：

一是在实施战略威慑和远程拒止的情况下，不希望击落、击沉、击毁敌方的作战目标，只是希望达到阻止敌方作战力量抵近或集结的目的，采用失能定制毁伤的方式更加有效。

二是在使用传统毁伤方式难以达成作战目的的情况下，采用失能定制毁伤的方式，趁敌方毫无认知和防备，达到意想不到的作战目的。

三是在敌方采用马赛克体系、蜂群目标和协同打击的情况下，针对单一实体目标的硬摧毁方式难以破袭敌方的作战体系，需要采用失能定制毁伤的方式，破袭敌方作战体系的作战能力。

四是在新的作战域（如认知域）实施作战的情况下，传统的毁伤模式均无法达成作战目的，需要采取失能定制毁伤的方式（如数据造假），破坏敌方作战目标的智能力。

2. 进行作战设计

一是选择导弹攻防作战的时空和目标；

二是选择失能定制毁伤的样式和手段；

三是确定导弹作战的指导思想和原则思路；

四是对战场态势及其演变进行监视和预判。

3. 制订作战计划

一是明确导弹的作战力量及其部署；

二是确定导弹作战的阶段划分；

三是确定导弹失能定制毁伤运用的时机、方式和方法；

四是确定实施目标侦察、跟踪、制导和打击效果评估的手段和方法。

4. 进行作战推演

一是利用仿真系统进行作战推演，把作战态势和作战行动模型化、数字化，利用计算机在模型上做实验，根据大量的仿真实验结果，比较各种作战计划的可行性、科学性和存在的问题，这是一种偏定量的作战推演。

二是利用推演系统进行作战推演，主要是练指挥、练判断、练流程、练决策、练协同，通过不同方案的推演，获得对作战计划可行性、科学性的定夺，这是一种偏定性的作战推演。

三是根据推演的结果，确定和下达作战计划，作为实施导弹失能定制毁伤攻防作战的行动依据。

二、失能的作战过程

导弹杀伤链的任务链、飞行链和毁伤链、评估链，统一在导弹作战行动的过程中。而且每一个链的作战行动，都是一个OODA的闭环过程。因此，可以按照OODA的每一个环节要素，对作战过程进行想定和设计。

1. 观察环节

任务链的观察环节是导弹作战体系中的各类预警侦察装备发现目标、识别目标、定位目标、跟踪目标的过程。

飞行链的观察环节是导弹发现目标、识别目标、跟踪目标的过程，是导弹作战体系对飞行中的导弹进行目标态势赋能的过程。

毁伤链的观察环节是导弹制导系统和引信系统感应目标及其终点环境的过程，也是作战体系对引信系统的赋能过程。

2. 调整环节

任务链的调整环节是根据观察环节的结果和对敌方作战态势的判断，对己方的作战兵力和火力实施机动和调整部署的过程。

飞行链的调整环节是根据导弹飞行过程中实时的战场态势和目标态势，对导弹飞行的弹道、轨迹、方向等进行调整的过程。

毁伤链的调整环节是根据引信感知的目标和终点环境，对起爆的空间位置、时机和方位进行调整的过程。

3. 决策环节

任务链的决策环节是根据观察和调整的结果，决策实施导弹打击的过程。

飞行链的决策环节是根据实时的目标态势，对需要打击的目标进行识别、选择和攻击的过程。

毁伤链的决策环节是引信对感知的信息进行处理、判断和利用的过程。

4. 行动环节

任务链的行动环节是进行导弹发射前准备和发射行动的过程。

飞行链的行动环节是导弹反发现、反识别、反拦击的过程。

毁伤链的行动环节是能量释放、能量转化、目标响应的过程。

5. 评估环节

一是评估失能定制毁伤的作战效果，评估是否达成导弹作战的目的；

二是评估实施了有效毁伤后，战场态势的变化趋势；

三是评估是否采取后续阶段导弹作战的基本条件。

目标的类型是多种多样的,对目标实施失能定制毁伤的技术途径更是丰富多彩的,可以提供进行导弹失能定制毁伤运用的想定和方法更具有开放性和开拓性。这不仅为指战员在战场上的灵活选择提供了可能,更为导弹失能定制毁伤的技术发展开辟了更加广阔的战场空间。失能定制毁伤作为毁伤的一支新兴的作战力量,正在成为一股势不可挡的发展潮流,必将在未来战争中发挥光彩夺目的作用,必将为毁伤技术领域的技术进步和创新发展书写绚丽多彩的篇章。

第二章
失能定制毁伤目标

目标是战斗力的载体,毁伤目标的根本目的在于摧毁目标承载的战斗力。目标的能力是目标内在功能属性的外在反映,是决定目标战斗力的重要因素。失能定制毁伤是在规定时空和环境等条件下,通过损毁目标全部或部分外在能力特性,使目标丧失关键能力,从而丧失关键战斗力或全部战斗力的毁伤方式。本章通过阐述目标的概念、生产力与战斗力的关系、目标的战斗力,定义了四类典型的目标形态,归纳了12种目标的作战能力。

第一节 目标与战斗力

从目标是战斗力载体的认知出发,必须明确目标和战斗力的概念内涵,必须掌握目标与战斗力的内在联系。

一、目标的概念

现代汉语中,"目标"一词有两方面的含义,一是指射击、攻击或寻求的对象,例如看清目标、发现目标;二是指想要达到的境界或标准,例如奋斗目标、工作目标。本书中的目标主要是指第一方面的含义。根据作战目的的不同,目标可分为作战目标、打击目标和毁伤目标三个层级的目标种类。

1. 作战目标

作战目标包括两个方面的含义,一是指作战行动打击的对象,这种打击对象具有广义的内涵,主要是指打击敌方占领的战场空间内的作战力量;二是指作战行动需要达成的目的,这个目的可以是歼灭敌人的有生力量、夺占战场空间等。

典型的作战目标包括有生力量、武器装备、军事设施及对作战进程和结局有重要影响的其他目标。正确选择作战目标是实现作战意图,取得作战胜利的重要保证。

按地位和作用,作战目标可以分为战略目标、战役目标和战术目标;按空间位置，作战目标可以分为地面目标、海上目标和空中目标、太空目标等；按目标性质，作战目标可以分为硬目标和软目标；按目标幅员，作战目标可以分为点目标、面目标和线目标；按机动性，作战目标可以分为固定目标和运动目标。

2. 打击目标

打击目标是指作战目标内重点的和具体的打击对象，是一次作战行动中需要打击的目标群，这种目标群与作战行动的目的直接相关。典型的打击目标主要包括敌方的有生力量、敌方的作战体系和敌方的武器装备等。

3. 毁伤目标

毁伤目标是一次导弹打击行动中，在打击目标内的具体明确的打击对象。从目标运动特性看，可以将毁伤目标分为固定目标和运动目标；从目标散射特性看，可以将毁伤目标分为隐身目标和非隐身目标；从目标存在形式看，可以将毁伤目标分为有形的实体目标和无形的虚拟目标；从目标分布形式看，可以将毁伤目标分为集中式目标和分布式目标；从目标毁伤性质看，可以将目标分为失基毁伤目标、失性毁伤目标、失能毁伤目标、失联毁伤目标和失智毁伤目标。

二、生产力与战斗力

1. 生产力

生产力又称"社会生产力"，是人们征服和改造自然、使其为自身服务的能力。生产力是生产方式的一个方面，表明了生产过程中人与自然的关系。

生产力包括劳动者、劳动资料和劳动对象三种构成要素。劳动者是生产力中起主导作用的要素，是物质要素的创造者和使用者，物质要素只有被人掌握，只有和劳动者结合起来，才能形成现实的生产力。劳动资料是人们在劳动过程中所必需的一切物质资料和物质条件，它在生产力物的因素中占有最重要的地位，它是人类支配和控制自然的强大手段，它的状况表明人类征服自然的水平。劳动对象则是人类劳动加于其上的物质条件，它是生产力物质要素中不可缺少的一项内容。没有劳动对象就不能进行生产，也就不能形成现实的生产力。通常把劳动者称作生产力人的因素，把劳动资料和劳动对象统称为生产力物的因素。

在生产力三个要素中，劳动者占有特殊的重要地位，是生产过程中的主体和首要的生产力，在生产力诸要素中起主导和决定作用；劳动资料是生产力物的要素，它是劳动者用来传导自己的活动到达劳动对象、影响和改变劳动对象的综合体，是人们支配和改造自然的强大杠杆；劳动对象亦是生产力物的要素，劳动者只有将劳动资料作用于劳动对象，才能创造出适合需要的使用价值。同样的劳动者和劳动资料，如果劳动对象不同，则生产力也不同。

2. 战斗力

按照《中国人民解放军军语》的定义，战斗力是武装力量遂行作战任务的能力，由人、武器装备和人与武器装备的结合等基本要素构成，其强弱取决于人员和武器装备的数质量、体制编制的科学化程度、组织指挥和管理的水平、各种保障的能力、军事理论和训练状况等。

从生产力三要素的定义出发，战斗力要素也可定义为作战人员、作战资料和作战对象。作战资料中的主体要素是作战装备，作战对象中除了敌方作战力量之外，还包括战场环境的要素。因此，我们将战斗力定义为作战人员、作战装备、作战对手、作战环境四大要素，简称为"人装敌环"四要素。

在战斗力四要素中，作战人员和作战装备是战斗力的主体因素，作战对象和作战环境是战斗力的客体因素。战斗力是主体与客体的统一，是己方能力与敌方能力的较量，是相对于对手战斗力的战斗力，是在对抗博弈中的净战斗力。

战斗力四要素之间的关系主要体现在主体关系、主体与客体关系两方面。主体关系包括作战人员之间的关系和作战人员与作战装备之间的关系。作战人员之间的关系，涉及平时部队的体制编制、力量运用的作战编成、作战任务的分工区分、联合作战的合成协同。作战人员关系的良性互动，会产生战斗力人的因素的聚集，会产生人的力量的涌现。作战人员与装备之间的关系，即人与装备的关系，包括人对装备的掌握和驾驭，人利用装备的方式方法，人发挥装备能力的运用方式，装备对人的用户体验，装备对人能力的辅助增强，以及人装融合形成的能力涌现。人与作战装备的关系是战斗力的主体因素，决定了战斗力的主体能力。主体与客体的关系是"人装"与"敌环"的关系，是主体与客体对立统一的关系，是主体作用于客体的关系，是主体在客体上发挥作战价值的关系，是主体相对特定客体的战斗力水平。对于相同的"人装"主体，如果"敌环"的客体不同，则战斗力水平亦不同。战斗力总是在博弈对抗中生成，总是在主客体的较量中存在。

3. 重新定义战斗力的意义

重新定义战斗力、提出构成战斗力的"人装敌环"四要素的意义在于：一是进一步认清战斗力的各组成要素，齐抓共管、整体推进，形成战斗力发展和建设的整体效应；二是进一步明晰战斗力的相互关系，明了"人装"与"敌环"之间的主客体关系和对立统一的运动规律，始终把"人装"的主体要素作为发展和建设的重中之重；三是进一步确立战斗力是相比较而存在的产物，只有"人装"的要素而没有"敌环"的要素，战斗力是不成立的，战斗力是在"敌环"的对立条件下而存在的。关键是打造体系级战力，应对未来战争的系统思维。

三、目标和战斗力

1. 目标战斗力的概念

目标战斗力是指目标承载的作战能力。根据目标的性质、种类、规模和作用的不同，其承载作战能力的要素和规模也不同。如果把一艘驱逐舰作为毁伤目标，驱逐舰所承载的作战能力主要包括机动作战能力、对海作战能力、对空作战能力和反潜作战能力等。

2. 目标战斗力的组成

目标战斗力有多种组成。按OODA作战功能环，可分为侦察预警能力、调整判断能力、决策指挥能力和作战行动能力。按不同的作战域，可分为陆上作战能力、海上作战能力、空中作战能力、太空作战能力、网络作战能力和电磁作战能力等。按不同的作战性质，可分为进攻作战能力和防御作战能力等。按不同的作战任务，可分为对地作战能力、反舰/反潜作战能力、制空作战能力、防空反导作战能力和网电攻防作战能力等。

3. 目标战斗力的作用

目标是体系的组成要素，没有目标就不能构成有效的作战体系。目标必须承载战斗力，没有作战能力的目标，将不会为体系作战能力增加贡献率。在作战体系中，目标不是孤立的组成，而是相互联系构成的整体，没有目标之间的相互联系，也就没有体系的战斗力。对目标作战能力的毁伤，意味着目标丧失部分或全部作战能力，而目标关键作战能力的丧失正是目标定制毁伤所要追求的境界和目的。目标一旦丧失关键作战能力，意味着它在体系中的地位和作用也同样丧失，与击毁、击沉、击落目标具有同等的意义。

第二节 目标的演变

战争的直接目的是"保存自己、消灭敌人"，这也是战争的本质。这里所说的敌人是广义的概念，既包括有形的敌人也包括无形的敌人，既包括作战力量也包括战争意志。在人类数千年的发展过程中，战争经历了原始战争、冷兵器战争、热兵器战争、机械化战争和信息化战争五个阶段。毁伤目标的演变是战争形态发展的重要方面。在冷热兵器战争时代，有生力量是主要的毁伤目标；在机械化战争时代，作战平台是主要的毁伤目标；在信息化战争时代，作战体系是主要的毁伤目标。随着战争向智能化的方向演进,智能作战体系将成为主要的毁伤目标。

一、原始战争与毁伤目标

原始战争是指氏族部落之间或部落联盟之间,为了争夺赖以生存的土地、河流、山林等天然财富,甚至为了抢婚、种族复仇而发生暴力冲突,进而演变成的原始状态的战争。

1. 原始战争的战斗力

原始时代的生产力十分低下,劳动者只能从事维持自身生存的简单生产活动,劳动资料十分缺乏,劳动工具主要是石器、木棍等原始工具,劳动对象主要集中在果实、根茎、小动物等自然物。

原始战争时代的战斗力极为有限。作战人员即劳动人员,没有经过专门的训练;作战装备即是简陋的生产工具,杀伤能力低下;作战对手亦是对方的劳动人员,也没有经过专门的训练;作战环境主要局限在土地、河流、山地等自然环境。

劳动人员和劳动工具是原始战争战斗力的主要载体,劳动工具必须依赖劳动人员使用才能发挥作用。因此,原始战争的本质形态是"兵力中心战",即以劳动人员为核心作战要素的战争形态,其特征是交战双方以劳动人员等有生力量为主进行的冲突和搏杀。

2. 原始战争的毁伤目标

原始战争的毁伤目标主要是对方的作战人员,即劳动人员。作战人员具有感知、认知和行为能力。剥夺作战人员的生命力可使敌丧失感知、认知和行为能力。因此,剥夺作战人员生命力是原始战争中毁伤的主要目的。

在原始战争中,为了摧毁人员战斗力,主要的毁伤途径是通过拳头、腿脚等肢体,以及木棍、石斧、骨矛头等原始兵器对人员的身体进行打击,将其致伤、致残、致死,从而使其部分或完全丧失战斗力。从能量形态来看,毁伤能量的来源主要是人员的肢体和原始装备在运动中携带的机械能。

3. 原始战争的杀伤链

在原始战争中,对作战人员的毁伤主要依靠个人战斗能力实现,杀伤链的观察、调整、决策、执行等环节主要依靠单个战斗人员完成,称之为单人杀伤链。

二、冷兵器战争与毁伤目标

冷兵器是指不带有火药、炸药或其他燃烧物,在战斗中直接杀伤敌人、保护自己的各类武器装备。冷兵器战争是以冷兵器为主要作战装备的战争形态。

1. 冷兵器战争的战斗力

冷兵器时代的生产力虽然有了较大发展,但仍然处于较低的水平。劳动者生产经验不断积累,劳动技能不断提高。劳动资料出现了以青铜、铁等金属为主要材料制作的专用劳动工具,明显提高了劳动生产效率。劳动对象从自然物扩展到经过人为加工的劳动产品。

冷兵器战争的战斗力有了明显提升。军队开始作为专门的武装力量出现,作战人员经过长期的军事训练,身体素质、战斗和指挥素养不断提高。作战装备出现了刀、枪、剑、戟、弓箭等进攻性兵器,盾牌、头盔、盔甲等防护性装备,马匹、骆驼、大象等坐骑,以及战车、战船、投石车、巨弩车等大型兵器装备。作战对手是作为国家武装力量的军队,编制、指挥、后勤等都较为成熟。军队已经开始利用和改造自然条件,使作战环境有利于己方。

作战人员和冷兵器是冷兵器战争战斗力的主要载体,冷兵器必须依赖作战人员使用才能发挥作用。因此,作战人员仍然是战斗力的核心载体。冷兵器战争的本质形态仍然是"兵力中心战",即以作战人员和冷兵器构成的整体为核心作战要素的战争形态,其特征是交战双方的作战人员等有生力量携带金属制冷兵器进行相互冲突和搏杀。

2. 冷兵器战争的毁伤目标

冷兵器战争的毁伤目标主要是敌方的作战人员。作战人员具有感知、认知和行为能力。剥夺作战人员的生命力可使敌丧失感知、认知和行为能力。因此,剥夺作战人员生命力是冷兵器战争中毁伤的主要目的。

在冷兵器战争中,为了摧毁人员战斗力,主要的毁伤途径是通过刀、枪、剑、戟、弓箭等冷兵器对人员的身体进行打击,将其致伤、致残、致死,从而使其部分或完全丧失战斗力。从能量形态来看,毁伤能量的来源主要是作战人员和冷兵器在对抗中携带的机械能。

3. 冷兵器战争的杀伤链

在冷兵器战争时代,由于人员、装备、编制、指挥等方面的进步,杀伤链的组成更加多样化,在单人杀伤链的基础上开始出现多人或群体协同组成的杀伤链,称之为人员协同杀伤链。

在观察环节,专门承担侦察任务的分工开始出现,同时望远镜、瞭望塔等用于辅助侦察的装备和设施逐步开始发展,部队指挥官在行军、作战过程中,一般都会派遣大量侦察人员探查对手和战场信息,并以此作为调整部队行动、做出决策的依据。

在调整和决策环节,军队中开始出现专门负责情报分析、辅助决策的人员，同时形成了由上至下的多层级指挥决策体系，能够支撑不同作战单位、作战群体之间的有效协同。

在执行环节，人仍然是战斗力的核心，但金属制兵器、马匹、弓箭等武器装备的出现明显增强了战斗人员的杀伤能力。特别是以马匹为载具、以弓箭为远距杀伤手段、以刀枪等为近距杀伤手段、以铁甲为防护手段的骑兵成为冷兵器时代最重要的作战力量，明显提升了杀伤链的循环速度和力量作用范围。

三、热兵器战争与毁伤目标

热兵器是指通过火、化学等能量形态达到毁伤目标的兵器。热兵器战争是指以热兵器为主要作战装备的战争形态。

1. 热兵器战争的战斗力

在热兵器时代，第一次和第二次工业革命使得工业快速发展，生产力得到突飞猛进的提升。劳动者中出现了大量的产业工人，知识水平和生产技能不断提高。劳动资料出现了由蒸汽机、内燃机和电力驱动的大型生产资料，明显提高了劳动生产效率。劳动对象的主体由自然物转向经过人为加工的产品，工业成为一个独立的物质生产部门。

热兵器战争的战斗力有了跨越式发展。以陆军为主的现代化军队开始出现；以火枪、大炮为代表的热兵器大量普及，杀伤距离、打击精度、火力密度明显提高；作战对手亦是以陆军为主、使用热兵器的现代化军队；作战环境面临极端自然条件、社会人文条件和战场对抗条件，成为影响战斗力的重要因素，作战环境变得更加复杂、恶劣。

作战人员和热兵器是热兵器战争战斗力的主要载体，热兵器必须依赖作战人员使用才能发挥作用。因此，作战人员仍然是战斗力的核心载体。热兵器战争的本质形态是"兵力中心战"，即以作战人员和热兵器构成的整体为核心作战要素的战争形态，其特征是交战双方的作战人员等有生力量携带热兵器进行相互冲突和搏杀。

2. 热兵器战争的毁伤目标

热兵器战争的毁伤目标主要是对方的作战人员。作战人员具有感知、认知和行为能力。剥夺作战人员的生命力可使敌丧失感知、认知和行为能力。因此，剥夺作战人员生命力是热兵器战争中毁伤的主要目的。

在热兵器战争中，为了摧毁人员战斗力，主要的毁伤途径是通过枪、炮、弹、药等热兵器对人员的身体进行打击，将其致伤、致残、致死，从而使其部分或完全丧失战斗力。从能量形态来看，毁伤能量的来源主要是热兵器在对抗中携带的化学能和机械能。

3. 热兵器战争的杀伤链

在热兵器战争时代，杀伤链的组成形式与冷兵器战争并无本质不同，都包括单人杀伤链和人员协同杀伤链。热兵器战争杀伤链的能力提升主要体现在由于火枪、火炮等射程远、精度高、杀伤范围大的热兵器出现，杀伤链的闭合速度、打击范围、打击效果出现了极大提升。

四、机械化战争与毁伤目标

机械化战争是指使用坦克、飞机、舰艇等机械化武器装备进行的战争。

1. 机械化战争的战斗力

在机械化时代，社会分工逐渐向深层次发展，社会生产力有了质的飞跃。在劳动者层面，由于社会分工向深层次发展，钢铁、印刷、纺织等行业迅速发展，劳动知识和生产技能不断传承，劳动者素质不断提高。劳动工具类型不断丰富、数量不断提升，由蒸汽动力、电力、内燃机等驱动的大型生产资料逐渐开始普及，明显提高了劳动生产效率。劳动对象被利用的程度不断加深，以多层次深加工为特征的现代工业快速发展，成为主要的社会物质生产部门之一。

机械化战争的战斗力有了飞跃式发展。随着飞机、舰艇等机械化平台的出现，海军和空军从小到大、由弱到强，从支援和配合陆军作战到独立的海空大战，逐步成为战争的主体力量。在作战装备层面，坦克、装甲车、自行火炮、飞机、舰艇等大型机械化装备和武器开始出现，从机动力、火力、防护力等多个方面明显提升了作战能力。作战对手亦是具有陆、海、空多军兵种，使用大型机械化作战平台的现代化军队。在作战环境层面，作战域全面向陆、海、空、电发展。

作战人员和机械化作战装备是机械化战争战斗力的主要载体，机械化作战装备不仅极大地扩展和增强了作战人员的机动能力和杀伤能力，还为作战人员提供了充分的防护手段，在不对作战平台进行打击的情况下很难对其中的作战人员造成有效毁伤。因此，机械化作战平台是机械化战争战斗力的核心载体。机械化战争的本质形态是"平台中心战"，即以机械化作战平台和作战人员构成的整体为核心作战要素的战争形态，其典型特征是交战双方的作战人员操控坦克、装甲车、飞机、舰艇等作战平台进行冲突和攻防。在机械化战争中，"兵力中心战"的形态仍然存在，只是退居次要的角色和地位。

2. 机械化战争的毁伤目标

机械化战争的毁伤目标主要是机械化作战平台。机械化作战平台具有机动能力、防护能力、杀伤能力和指挥通信能力等方面能力。因此，击毁、击沉、击落机械化作战平台是机械化战争中毁伤的主要目的。

在机械化战争中,为了摧毁机械化作战平台的战斗力,典型的毁伤途径是通过各种火力对作战平台实施密集打击。从能量形态看,毁伤能量的来源主要是各种弹药所携带的机械能、化学能、核能和辐射能。

3. 机械化战争的杀伤链

在机械化战争时代,杀伤链的组成发生了明显变化,从以往的单人杀伤链、人员协同杀伤链发展为平台杀伤链。

在平台杀伤链中,由侦察兵、侦察机、侦察船等组成发现环节,由各种作战平台组成调整环节,由各级指挥员和指挥机构组成决策指挥环节,由各种作战力量组成行动环节,构成平台杀伤链的闭环。

五、信息化战争与毁伤目标

信息化战争是一种充分利用信息资源并依赖于信息的战争形态,是指在信息技术高度发展以及信息时代核威慑条件下,交战双方以信息化军队为主要作战力量,在陆、海、空、天、电、网等全维空间展开的多军兵种一体化的战争。

1. 信息化战争的战斗力

在信息化时代,发生了以原子能技术、电子计算机技术、空间技术等为代表的第三次工业革命,社会生产力高速发展。劳动者掌握了以电子计算机等为代表的高新技术,素质进一步提高。以电子计算机、自动化设备等为代表的信息化生产设备开始大量出现,快速提高了劳动生产效率。工业化大生产进一步发展,信息化、自动化、生物技术、空间技术等高新技术成为劳动对象。

信息化战争的战斗力实现第二次飞跃。作战体系形成了 C4KISR 信息作战体系和信息化作战平台及其装备,军队形成了信息化、体系化作战能力。作战域全面向陆、海、空、天、电、网发展,网络、电磁等领域对抗更加激烈,作战环境更加复杂恶劣。

在网络信息体系的支持下,信息化战争具有不同的发展阶段和多种战争形态。

首先是网络中心战。网络中心战是以网络信息体系支持下的多个作战平台、节点构成的作战体系为核心作战要素的战争形态。网络中心战的特征是交战双方的作战体系进行冲突和对抗。网络中心战的战斗力主要载体是信息网络。

其次是导弹中心战。导弹中心战是以导弹作为核心作战要素的战争形态。导弹中心战的特征是交战双方在信息体系支持下的导弹攻防作战,核心思想是在作战中构建、利用和发挥导弹作战的"长板"优势,将导弹优势化作攻防对抗优势、战斗力优势、体系优势、网电优势和作战平台优势，夺取作战的主动权和胜利。导弹中心战的战斗力核心载体是导弹作战体系。

最后是决策中心战。决策中心战是以有人/无人分布式作战系统、人工智能和自主系统为核心作战要素的战争形态。决策中心战的特征是作战体系中包含了大规模部署的有人/无人作战系统，以人工智能和自主系统为关键技术支撑，为己方指挥官提供更多可选择的"作战方案"，同时向敌方施加高复杂度，使其难以做出有效决策以应对这种复杂战场态势，在"认知域"这个新的维度实现对敌颠覆性优势。决策中心战的战斗力核心载体是智能作战体系。

2. 信息化战争的毁伤目标

在网络中心战形态下，剥夺信息感知能力、信息处理能力、信息利用能力是对信息作战体系进行毁伤的主要目的。为剥夺对手的信息力、夺取信息优势，采取的毁伤途径是通过软、硬毁伤的方式，毁伤敌方的信息作战体系以及信息化作战平台和装备的信息力。从能量形态看，毁伤能量的来源主要是网络电磁能以及导弹等硬毁伤的机械能、化学能和辐射能等。

在导弹中心战形态下，毁伤敌方导弹作战体系是主要的毁伤目的。通过软、硬毁伤手段，打击敌方导弹作战体系的关键节点，破袭敌方导弹作战体系。从能量形态看，毁伤能量的来源主要是导弹战斗部所携带的辐射能、化学能、机械能和核能等。

在决策中心战形态下，争夺的战场主要集中在认知域，剥夺智能力是破袭智能作战体系的主要目的。主要采取的毁伤途径是对敌方智能作战体系中的认知节点进行打击，使敌方失去感知/认知/行为能力。从能量形态看，毁伤能量的来源主要是认知空间的算数能、算力能和算法能。

3. 信息化战争的杀伤链

在网络中心战形态下，杀伤链是由信息网络连通各杀伤要素实现链路的闭合。在导弹中心战形态下，杀伤链是由导弹作战体系构建的导弹杀伤链和杀伤网。在决策中心战形态下，杀伤链是由云端一体的作战体系构建的全域、分布式、"马赛克"杀伤网。

第三节 目标的形态

在信息化战争中，战争形态呈现体系与体系对抗的特点，信息化技术的发展带来了信息化作战的能力提升，信息化的作战目标呈现信息化的典型特征。据此，可将信息化状态下的目标分解为人员类目标、单元类目标、平台类目标和体系类目标四种形态。

一、人员类目标

1. 人员类目标的定义

人员类目标是指军队作战力量中的有生力量。根据有生力量与作战平台的结合形式和组织方式,可以将人员类目标划分为人员集中型、平台集中型、人员和平台混合型三类。人员集中型是人员类目标在战场空间内密集部署的集群目标类型。平台集中型是人员类目标在作战平台内部部署的目标类型。人员和平台混合型是作战平台运输投送作战人员的目标类型。

人员集中型目标的地位和作用在于提供陆战领域、两栖作战领域作战短兵相接、直接交战的作战力量。平台集中型目标的地位和作用在于作战人员支撑和保障作战平台遂行作战任务。人员和平台混合型目标的地位和作用在于作战平台为作战人员提供战略、战役和战术投送能力。

2. 人员类目标的形态

根据作战人员在作战过程中承担任务的不同,可以将人员类目标划分为陆战人员、海战人员、空战人员、太空战人员、电磁战人员和网络战人员等六类,如图 2.3.1 所示。

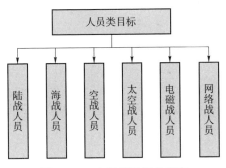

图 2.3.1　人员类目标的形态

陆战人员是指主要在陆战领域、两栖作战领域实施作战任务的作战力量,主要包括作战人员、携行装备、装载平台、指挥架构和保障力量等。

海战人员是指主要在水面、水下、两栖作战领域实施作战任务的作战力量,主要包括作战人员、携行装备、装载平台、指挥架构和保障力量等。

空战人员是指主要在空中、临近空间实施作战任务的作战力量,同样指向空中、临近空间投射能量的作战力量,主要包括作战人员、携行装备、装载平台、指挥架构和保障力量等。

太空战人员是指主要向太空、地月空间领域投射能量,实施作战任务的作战力量，主要包括作战人员、携行装备、装载平台、指挥架构和保障力量等。

网络电磁战人员是指主要在网络电磁领域实施作战任务的作战力量，主要包括作战人员、携行装备、装载平台、指挥架构和保障力量等。

这里人员是广义的人员，是军队组织体系内的成员，是作战体系重要的组成部分，是实施作战任务的主导和主体性作战力量。人员不能离开组织和体系单独存在，人员的内涵自然也就包括了人与组织、人与体系的联系。

二、单元类目标

1. 单元类目标的定义

单元类目标是指能够独立完成OODA要素闭环作战任务，或能够完成作战任务中某种作战功能的作战单元。根据承担作战任务和功能的不同，单元类目标可以分为功能单元和能力单元。功能单元是指具有单一作战功能的要素，主要包括侦察预警功能单元、调整判断功能单元、决策指挥功能单元和作战行动功能单元。能力单元是指具有独立遂行OODA要素闭环作战任务的最小作战单元，主要由上述四种功能单元组成闭合的任务链。因此，功能单元与能力单元既是平行的关系，又是能力单元的有机联系的子集，如图2.3.2所示。

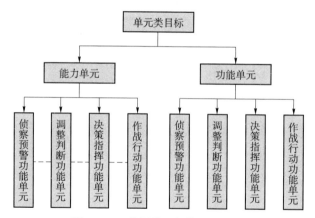

图 2.3.2　单元类目标的组成结构

2. 单元类目标的形态

根据承担作战任务和功能不同，功能单元的形态可以按照功能单元的种类，划分为侦察预警功能单元形态、调整判断功能单元形态、决策指挥功能单元形态和作战行动功能单元形态。能力单元的形态可以按照能力载体的属性，划分为装备类能力单元形态、设施类能力单元形态和潜力类能力单元形态，如图2.3.3所示。

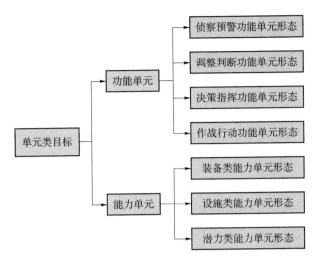

图 2.3.3　单元类目标的形态分类

功能单元形态和能力单元形态的不同，代表着功能单元目标和能力单元目标所承载的作战能力和属性不同。目标形态是进行作战能力分解的原点和起点。

侦察预警功能单元形态是指实施战场态势感知、目标发现与跟踪、辅助决策指挥和作战行动的作战任务系统。侦察预警功能单元的作战能力如同作战体系的眼睛，主要体现在看得远、辨得明、抗得住、辨得快。

调整判断功能单元形态是指在侦察预警功能单元的支持下，针对战场态势和敌情，准确判断敌方意图和敌我态势，主动调整己方部署和行动，夺取有利作战态势的作战任务系统。调整判断功能单元能够保证己方作战力量对战场态势变化快速做出反应，是未来战争高动态、强对抗的作战环境下十分重要的功能要素。调整判断功能单元的作战能力如同猎豹捕食前的准备，主要体现在判断要准、意图要隐、行动要快、力量要足。

决策指挥单元形态是指指挥员和指挥机构依据调整后的战场新态势，定下决心和计划，组织实施作战任务。决策指挥功能单元是作战体系的大脑和中枢，对于作战体系战斗力的发挥具有核心的作用。决策指挥作战单元的作战能力如同狼群的首领，主要体现在情报全、分析透、决心准、部署快、权威强。

作战行动功能单元形态是指按照指挥员的决策指挥，作战部队实施作战行动的任务系统。作战行动功能单元是执行作战任务的直接行动者，是落实指挥员决心意图的作战实践。作战行动功能单元如同拳击运动员的进攻，主要体现在观察疾、反应快、打得准、打得狠。

装备类能力单元形态是指能够独立遂行作战任务的装备系统，该装备系统由多个功能单元子系统组成。装备类能力单元一般装载于作战平台，构成作战平台的重要能力载荷。装备类能力单元的作战能力主要体现在 OODA 任务链能够在强对抗战场环境下快速闭合。

设施类能力单元形态是指位于地面和地下，主要实施功能单元作战任务和支援保障作战任务的设施任务系统。设施类能力单元的作战能力主要体现在预警侦察能力、调整判断能力、决策指挥能力、作战行动能力和支援保障能力。

潜力类能力单元形态是指不直接承担作战任务，主要负责为战争提供持续支撑和保障的任务系统。潜力类能力单元的作战能力主要体现在国家经济实力、国防动员能力、国防军工能力和支前保障能力。

三、平台类目标

1. 平台类目标的定义

平台类目标是指战车、战舰、战机和军事卫星等作战平台目标。作战平台目标具有机动能力强、攻防火力猛、信息感知广、保障能力强、自主水平高和作战任务多的特点。在信息化战争形态下，作战平台是作战体系的关键节点和重要作战力量。

从功能层面看，作战平台一般由结构系统、动力系统、操控系统、信息系统、武器系统、保障系统等多个功能系统组成，如图 2.3.4 所示。

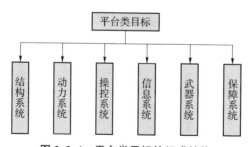

图 2.3.4　平台类目标的组成结构

结构系统是作战平台的骨骼，动力系统是作战平台的肌肉，操控系统是作战平台的大脑和中枢神经，信息系统是作战平台的耳目，武器系统是作战平台的拳脚，保障系统是作战平台的衣食父母。

2. 平台类目标的形态

根据执行作战任务的作战域不同，平台类目标可分为陆域作战平台、海域作战平台、空域作战平台、天域作战平台、跨域作战平台等，如图 2.3.5 所示。

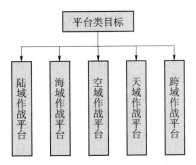

图 2.3.5　平台类目标的分类

陆域作战平台主要在陆地环境中使用，采用轮式、履带式等运动方式的作战平台。典型的陆域作战平台包括坦克和装甲车。

海域作战平台主要在海洋环境中使用，采用常规动力或核动力的作战平台。典型的海域作战平台包括航空母舰和潜艇。

空域作战平台主要在大气层内和临近空间使用，采用航空发动机、超燃冲压发动机作为动力的作战平台。典型的空域作战平台包括战斗机、轰炸机和高超声速作战平台。

天域作战平台主要在地球轨道和地月轨道上使用的作战平台。典型的天域作战平台包括军事卫星、可重复使用天地往返作战平台等。

跨域作战平台主要是能够在两个或两个以上不同作战域中使用的作战平台。典型的跨域作战平台包括气垫船、两栖装甲车、空天飞机等。

四、体系类目标

1. 体系类目标的定义

作战体系是指为完成规定的作战任务，针对特定的作战对手，在一定的战场对抗环境下作战力量人装结合的有机整体，是人员类目标、单元类目标和平台类目标的综合集成。

作战体系的组成主要包括体系要素和体系架构。体系要素指的是作战人员、作战装备、作战对象、作战环境（人装敌环）四种要素。其中作战人员和作战装备是作战体系的主体性因素，作战对象和作战环境是作战体系的客体性因素，主体性因素和客体性因素之间是构成作战体系的一体两面，相互依赖、相互作用、相互影响。

体系架构指的是体系要素之间的相互关系。优秀的体系架构应该是一个扁平化的、要素关系简单的、系统弹性强大的、运转灵活高效的、与杀伤链相对应的、以战斗力为核心的架构。随着战争进入信息化形态，网络化的作战体系广泛运用，联合作战使指挥层级大为减少，使体系要素联系更加紧密，而且摆脱了编制体制的约束，使力量要素融合为一体，使指挥控制更加灵活，体系弹性更加强大，杀伤链闭合更加快捷。

破袭作战体系一方面是要打击体系关键组成要素，使作战体系关键要素和能力缺失，无法实现杀伤链闭合；另一方面是打断体系要素之间的关键联系，使作战体系关键要素之间无法进行连接，杀伤链无法形成闭环或杀伤链循环速度、范围明显降低。

体系类目标是作战体系中能够实现杀伤链闭环的关键体系要素和体系要素之间的关键联系。按照OODA功能要素划分，体系类目标中的实体要素可分为侦察预警目标、调整判断目标、决策指挥目标和作战行动目标，如图2.3.6所示。

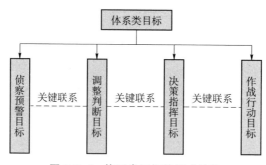

图 2.3.6　体系类目标的组成结构

体系要素目标是体系类目标的关键节点类目标。体系类目标具有功能关键、能力关键和联系关键的特点，一旦遭遇损毁，对体系的作战能力会产生极大的影响。

体系类目标中的联系要素可以有多种网络结构形式。首先是树形架构关系，即多种作战要素按照不同的指挥层级，形成由上至下的树形指挥体系和相应的连接结构。树形架构的优点是指挥关系明确，其缺点是指挥通信效率低，作战使用不够灵活。其次是网络化的架构关系，作战指挥中心节点和其他作战要素都处于同一个层级，各作战要素通过信息网络连接为一个整体。网络架构的优点是作战层级扁平、作战灵活高效，其缺点是对信息网络要求极高，易被破网断链。最后是星状网络架构关系，此种架构是树形架构和网络架构的组合体，继承了两种架构的优点，最大限度避免了两种架构的缺点。

2. 体系类目标的形态

基于不同的作战体系和不同的作战任务，可以按作战域将作战体系划分为制陆作战体系、制海作战体系、制空作战体系、制天作战体系、制电磁作战体系、制网络作战体系和制多/全域作战体系，如图2.3.7所示。

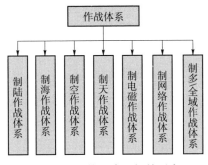

图 2.3.7　体系类目标的形态

制陆作战体系是夺取制陆权的作战体系。制陆权是指作战中在一定时间内对一定陆地空间的控制权。制陆作战体系的作战能力是进入陆域、利用陆域、控制陆域的能力。

制海作战体系是夺取制海权的作战体系。制海权是指作战中在一定时间内对一定海域的控制权。制海作战体系的作战能力是进入海域、利用海域、控制海域的能力。

制空作战体系是夺取制空权的作战体系。制空权是作战中在一定时间内对一定空域的控制权。制空作战体系的作战能力是进入空域、利用空域、控制空域的能力。

制天作战体系是夺取制天权的作战体系。制天权是作战中在一定时间内对一定外层空间的控制权。制天作战体系的作战能力是进入天域、利用天域、控制天域的能力。

制电磁作战体系是夺取制电磁权的作战体系。制电磁权是作战中在一定时空范围内对电磁频谱的控制权。制电磁作战体系的作战能力是进入电磁频谱域、利用电磁频谱域、控制电磁频谱域的能力。

制网络作战体系是夺取制网络权的作战体系。制网络权是作战中在一定时间内对一定的计算机网络的控制权。制网络作战体系的作战能力是进入网络域、利用网络域、控制网络域的能力。

制多/全域作战体系是夺取制多/全域权的作战体系。制多/全域权是作战中在多个作战时空范围内对多/全作战域的控制权。制多/全域作战体系的作战能力是进入多/全域、利用多/全域、控制多/全域的能力。

第四节 目标的能力

目标的能力是目标内在功能属性的外在体现,是目标战斗力的重要因素。按照人员类目标、单元类目标、平台类目标、体系类目标的不同形态,对各类目标的能力进行分解和分析,最终得出目标的通用作战能力。

一、人员类目标的能力

1. 能力构成

人员类目标首先具有生命力,生命力主要体现在人的感知力、认知力和行为力上,如图2.4.1所示。在战场上,作战人员如果丧失了感知力、认知力或行为力,就意味着丧失了生命力。

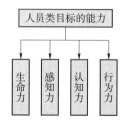

图 2.4.1　人员类目标的能力表征

2. 感知力

感知力是作战人员通过眼、耳、鼻、舌、身、意等感知器官所产生的视觉、听觉、味觉、触觉、意觉的感知能力,以及通过单兵或部队携带的信息装备对战场的感知能力。感知力能够帮助作战人员感知战场空间和毁伤目标的状态信息,是作战人员感知战场态势信息的重要来源,也是作战人员执行作战任务的必要条件。

3. 认知力

认知力是作战人员通过大脑活动对感知和接收到的战场态势信息进行分析,对真实战场态势形成正确认知的能力。认知力是作战人员独有的能力,是作战人员进行分析判断、指挥决策、执行作战任务的重要前提条件。

4. 行为力

行为力是作战人员执行作战任务的实践能力,具体体现在机动力、火力、防护力和保障力四个方面。其中,机动力主要是指作战人员自身的运动能力,火力主要是指作战人员自身或利用兵器对目标进行杀伤的能力,防护力主要体现在作战人员的主被动防护能力,保障力主要是指作战人员通过主观能动性对自身生命活动和作战装备使用进行保障的能力。

5. 能力映射

人员类目标的能力与机动力、火力、信息力、防护力、保障力和认知力等六种能力的映射关系如图 2.4.2 所示。生命力是人员类目标众多能力的基础，可以映射为机动力、火力、信息力、防护力、保障力和认知力六种能力。感知力是人员类目标感知外界信息的能力，可以映射为信息力。认知力是人员类目标对客观事物的认知能力，可以映射为认知力。行为力是作战人员执行作战任务的能力，可以映射为机动力、火力、防护力和保障力四种能力。

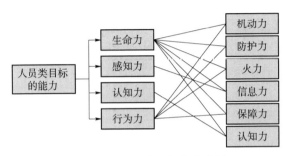

图 2.4.2　人员类目标能力映射

二、单元类目标的能力

1. 功能单元能力构成

根据承担作战功能的不同，功能单元可分为侦察预警功能单元、调整判断功能单元、决策指挥功能单元和作战行动功能单元四类，其能力表征如图 2.4.3 所示。

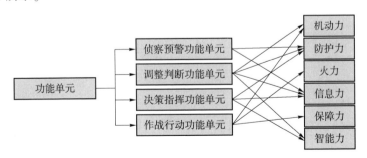

图 2.4.3　功能单元能力表征

功能单元中的侦察预警功能单元主要对应信息力和防护力；调整判断功能单元主要对应机动力、信息力、智能力和防护力；决策指挥功能单元主要对应信息力、智能力和防护力；作战行动功能单元主要对应机动力、火力和保障力。

2. 能力单元能力构成

根据承担作战功能的不同，能力单元可分为装备类能力单元形态、设施类能力单元形态和潜力类能力单元形态三类。这三类目标，每一类都可以继续分解为侦察预警功能单元、调整判断功能单元、决策指挥功能单元和作战行动功能单元四类，其能力表征分别如图 2.4.4、图 2.4.5、图 2.4.6 所示。

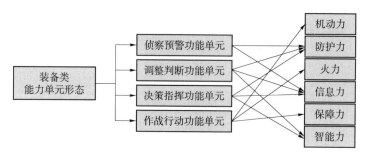

图 2.4.4　装备类能力单元形态的能力表征

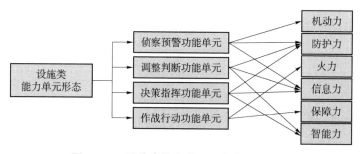

图 2.4.5　设施类能力单元形态的能力表征

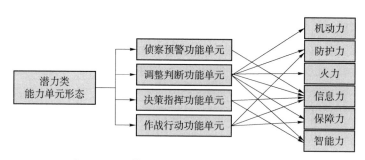

图 2.4.6　潜力类能力单元形态的能力表征

装备类能力单元形态的作战能力可以与目标的机动力、防护力、火力、信息力、保障力和智能力相对应。

设施类能力单元形态的作战能力可以与目标的机动力、信息力、防护力、火力、保障力和智能力相对应。

潜力类能力单元形态的作战能力可以与目标的机动力、防护力、火力、信息力、保障力和智能力相对应。

三、平台类目标的能力

1. 能力构成

平台类目标的能力一般采用机动力、火力、信息力、防护力、保障力和智能力六种能力来表征，如图 2.4.7 所示。依赖这六种能力，平台类目标能够在较大时空范围内独立完成 OODA 作战任务循环，执行多样化作战任务。

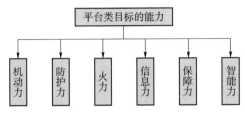

图 2.4.7　平台类目标的能力表征

2. 机动力

平台机动力是指作战平台所具有的空间移动能力，主要包括兵力机动力、平台机动力、协同机动力、体系机动力和信息机动力等。兵力机动力是进行作战力量战略、战役和战术投送的能力。平台机动力是作战平台的机动速度、机动范围、机动过载等运动能力。协同机动力是编队和集群协同机动的能力。体系机动力是上述各机动力的矢量和。信息机动力是夺取和保持信息优势的能力。

3. 火力

平台火力是指平台上的枪炮弹药和导弹经发射、投掷或引爆后所产生的杀伤力和破坏力，主要包括枪炮火力、导弹火力、电磁火力、网络火力和平台火力等。枪炮火力是枪炮弹药对目标的杀伤力和破坏力。导弹火力是导弹对目标的杀伤力和破坏力。电磁火力是电磁装备对目标的电磁杀伤力和破坏力。网络火力是网络装备对目标的网络杀伤力和破坏力。平台火力是作战平台的打击能力、杀伤能力和毁伤能力的综合体现。

4. 信息力

平台信息力一方面指作战平台获取、传输、处理和利用信息的能力，另一方面是指信息作战能力，主要包括信息感知、信息传输、信息处理、信息利用和信息攻防五个方面的能力。其中，信息感知能力是作战平台获取战场环境和态势信息的能力；信息传输能力是作战平台与作战体系其他要素进行通信和信息交换的能力；信息处理能力是作战平台对信息进行存储、计算和分析的能力；信息利用能力是指作战平台利用信息实施作战指挥和行动的能力；信息攻防能力是作战平台与敌方信息体系进行信息体系对抗、夺取制信息权的能力。

5. 防护力

平台防护力是作战平台抵御敌杀伤、破坏和恶劣自然条件侵害的能力，主要包括主动防护能力、被动防护能力和环境防护能力。主动防护能力是指采取拦截、欺骗、干扰等主动手段实施防护的能力。被动防护能力是指采取装甲、隐蔽、机动等被动手段实施防护的能力。环境防护能力是指采取抗恶劣环境的技术和战术措施实施防护的能力。

6. 保障力

平台保障力是作战平台为遂行作战任务实施的技术保障、后勤保障、作战保障、潜力保障四个方面的能力。技术保障能力是作战装备在使用过程中伴随保障、前方保障、后方保障等方面的能力。后勤保障能力是作战人员和装备使用过程中面临的食品、卫生、油料、被装等方面的保障能力。作战保障能力是作战过程中在气象、通信、机要、情报、地理等方面的保障能力。潜力保障能力是在作战过程中保障战争潜力的能力。

7. 智能力

平台智能力是作战平台对战场敌我态势、作战发展趋势等客观事物的主观反映能力。平台智能力越高，主观反映就越接近客观事物的本质。平台智能力主要包括平台学习力、理解力、判断力、行为力等。平台智能力是作战平台指挥员与人工智能系统人机融合的结果。

四、体系类目标的能力

1. 能力构成

作战体系能力是指作战体系内在素质所决定的，在作战博弈对抗运用中所呈现出的，具有稳定性、全面性、深刻性和特征性的能力，具体可分解为凝聚力、协同力、弹性力、覆盖力、敏捷力和智能力，如图2.4.8所示。作战体系的六种能力是体系作战能力的整体性呈现。各种作战能力既相互联系，又相互区别，在一定条件下相互转化、相互促进。

2. 凝聚力

凝聚力原指同一种物质内部分子间相互吸引的力，后引申为民族或团队成员之间聚集、团结的力量。由于存在凝聚力，社会共同体才保持着自身的内在规定性，一旦凝聚力消失，社会共同体便会趋于解体。

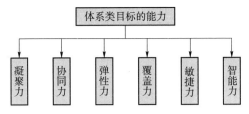

图 2.4.8　体系类目标的能力表征形式

在作战体系中，凝聚力是指作战体系各要素之间相互联系、相互作用的紧密程度和聚合能力。凝聚力体现的是作战体系各要素之间物质流、能量流、信息流和控制流的交互，以及由此产生的体系整体效应的提升。这就是一加一大于二的机理，这就是整体大于局部之和的应有之义。

由于凝聚力的存在，作战体系就会始终保持规定和稳定的功能逻辑，就会始终拥有设计所赋予的能力和素质，就会在攻防博弈的动态过程中始终维护有机的整体和能力。一旦丧失凝聚力，作战体系各要素就会失去关联性，作战体系的整体架构就会坍塌，作战体系就会变成"一滩散沙"，作战体系的能力将功亏一篑。

3. 协同力

协同力一般是指团队精神的核心推动力和黏合剂。由于协同力的存在，团队能力可以超越个人能力的简单叠加，能够独立闭环，完成急难险重的任务。一旦协同力下降或消失，团队整体能力将大幅降低，目标任务将难以完成。

在作战体系中，协同力是指作战体系诸要素之间，步调一致、默契配合、相互支撑、齐心协力地完成特定目标任务的能力，是作战体系与其他作战体系协同作战的能力。协同力体现的是作战体系功能分配和架构设计，体现的是作战体系的组织性、制度性和秩序性，体现的是作战体系内部各要素相互作用的规定性、纪律性，体现的是作战体系与外部其他作战体系的相融性、连通性，体现的是作战体系的开放性和互操作性。

由于协同力的存在，作战体系就会始终保持有机的整体性和完整性，就会在攻防博弈的动态过程中保持战无不胜的组织纪律性。一旦丧失协同力，作战体系内部就会形成"内卷"，作战体系的能力就会产生耗损，作战体系与其他作战体系就会产生脱节，就会拖累和影响整体作战体系的能力发挥。正所谓"一将无能，累死三军"。

4. 弹性力

在物理学上，弹性是指物体在外力作用下发生形变，当外力撤销后能恢复原来大小和形状的性质。物体所受的外力在一定的限度以内，外力撤销后物体能够恢复原来的大小和形状；在限度以外，外力撤销后不能恢复原状，这个限度叫弹性限度。在经济学上，弹性是指一个变量相对于另一个变量发生的一定比例的改变的属性。由于存在弹性力，物质就会保持和恢复固有的属性，经济体就会抗击和抵消各种因素变化对经济活动的影响。一旦弹性力消失，物质的属性就会改变，经济体的活力就会降低。

在作战体系中，弹性力是指在对抗博弈中或在恶劣战场环境下，作战体系的功能和能力虽然有所改变，但仍能保持和恢复基本的和规定的作战功能的能力。弹性力体现的是作战体系的强壮性和鲁棒性，体现的是作战体系抗毁能力和抗压能力，体现的是作战体系的自组织能力和自修复能力，体现的是作战体系要素的冗余性和体系架构的重组性。

由于弹性力的存在，无论处于何种等级的博弈对抗或何种严酷的战场环境中，作战体系都会始终保持所需要的作战能力，都会呈现优良的环境适应性，都会在与强敌的博弈对抗中占据主动，都会成为"打不死的小强"。一旦弹性力丧失，即便作战体系的初始功能和能力再强，在激烈的博弈对抗和严酷的战场环境下，就会失掉基本的功能和能力，就会成为外强中干的"花架子"，就会成为中看不中用的"花拳绣腿"。

5. 覆盖力

覆盖原指遮盖、掩盖，也指空中某点发出的电波笼罩下方一定范围的地面。覆盖力原指遮盖、掩盖和笼罩的程度和能力。由于存在覆盖力，覆盖物对被覆盖物产生遮蔽和保护作用，规定的能力就会笼罩更大的区域和范围。一旦覆盖力丧失，被覆盖物就会裸露和暴露，笼罩的区域和范围就会大大缩减和降低。

在作战体系中，覆盖力是指作战体系力量布势的覆盖范围和区域大小，是指作战体系功能和能力能够覆盖的时空范围，是指在激烈的博弈对抗和严酷的战场环境下，作战体系能够对打击目标实施侦察发现、分类识别、跟踪定位、火力打击、效果评估等一系列作战行动的能力边界，是指作战体系对任务、目标、区域、作战域、全天时、全天候的覆盖能力。覆盖力体现的是作战体系OODA杀伤链的作用范围，体现的是作战体系各种作战功能覆盖能力的交集，体现的是作战体系对多种作战域目标的跨域作战能力，体现的是在不同的天时、天候、环境和对抗条件下保持基本的覆盖边界的能力。

由于覆盖力的存在，作战体系就会始终朝着更快、更高、更强的方向发展，就会始终朝着多域作战和全域作战方向发展，就会始终朝着广域分布、协同作战的方向发展，就会始终朝着网络化、一体化、无人化、智能化的方向发展。一旦覆盖力丧失，作战体系的能力就会极大压缩，作战的力量范围就会受到极大的局限，对抗空间差的优势就会削弱，作战的非对称、非接触、非线式的特征就会丧失。

6. 敏捷力

敏捷是指反应（多指动作或言行）迅速快捷。敏捷力原指在最大速度和力量下，能够爆发性地移动并保持平衡的能力，是一种动态能力，是一种通过创造变化和响应变化在不确定和混乱的环境中取得成功的能力，是成功实现、应对和利用环境变化的能力。在项目管理中，敏捷项目管理简化了烦琐的流程和文档管理，主张面对面地进行沟通和交流，倡导拥抱变化、快速反应、价值优先，在面临时刻变化的市场需求的情况下，能够保证短时间内交付可靠的产品。效率是敏捷度的重要衡量标准。

在作战体系中，敏捷力是指在动态的攻防博弈情况下，作战体系能够及时和灵活应对动态变化的能力，是在设计规定的要素和架构框架中作战体系快速和灵敏的反应、运作的能力，是研发、构建和运用作战体系的时间效率、成本效率和打击效率。敏捷力体现的是作战体系的应变能力，体现的是作战体系对战场环境的适应能力，体现的是作战体系在各种对抗条件下完成特定目标任务的能力效率。

由于敏捷力的存在，作战体系就更加具备动态性和创造性，就更加具有适应对手和环境变化的适应性和对抗性，就更加具有实现目标任务的灵活性和多样性，就更加具有高效的作战效率和效能。一旦敏捷力丧失，作战体系在变化的对手、变化的环境、变化的任务、变化的场景下，就会能力降低、效能下降、效率低下，就会变成落后的和过时的作战体系，就会丧失和削弱作战体系的功能和能力，就像一个势大力沉的拳击手，在对手灵活机动的战略战术下，束手无策、被动挨打。

7. 智能力

智能是智力和能力的总称。人类的智能可以分成语言、逻辑、空间、肢体运作、音乐、人际、内省等七个范畴。人工智能（AI）是研究、开发用于模拟、延伸和扩展人的智能的理论、方法、技术及应用系统的一门新的技术科学。人工智能企图了解智能的实质，并生产出一种新的能以人类智能相似的方式做出反应的智能机器，该领域的研究包括机器人、语言识别、图像识别、自然语言处理和专家系统等。人机融合智能是由人、机、环境系统相互作用而产生的新型智能形式，是充分利用人和机器的长处形成一种新的智能形式，它既不同于人的智能也不同于人工智能，它是一种物理性与生物性相结合的新一代智能科学体系。人工智能力就是人工智能所能达到的智能程度和水平。

在作战体系中，智能力是指作战体系所具有的体系智能和人机融合智能能力，是作战体系整体（而不是局部）所呈现的智能水平和能力，是作战体系中的作战人员与人工智能系统交互融合所呈现的智能水平和能力,是人的"算计"能力与机的"计算"能力互补叠加,是通过环境与作战对手进行智能博弈对抗的能力,是人、机、环相互作用的能力。智能力体现的是无人作战体系、有人/无人协同作战体系,对战场态势的深度感知、智能决策和自主行动,体现的是作战体系 OODA 的自主快速闭环能力,体现的是在博弈对抗的条件下作战体系自适应、自组织、自规划、自应变的能力。

由于拥有了智能力,作战体系的要素更加联系紧密,杀伤链和杀伤网更加敏捷灵活,对战场态势的把握更加准确客观,对作战资源的利用更加节约高效,对敌作战体系的博弈对抗和定制毁伤更加简明有效。一旦丧失智能力,体系感知将成为无的放矢,体系认知将失去生命和灵魂,体系行动将变成无头苍蝇,作战体系将变得无所适从。一旦丧失智能力,无人作战系统将变成一盘散沙,有人作战系统将失去对无人系统的控制和利用,无人作战和自主作战将降级为一般的、传统的战争形态。就像有勇无谋的吕布,虽有"三英战吕布"的匹夫之勇,终在不断的投靠中坐以待毙。

五、目标的通用作战能力

1. 目标通用能力的组成

通过对人员类目标、单元类目标、平台类目标和体系类目标四种形态目标的能力构成进行分析,确定了不同形态目标的典型能力特征。通过对不同目标的能力进行归纳总结,可以确定 12 种通用能力特征,分析和归纳过程如表 2.4.1 所示。

表 2.4.1 四种形态目标的能力表征

序号	能力特征	人员类目标	单元类目标	平台类目标	体系类目标
1	生命力	√			
2	机动力	√	√	√	
3	防护力	√	√	√	
4	火力	√	√	√	
5	信息力	√	√	√	
6	保障力	√	√	√	
7	凝聚力				√
8	协同力				√
9	弹性力				√

续表

序号	能力特征	人员类目标	单元类目标	平台类目标	体系类目标
10	覆盖力				√
11	敏捷力				√
12	智能力	√	√	√	

通过对四种形态目标的典型能力特征进行归纳，形成的目标通用作战能力模型如图 2.4.9 所示。

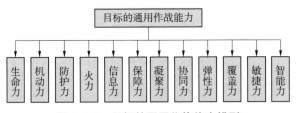

图 2.4.9　目标的通用作战能力模型

2. 目标通用能力的意义

目标通用能力模型包含了人员类目标、单元类目标、平台类目标和体系类目标四大类目标形态。四类目标形态是对作战体系中各类作战要素进行系统分析、抽象和归纳总结之后形成的，不仅目标定义清晰，能力表征完备，不同形态目标之间也存在规范的层级包含关系，能够支撑对作战体系整体的研究。其中，人员类目标和单元类目标组合之后能够形成平台类目标，平台类目标和人员类目标以及其他作战要素结合后，能够形成完整的作战体系。因此，目标通用能力模型和四大类目标形态对于促进目标种类形态和作战体系的研究具有重要意义。

目标是战斗力的载体，目标的能力是影响战斗力的重要因素。通过目标通用能力模型对己方作战力量进行分析，能够清晰地揭示作战人员、作战单元、作战平台和作战体系等不同层级作战要素的能力表征形式和关键能力特征，从而能够为己方战斗力的建设、发展和生成提供有力指导。

通过目标通用能力模型对敌方作战力量进行分析，能够揭示不同层级毁伤目标中，对目标战斗力影响最大的关键能力特征，结合目标特性分析，能够明确目标的关键且易损特性，能够为失能定制毁伤的相关理论、方法、技术和应用研究提供指导和支撑，对于失能定制毁伤的发展和运用具有重要意义。

失能定制毁伤通过目标通用能力模型，可以为导弹及战斗部的发展提供针对性的依据，为导弹的作战运用提供更加灵活和开放的选择，对于创新发展导弹和战斗部及其作战运用意义重大。

第三章
失能定制毁伤链

高能、高效、高安全在相当长的历史时期是毁伤技术的发展重点和发展方向。但随着战争的目的向着剥夺战争意志、战争强度向着有限可控、战争工具向着体系精准方向发展，对战争中需要摧毁的目标、目标的毁伤模式、毁伤技术的发展都提出了新的要求。未来战争中，更加强调对目标的有效毁伤，更加注重对目标的实际毁伤效果和作战目的的实现程度，更加突出在城市作战等军民同处的作战环境下避免伤及无辜的特点。在这种情况下，传统的高能毁伤可能因为过毁伤或因为打击的目标对高能并不敏感而不能产生有效毁伤，也可能因为目标的多样性或因为目标的集群性而不能产生有效毁伤。高能和高效更多体现的是战斗部的技术性能，而有效则体现的是战斗力标准。追求有效毁伤是使毁伤更加贴近实战、贴近未来战争需要的必由之路和必然结果。

传统的毁伤往往是一瞬间的事情，特别是对于化学能战斗部毁伤作用更是如此。但如果我们将这一瞬间进行剖析，把毁伤的过程按照毁伤的机理进行拆分，就可以发现毁伤是战斗部能量与引信、环境、目标依次发生作用的过程，是能量的控制过程、能量的释放过程、能量的转化过程和目标的响应过程相互衔接的闭环。这种过程特征和闭环特征，无论毁伤的作用时间如何短暂，都呈现出共同毁伤流程的链式特点。研究毁伤链的目的，不仅在于研究毁伤链的毁伤因素，更重要的是研究毁伤过程的环节及其相互关系。这对于把握毁伤的一般规律和特点，从毁伤过程的各个环节和毁伤链的闭环中挖掘有效毁伤的相关因素，都是十分重要和紧迫的事情。

第一节 毁伤过程与毁伤链

毁伤不是一蹴而就的必然结果，而是毁伤要素共同作用的结果，是毁伤因素相互作用的结果，是毁伤能量转化、转移、转变的结果，是对目标易损性的识别、战斗部种类的选择、精确制导弹药投送方式进行综合设计的结果，是战斗部与目标相互依存、相互作用、相互转化的过程。

一、从毁伤过程看毁伤

从毁伤过程看毁伤，会对毁伤产生新的理解。在导弹将战斗部载荷精准命中/交会目标前提下，从控制战斗部引爆，到战斗部能量释放，到释放的能量转化为毁伤能量，再到毁伤能量与目标相互作用，目标得以响应和毁伤的过程，是对毁伤过程的具体细化和拆分，是对毁伤整体结果的分解。按照还原论的一般原理和方法，将一个复杂的整体过程分解成一个个的子过程，在对每个子过程进行深入研究的基础上，进行归纳、综合和还原，得出对整体过程研究的结论。这样研究问题，更有利于对毁伤进行深入研究，更有利于对影响毁伤的每一种要素、每一种因素和每一个环节进行深入追踪，更有利于对要素、因素、环节之间的相互关系、相互影响、相互作用进行深入剖析。还原论的方法，可以使我们从细节的研究中把握毁伤整体的结果。

从作战过程看毁伤，会对毁伤产生新的理解。导弹作战的过程，是发现和识别目标的过程，是掌握目标关键且易损特性的过程，是选择导弹和战斗部类型、选择导弹打击战术战法的过程，是知己知彼、百战不殆的过程。从战斗力的标准出发，导弹作战的过程就是用最经济、最高效的毁伤能量消灭敌人目标的过程。上述任意过程的缺失或不到位，就不能达成作战的目的，就不是有战斗力的毁伤。使毁伤符合战斗力的标准正是导弹作战的目的和意义。

二、从毁伤要素看毁伤

决定毁伤的共有四大要素，即战斗部要素、引信要素、环境要素和目标要素。战斗部是毁伤能量的携带者，从狭义的角度看，毁伤能量是化学能战斗部的爆炸能量；从广义的角度看，毁伤能量还包含激光能量、电磁脉冲能量、通信载荷能量和侦察载荷能量等。引信是毁伤能量的控制者，既控制能量释放的时间，又控制能量释放的空间，也控制能量释放的方向。环境是毁伤能量的传递者，通过能量与环境的相互作用，战斗部的能量依次向目标传递，能量的形态依次向最优的毁伤方式转变，没有环境，战斗部的能量就无法传递至目标，目标的毁伤也就无从谈起。目标是毁伤能量的响应者，如果目标对毁伤能量不敏感，那么毁伤能量对目标的毁伤就难以发挥有效的作用，这既有可能是战斗部能量形态选择的错误，也可能是对目标易损特性识别的错误。

四大要素之间既相互独立又相互联系，既相互作用又相互依赖。毁伤就是要素相互作用的结果。一个好的毁伤设计，不仅四大要素要齐全，而且要素之间要匹配协调，使得毁伤整体大于毁伤要素之和，使得毁伤作用取得理想结果。

三、从毁伤因素看毁伤

决定毁伤的一共有四个因素，即引爆控制因素、能量释放因素、能量转化因素和目标响应因素。引爆控制决定引爆的时空，如果这个时空范围不超出战斗部能量的覆盖范围，战斗部就会对目标产生有效的毁伤；如果这个时空范围超出战斗部能量的覆盖范围，战斗部对目标的毁伤就有可能是无效的。能量释放决定初始的能量水平，战斗部能量释放的大小取决于战斗部理论能量大小以及能量的释放方式，决定了后续能量转化的前提和条件。能量转化决定有效毁伤的能量形态，经转化后形成的毁伤能量形态是与目标直接作用的毁伤能量，不同的目标具有不同的目标易损特性，也就需要不同的毁伤能量形态与其相匹配，试图用一种毁伤能量的形态毁伤所有类型目标的努力，往往是徒劳的。目标响应决定毁伤的结果，是毁伤能量与目标易损特性相互博弈、相互对抗的结果。

四个因素之间既相对独立又相互衔接，既相互依存又依次传递，前一因素是后一因素的输入，每一次传递都会引发能量损失，都会引发能量形态的转化和转移。毁伤就是最后目标响应的结果，毁伤取决于能量转化转移的效率。

四、从毁伤机理看毁伤

毁伤机理包括能量的生成物化机理、能量的安定适用机理、能量的释放控制机理、能量的转化转移机理、能量的作用响应机理、能量的匹配耦合机理等。这些机理既是毁伤的技术基础，更是有效毁伤的理论支撑。吃透和突破毁伤机理，不仅会带来毁伤技术的进步和发展，更会促进导弹作战能力的发展和提升。

从导弹攻防作战的实际过程看，毁伤是己方的毁伤系统与敌方的毁伤系统相互博弈对抗的结果。要取得对抗的优势，就是要夺取毁伤的时间差，要先于敌方实施有效毁伤；就是要夺取毁伤的空间差，要使毁伤范围超出敌方的有效防御范围；就是要夺取毁伤的能量差，要持续地保持己方有效毁伤的时间差和空间差优势。

五、从毁伤系统看毁伤

毁伤的最终结果不仅与毁伤要素和因素有关，更与导弹武器系统和导弹作战体系密不可分。没有导弹武器系统的远程精准投送，没有导弹作战体系的赋能支撑和保障，仅靠毁伤要素和毁伤因素的相互作用，难以取得有效毁伤的结果。毁伤结果是导弹作战体系要素和体系结构支撑保障的结果，是多个系统相互作用的结果,是攻防体系博弈对抗的结果。

这就要求我们设计毁伤时,要与整个杀伤链体系结合起来,要与敌我体系博弈统一起来,要把毁伤置于大体系中实现,要把毁伤作为大体系的组成部分。只有这样的整体一体化设计,才能确保杀伤链的实战能力,才能实现对目标的有效毁伤,才能发挥导弹作战的功能作用。

六、毁伤链的概念与内涵

1. 毁伤链的概念

毁伤链 CRCR 是指从控制战斗部释放能量开始到能量毁伤目标结束的毁伤过程的链式表达。毁伤链是杀伤链的关键一环,在相继完成筹划链、任务链以及飞行链闭环之后,克服了千难万险,实现了导弹与目标的交会,而能否实现对目标的有效杀伤完全取决于毁伤链的闭环。毁伤链 CRCR 由能量控制(Control)、能量释放(Release)、能量转化(Conversion)、目标响应(Response)四个部分组成。毁伤链的闭合是毁伤四大要素的相互作用,任何相互作用的失效都会造成毁伤链闭合的中断。毁伤要素的关系如图 3.1.1 所示。

图 3.1.1　毁伤要素的关系

2. 引信与战斗部的相互作用

引信与战斗部的相互作用通常称之为引战配合。最佳的引战配合设计,是使战斗部能量释放的范围与导弹脱靶量最佳匹配,是对毁伤能量方向进行精准调控,使战斗部释放的能量向目标聚集、向目标投放。良好的引战配合设计是将导弹的脱靶量精度与战斗部的能量范围之间取得一个恰当的权衡。更小的导弹脱靶量设计可以减少战斗部能量需求,但会增加导弹的复杂性。最极端的例子如 THAAD 采用动能碰撞杀伤的防空反导导弹,导弹脱靶量为零,不安装任何战斗部,仅靠导弹的动能直接撞毁目标。这对导弹精度链闭合造成极大的挑战和复杂性,而且在攻防博弈的对抗条件下,这种复杂的精度链非常脆弱,在受到干扰和压制情况下,精度链极易中断,导致导弹作战失效。

更大的毁伤作用范围设计可以降低导弹制导控制精度,但会使战斗部能量和质量增大，进而影响导弹总体设计，影响导弹体量和装载量。最极端的例子如"炸弹之母"——近 10 t 的质量和数吨的装药量，可杀伤地面数百米直径范围内所有的人员装备和设施，而炸弹的制导仅依靠 GPS。虽然这种炸弹威力巨大，但由于体积大、质量重，只能由大型轰炸机携带，战场运用受到很大限制。

引战配合不仅是权衡的选择，也是一国技术特长的导向。如同样的防空导弹，美军的途径往往是动能碰撞，而俄军的途径是依靠高威力战斗部。这和美国的制导技术先进不无关系，这也使得俄军的导弹在体量上往往大于美军导弹。但从实战能力上看，并不能得出美军更先进的结论。适合国情军情的毁伤途径才是最恰当的途径。

3. 引信与目标的相互作用

引信与目标的相互作用有两种类型：一种是接触式的作用，引信触碰目标之后感知目标深度和层数等，进而引爆战斗部，深入到目标内部实施毁伤；另一种是非触发式的作用，引信在接近目标过程中，通过感知目标特性、测量和确定与目标的相对方位，进而引爆战斗部，对目标实施能量覆盖式杀伤。无论哪一种相互作用，都离不开引信的感知能力和对目标特性的认知水平。从引信的功能特征看，其能够感知的时空范围和信息维度数量都是十分有限的。这与其承担的引爆控制使命是相当不相称的，从而造成引信技术难度大，引爆控制具有很大不确定性。导弹制导控制与引信一体化是解决这种不相称的有效途径。

4. 战斗部与目标的相互作用

战斗部与目标的相互作用通常称为战目匹配问题。战斗部与目标的匹配既取决于毁伤能量的方式，又取决于目标对毁伤能量的响应。恰当的能量方式与高效的目标响应是战目匹配的目标函数。实现恰当的战目匹配要把握住以下四点：一是采用定制毁伤的思路途径，灵活选择失基、失能、失性和失联、失智的"五失"毁伤技术路线，而不是固守失基毁伤的老路，固守击毙、击毁、击沉、击落的传统模式；二是研究目标关键特性和易损特性，选择目标最关键且最易损的特征，找到目标的"死穴"和"七寸"，作为毁伤的发力点和着眼点；三是对比各种毁伤模式，选择最匹配的毁伤能量；四是研发毁伤元和战斗部，并依此确定导弹方案和打击方式。战目匹配的本质在于，利用最恰当的毁伤模式和能量方式，对准目标的"七寸"和"死穴"发力，对目标关键作战能力实施毁伤。

5. 引信与环境的相互作用

引信通过环境与目标发生作用。在战场对抗博弈中，环境对引信总是产生不利影响，进而对引战配合和毁伤产生负作用。引信是一开放式的感知系统，因而对环境极为敏感。一些复杂的自然环境就已经造成引信工作的困难，更何况针对引信的干扰压制。敌方的干扰也是通过环境与引信发生作用，对引信产生影响。环境是引信感知的桥梁，环境是引信受到干扰的媒介，引信与环境不可分割。

6. 战斗部与环境的相互作用

一些能量的产生和传播，只能在一定的环境下实现，如空气和水中的冲击波超压，环境就成为毁伤的条件。而一些特定的环境却阻碍能量的产生和传播，如地下目标的地表覆盖，环境成为毁伤的障碍。无论是毁伤的条件还是障碍，毁伤能量与环境不可分割，战斗部与环境相互作用不可忽视。对于成为条件的环境要善加利用，对于成为障碍的环境要巧妙回避，对于双重角色的环境要综合权衡。

四大要素的相互作用决定了四大因素的接力闭环：引爆控制—能量释放—能量转化—目标响应。引信和目标决定引爆控制，战斗部和环境决定能量释放和转化，能量方式和目标特性决定目标响应。相互作用的强弱决定毁伤链闭环的快慢和弹性，相互作用的消失意味着毁伤链闭环的中断。毁伤链闭环是瞬间的过程，毁伤的过程虽然短暂，但要素的相互作用一个也不能缺失，毁伤因素的接力一个也不能中断。把毁伤的短暂过程作为一个历程去研究，作为一个链路去闭环，我们就可以进入毁伤的自由王国，我们就有了毁伤目标的战略基础。

第二节 能量控制

能量控制是毁伤链的第一环节。无论导弹携带何种载荷，无论战斗部采用何种毁伤的能量形态，都可以把载荷看作能量的储存载体。这个能量可以是软、硬摧毁目标的能量，可以是通信和侦察的能量。这些能量在与目标交会前，是一种稳定安全的投送状态。只有当导弹与目标交会的特定时空，一般由引信来感知目标的时空范围并启动战斗部能量由静态向动态释放控制。这种能量控制过程就是毁伤链能量控制的环节。为了便于问题的分析和研究，我们以战斗部的能量控制环节作为研究的重点，特别是以化学能战斗部作为重点剖析的对象。其他类型的战斗部或导弹的其他种类载荷，均可参照类推。

一、能量控制的概念

毁伤链能量控制是指在导弹与目标交会前保持战斗部能量的稳定和安全，

在导弹与目标交会后引爆战斗部的过程。在化学能战斗部中,执行能量控制的部件或系统一般为引信。前一个过程一般为引信的安保过程,后一个过程为战斗部的引爆过程。引信除了安保和引爆功能外,还具有对目标和环境场实时感知的功能,在这里不做重点的讨论。

二、能量控制的分类

1. 传统毁伤能量控制

根据常规化学能战斗部能量控制的定义,能量控制大致分为三类,分别是引信控制、起爆方式控制以及毁伤元控制。

引信控制是指导弹引信通过利用环境信息、目标信息或者预先设定条件等,在保证弹药平时和发射安全前提下,对弹药能量释放实施启动的能量控制。引信控制主要包括三个方面的内容:一是安全控制。保证引信在预定起爆时间前不起作用,保证弹药在储存、运输、处理和发射中的安全。二是起爆控制。感受发射、飞行等使用环境信息解保,感受和处理目标信息,实现在相对目标最有利的位置或时机能够完全地引爆战斗部。三是命中点控制。感知目标的方位与预期最佳炸点位置比对,发出修正无控弹药飞行弹道和水下弹道的控制指令,实现对目标命中概率和毁伤概率的提升控制。

起爆方式控制是指采用合适的起爆方式(如中心起爆、点起爆、面起爆、偏心多点起爆、异形起爆等),实现战斗部装药能量利用最大化的能量控制。不同的起爆方式对战斗部装药的整体能量释放基本无影响,其核心是控制爆轰波的波形及叠加来提升和改善战斗部装药释放能量的功率和方向,以实现战斗部毁伤能量的最大化利用,实现弹药威力增益。

毁伤元控制是指通过装药结构设计和毁伤元分布设计,实现战斗部毁伤效能最大化的能量控制手段,是针对目标易损性而进行的毁伤元素能量形态、大小以及分布的反向设计控制,是战斗部毁伤能量和目标能量对抗(目标响应)毁伤的匹配控制。装药结构设计是针对目标结构和功能特性选用适宜的战斗部类型(杀伤、爆破、破甲、碎甲、侵彻、侵爆等)以达到毁伤能量匹配目标的设计控制。毁伤元分布设计是根据目标系统防护特性和子目标散布情况,采用串联、子母、定向等毁伤能量设计,实现对目标关键特性破坏的手段。

2. 定制毁伤能量控制

定制毁伤能量控制也可以分为三类,分别是方向控制、时空控制和威力控制。

方向控制是指通过设计战斗部装药的种类以及控制引爆方式,实现战斗部的能量向目标方向聚焦的能量控制方式。

时空控制是指通过感知目标及目标场信息，实现战斗部在规定的时空范围内起爆的能量控制方式。

威力控制是指通过设计战斗部装药的种类以及控制引爆方式，实现战斗部威力可调的能量控制方式。

三、能量控制的方式

能量控制的方式主要包括方向控制的方式、时空控制的方式和威力控制的方式等。

1. 方向控制的方式

方向控制主要有两种方式，一种是非定向方式，一种是定向方式。绝大部分常规战斗部都是非定向战斗部。

定向战斗部是指战斗部破片飞散方向能按不同的交会方向进行控制的战斗部。它可以采用转动、变形以及对装药径向分布的控制起爆技术实现对战斗部破片的定向集中，使用定向毁伤战斗部能大幅提高打击空袭目标的毁伤效果和能力。常用的定向战斗部主要包括偏心起爆定向战斗部、破片芯式定向战斗部、可变形定向战斗部、展开式定向战斗部、随动式定向战斗部、聚焦式定向战斗部以及轴向抛射式定向战斗部等。

偏心式起爆定向战斗部通过控制起爆方式和爆轰波波形，达到对破片实现定向飞散的目的。主装药被分隔在四个象限内，每个象限有一个起爆装置，起爆装置不在战斗部轴线上，而是分别安装在相邻两象限装药之间，远离战斗部轴线、靠近战斗部壳体内壁的位置上。当弹目交会时，弹上的探测设备会探测目标位于哪个象限区内，引爆与目标相应的那个象限的起爆装置。由于起爆位置的偏置，改变了以往破片杀伤战斗部作用时破片沿圆周均匀分布的模式，使能量和破片的分布在目标方向上得以集中。

破片芯式定向战斗部是在传统的破片杀伤战斗部基础上，将杀伤元素即预制破片芯放置在战斗部中心，外部是六片炸药隔离片均匀分隔的主装药，在隔离炸药片靠近壳体的位置使用了与药型罩结构相似的聚能槽，其作用是利用聚能效应能够更容易炸开目标方位的壳体。在对目标作用时，辅助装药（隔离炸药片）首先作用并利用聚能效应炸开正对目标一侧的壳体，壳体被炸开后逐渐向外翻转，为中心破片的飞散开辟了通道，随后与目标方向正对的主装药起爆，引爆其余的扇形区主装药，在爆轰能的作用下中心的破片芯被推出并飞向目标。

可变形定向战斗部是在主装药起爆前通过将辅助装药引爆来改变主装药的几何形状，使面对目标一侧的破片密度增加，实现定向杀伤。

展开式定向战斗部是由四个铰链将四块扇形柱状主装药连接成战斗部，在弹目交会时，能够将位于目标反方向的铰链切割开，使战斗部沿目标方向展开，战斗部破片朝向目标方向一侧飞散，从而实现定向杀伤。

随动式定向战斗部分为两种结构，分别为径向随动式和轴向随动式定向战斗部。这种战斗部内部安装有随动系统，当探测系统发现目标并定位后，在导弹内部的战斗部由随动系统（动力源为火工品或电机）带动朝着目标做径向或轴向转动，并根据系统给出的脱靶条件，在最佳时刻快速起爆战斗部，从而实现战斗部高效的定向毁伤。

径向随动式定向战斗部结构为非轴对称结构，预制破片加装在主装药的一侧，用于起爆主装药的引信安装在弹头部并与感应装置和控制器结合在一起。在对目标作用时，探测到目标方位后，根据方位信息驱动部分使战斗部的预制破片一侧对准目标方向，之后通过引信起爆主装药驱动破片飞散，实现对目标的定向毁伤。

聚焦式定向战斗部通过将战斗部壳体母线设计成内凹式的弧形聚焦曲线使能量汇聚。在对目标作用时壳体形成的破片在爆轰波的驱动下，使同一内凹母线上壳体破片向母线的焦点飞散汇聚，使破片在聚焦区域密度高度集中，进而对目标形成定向毁伤。

2. 时空控制的方式

时空控制是指能量的时间控制和空间控制。时间控制的主要手段是时间引信，主要方式包括定时控制方式、延时控制方式以及定时和延时相结合的方式等。空间控制的主要手段是近炸引信和触发引信，触发接触控制主要包括机械触发、撞击式压电、电触发、光触发以及化学触发等方式，近距离非接触控制主要包括利用目标和环境电磁场、光强场、声场、静电场、压力场和磁场等感知目标的方式。在工程实践中，有时会将触发接触控制和近距离非接触控制两种方式结合起来，以取得能量控制的融合和冗余。随着目标种类的发展和导弹打击目标的需求增加，时空控制的方式已经或正在向钻地、计层、多次起爆、智能等方向发展。

3. 威力控制的方式

战斗部威力是指战斗部对目标造成毁伤或产生其他效应的固有能力。战斗部威力控制是指对战斗部的固有威力进行控制的方式。绝大部分常规战斗部对威力不进行控制，而是追求最大限度释放战斗部的固有威力。威力可调战斗部是适应战争形态改变、战场目标特征演进、多种类目标打击需求以及减少附带毁伤的要求，而逐步发展成为重要发展趋势。

威力可调控制有两种可行方法：一种是面向目标威力可调结构，采用两类炸药复合组成复合装药，内层为低/弱爆装药，外层为高爆装药，如果需要低威力只需要起爆内层装药，如果需要高威力则需要同时起爆内外层装药，从而实现威力可调的目的。虽然外部炸药没有起爆，但是它将会发生爆燃，对爆炸效应是一种增补。所形成的爆炸冲击在近距离和封闭的空间内是有效的。另外一种获取威力可变常规炸药的方法——径向分级战斗部，是沿中心轴径向地调整高爆炸药（起到引爆索的作用）的含量，从60%下降到5%~10%，取代了原来的内部炸药（60%的颗粒），然后在原有外部炸药占据的区域内，高爆炸药含量又上升到60%。在径向两端分别布置轴向起爆器和环向起爆器，通过两种起爆器的不同组合起爆方式，使战斗部装药产生不同的爆炸威力。

第三节　能量释放

能量释放是毁伤链毁伤能量输入的源头过程，由毁伤链的战斗部要素发挥作用。战斗部能量释放的方式决定了能量转化阶段的输入能量形态和功率，是能量变换的先决条件。战斗部的能量释放主要由战斗部中的储能组件，基于特定的环境及条件，将储存于战斗部的能量通过一定的方式释放，为后续有效毁伤目标提供能量源泉。能量释放与导弹载荷储能特性、环境介质以及目标息息相关。通过选择和优化的能量释放环节，可形成适用于不同作战环境、针对不同作战目标的弹药设计。

一、能量释放的概念

1. 概念内涵

毁伤链能量释放是指将战斗部中含有能量的物质中的能量，在引爆控制系统的作用下，通过一定的方式释放出来的过程。含有能量的物质属性不同，所释放出来的能量形态就不同，也就产生能量释放方式的差异。

能量是物质具有的基本物理属性，可以用来表征物理系统做功的本领。能量以多种不同的形式存在；按照物质的不同运动形式分类，能量可分为机械能、化学能、热能、电能/磁能、辐射能、核能。这些不同形式的能量之间可以通过物理效应或化学反应而相互转化。在现有的战斗部中，六种能量形态都得到了普遍的应用。了解六种基本能量形态的基本属性，对于掌握能量释放的特点规律具有重要的作用。

2. 机械能

机械能是动能与势能的总和。动能是物体由于运动而具有的做功能力。势能是储存于一个系统内的能量，势能不是属于单独物体所有的，而是相互作用的物体所共有。势能又分为重力势能、磁场势能、弹性势能、分子势能、电势能、引力势能、光子势能等。

利用动能可以对目标实施毁伤。战斗部整体或破片与目标碰撞，穿透目标并对目标结构产生破坏。例如高速飞行的穿甲弹、钻地弹具有动能，命中坦克、混凝土等防护层时能对其做功而穿入，从而对目标结构或目标内的有生力量进行杀伤和毁伤。又如可形成高速射流、EFP 的聚能战斗部，利用射流动能对目标做功，毁伤目标。

利用势能可以对目标实施毁伤。弹簧战斗部携带压缩状态的弹簧，通过引爆控制释放，弹簧弹性势能释放，攻击导弹、飞机等薄壳结构，造成目标毁伤。

典型的利用机械能毁伤目标的战斗部：动能侵彻战斗部，聚能侵彻战斗部，爆破战斗部，杀伤战斗部（破片、链式、杆式），动能拦截战斗部，弹簧毁伤战斗部等。

3. 化学能

化学能是物质发生化学反应时所释放的能量。一切化学反应实质上就是旧化学键断裂和新化学键形成的过程。化学反应是原子重新组合变成新的物质的过程，化学键的断裂和形成是物质在化学变化中发生能量变化的主要原因。在化学反应过程中，化学键的键能提高时是吸能反应，键能降低时是放能反应。各种物质都储存化学能。物质的组成不同、结构不同，所包含的化学能亦不同。

化学能是一种隐蔽的能量，它不能直接用来做功，只有在发生化学变化时才可以释放出来，变成热能或其他形式的能量。像石油和煤的燃烧，炸药爆炸，食物在体内发生化学变化时所发生的能量，都属于化学能。

利用化学毒剂可以对目标实施毁伤。化学武器是利用具有毒性的化学物质以造成敌人大量死亡或受伤为目的而使用的武器，包括装有各种化学毒剂的化学炮弹、导弹和化学地雷、飞机布撒器、毒烟释放器等。化学武器可以通过毒剂的吸入、接触、误食等多种途径，直接或间接地引起人员中毒。化学袭击后的蒸汽或气溶胶随风传播和扩散，使毒剂的杀伤范围大为拓展。由于化学武器具有大规模杀伤效应，违反人道主义精神，1993 年 1 月 13 日，国际社会缔结了《关于禁止发展、生产、储存和使用化学武器及销毁此种武器的公约》（简称《禁止化学武器公约》）。

利用生物武器可以对目标实施毁伤。生物武器是以生物战剂杀伤有生力量和破坏植物生长的各种武器、器材的总称。生物战剂包括立克次体、病毒、毒素、衣原体、真菌等。致病微生物一旦进入生物机体，便能大量繁殖，导致破坏机体功能、发病甚至死亡，还能大面积毁坏植物和农作物等。自20世纪70年代以后，分子化学的突破性进展，使以基因重组技术为代表的遗传工程应运而生。遗传工程又称为基因工程。研究基因武器，无疑是人类自己打开了地狱之门。由于生物武器具有大规模杀伤效应，能够扩散生物恐怖威胁、传染病，并引发种族灭绝，1975年3月26日，《禁止细菌（生物）及毒素武器的发展、生产及储存以及销毁这类武器的公约》（简称《禁止生物武器公约》）正式签署生效。

利用化学变质可以对目标实施毁伤。这里的化学变质是指战斗部装填药剂与目标发生爆燃、爆炸以下中等烈度或低烈度的化学反应，并使目标化学性质发生改变、功能发生失效。化学变质是一类新型"软"毁伤手段，只要毁伤元材料与目标材料形成"反应偶"，就可以对目标实施毁伤。例如，战斗部通过动能侵入油罐/油箱内部，释放所装填的氟族材料、纳米金属合金、亚稳态含能复合物、有机碳氢化合物等可以与油料发生化学反应的强还原性化学试剂，使油料失效；使用具有$H_0<-11.93$酸强度的超级酸，通过喷射、喷涂、喷刷、喷溅、飞机投掷、火炮发射或士兵施放等方式布置于敌后运输线，可使经过的车辆轮胎全部报废，导致车辆翻车；使用金属致脆液能够侵蚀几乎所有的金属，破坏铁轨、桥梁主缆/索等。

利用化学燃烧可以对目标实施毁伤。化学燃烧是指可燃物与氧气或空气进行的快速放热和发光的氧化反应，并以火焰的形式出现。利用化学燃烧可以对易燃或可燃目标实施毁伤，主要机理就是燃烧产生的高温使目标中水分快速蒸发，并发生碳化，导致目标失效。如战斗部装填凝固汽油、铝热剂、黄磷和稠化汽油等燃烧剂，通过引火管、引信或自燃方式引燃燃烧剂，形成高温火焰毁伤目标；又如发光、发烟战斗部也是利用化学燃烧反应"毁伤"目标。

利用化学爆炸可以对目标实施毁伤。化学爆炸是指化学反应在极短时间内放出大量的热和气体，导致反应中心气压急剧升高而导致的爆炸，有炸药爆炸、可燃气体爆炸、可燃粉尘爆炸等。化学爆炸以极快的速度产生高温、高压气体，气体极速膨胀对介质做功。当介质为空气时，形成空气冲击波动能，对目标产生压缩破坏。当介质为固体时，产生驱动力，转化为动能，对目标产生动能撞击破坏。例如，爆破战斗部利用炸药在不同介质中爆炸产生的大量高温、高压和高密度气体产物以及压缩周围介质形成的冲击波，产生超压毁伤目标；杀伤战斗部主要依靠炸药爆炸时产生爆轰波压力驱动高速飞散的金属破片，转化为破片动能毁伤目标。

典型的利用化学能毁伤目标的战斗部：爆破战斗部、侵爆战斗部、杀伤战斗部、聚能战斗部、云爆战斗部、纵火战斗部、发光战斗部、发烟战斗部、毒气战斗部、生物武器、水下装备、温压战斗部等。

4. 热能

热能是物质燃烧所释放出的能量,是物体内部分子、原子等微观粒子无规则热运动所产生的动能。热能主要通过热交换的方式,将热量传递至目标,使目标温度升高,超过其软化点(或融化点)、闪点、燃点等,使目标产生物理或化学变化,从而对目标造成毁伤。热交换一般通过热传导、热对流和热辐射三种方式完成。在军事领域,热辐射是最常用的热能交换方式。按照热能产生的方式可分为摩擦热能、化学热能、激光热能和微波热能。化学热能又分为热分解、燃烧和爆炸。

利用化学热能可以对目标实施毁伤。化学热能是指通过化学反应释放或吸收的热能。前文所提到的化学燃烧、爆炸是典型的热能毁伤形式。

利用激光热能可以对目标实施毁伤。激光热能是指激光照射目标表面,目标吸收光子能量,并且将其转化为热能,然后通过热传导的方式将热能传递至目标其他区域。当激光照射目标时,目标吸收光能后加强了振动、转动动能,受激活的分子与周围分子碰撞,动能增加,导致目标温度升高甚至燃烧,造成毁伤。高能激光武器利用高功率激光的热效应和热力耦合等效应直接使目标失效甚至毁伤,具有快速响应、打击精准、弹药成本低廉、战场保障简单和作战隐蔽不易追溯等优点,可以在要地防御、导弹拦截、卫星对抗和蜂群对抗等现代局部作战场景中发挥独特作用,逐渐成为可适应未来信息化高技术战争的主战武器之一。

利用微波热能可以对目标实施毁伤。微波热能是指在微波场的作用下,电介质的极性分子从原来杂乱无章的热运动变为按电场方向取向的规则运动,而热运动以及分子间相互作用力的干扰和阻碍则起着类似于内摩擦的作用,将所吸收的电场能量转化为热能。当高功率微波传递至目标时,目标内部粒子在微波诱导下产生大幅振动,动能增加,导致目标温度升高甚至燃烧,造成毁伤。微波能量密度高达 $10\sim100~\mu W/cm^2$ 时,可烧毁任何此波段的电子元器件,并且还可以无视防御和装甲直接杀死内部的工作人员。

典型的利用热能毁伤目标的战斗部:爆破战斗部、侵爆战斗部、杀伤战斗部、聚能战斗部、云爆战斗部、纵火战斗部、激光武器、微波武器、温压战斗部、水下装备等。

5. 电能/磁能

电能/磁能是电流或带电物质所具有的能量,是使用电以各种形式做功的能力。各类机电装备在工作时把电能转化为其他形式的能量。电动机将电能转化为动能,雷达将电能转化为辐射能,显示器将电能转化为光能。短路电流可以引起机电装备电压的跌落或者消失；雷电电流注入机电装备可以引起冲击电压，造成绝缘闪络，还可导致短路故障的其他现象的发生；谐波源负载注入机电装备的畸变电流，也可以使母线电压发生畸变，从而使机电装备性能降低或丧失。

利用短路电流可以对目标实施毁伤。短路电流是电力系统在运行时，相与相之间或相与地（或中性线）之间发生非正常连接（即短路）时流过的电流。石墨战斗部在空中爆炸，会在敌方上空抛撒大量的石墨丝，这些石墨丝团像蜘蛛网一样密密麻麻地飘落到电力输送塔、变压器等电力设施上。当电流流经石墨细丝时，电流流动加快，开始放电，如果电流进一步增强，则会烧断输电线，导致短路，甚至由于过热或电流过强而引起火灾。

利用高压电流可以对目标实施毁伤。高压电流是指电路交流电压在 1 000 V 以上或直流电压在 1 500 V 以上的电流。高压电电流对目标的毁伤主要是热能毁伤。例如，人造"天雷"由炸弹、填充氨气的气球以及机械操纵装置组成，包括机械触发装置和自动点燃并快速充气的压缩气体弹等，可通过无线电或有线电控制，将其送入指定的作战区域，设置空间雷场，减少雷电云层间的放电，增加云层和地面雷场之间放电的频率。

典型的利用电能毁伤目标的战斗部：人造雷电战斗部、石墨战斗部、温压战斗部。

6. 辐射能

辐射能是电磁波的能量，是彼此相互联系的交变电场和磁场所具有的能量，是电磁波中电场能量和磁场能量的总和。由于电磁场对电荷有洛伦兹力作用，所以辐射能量可以通过电磁场对运动电荷做功，而与其他形式的能量（如热能、电能、机械能等）相互转化。电磁波具有波粒二象性，对一些目标的毁伤作用是由电磁波的波动特性造成的，如电磁压制和干扰等；对一些目标的毁伤作用是由电磁波的粒子特性造成的，如光电效应。自然界中所有的粒子都是电磁波，如光波、无线电波、太赫兹波以及各种粒子、离子波等。

利用强辐射能可以对目标实施毁伤。微波武器又叫射频武器或电磁脉冲武器，利用高能量的电磁波辐射去攻击和毁伤目标。高功率微波武器基于微波与被照射物之间的分子相互作用，不需要传热过程，即可使被照射材料中的很多分子运动起来，将辐射能转变为热能，产生高温烧蚀毁伤目标。

利用弱辐射能可以对目标实施毁伤。较低功率微波武器主要作为电子对抗手段和"非杀伤武器"使用。如电磁脉冲弹或微波炸弹用以毁伤坦克、导弹、飞机的通信和电子设备。当电磁脉冲弹发射（投放或者预置）到预定位置爆炸后，战斗部内的电磁脉冲发生器工作，产生高功率、高能量的电磁脉冲，由天线辐射到空中，通过敌方电子信息装备的天线直接馈入，或通过电磁感应和耦合从馈线、电缆、电源线、电话线等进入敌方电子信息装备中，形成较强的脉冲电压和脉冲电流，烧毁电子信息装备中的集成电路和晶体管等元件，抹掉计算机内存储的信息，烧毁或阻塞接收机，使敌方电子信息装备毁坏或不能正常工作。

典型的利用辐射能毁伤目标的战斗部：高功率微波武器、核战斗部的光辐射、电磁脉冲弹、通信和雷达干扰武器等。

7. 核能

核能（或称原子能）是通过核反应从原子核释放的能量。核能可分为裂变能、聚变能和原子核衰变时发出的放射能。

利用裂变能和聚变能可以对目标实施毁伤。原子弹是利用铀235（或钚239）等重原子核的裂变链式反应原理制成的武器。氢弹是利用氢的同位素（氘、氚）聚变反应制成的武器。核能武器爆炸具备特有的强冲击波、光辐射、早期核辐射、放射性沾染和核电磁脉冲等杀伤破坏作用。

利用放射能可以对目标实施毁伤。贫铀武器爆炸后的气溶胶具有放射能。贫铀武器爆炸后的气溶胶微粒可以进入人体内部，以很大的概率被人体器官吸收，形成严重的内照射，使人体器官受到严重损伤。

典型的利用核能毁伤目标的战斗部：原子弹、氢弹和贫铀武器。

8. 信息能

中国学者田爱景在《关于信息能、信息学三定律与知识创新模型》中，对信息能的概念做了比较清晰的归纳和阐述：

"在人类社会、生物界、无机世界（比如计算机），信息运动的动力并不是物理学的能量（即物质实体的能量），而是一种抽象的能量。它类似于人类的决心、意志、目的、决策、计划、算法、程序，等等。我们把这种抽象的能量称为'信息能'。这样一来，宇宙构成要素的三元论（物质、能量、信息）就自然地被'四元论'（物质、物质能、信息、信息能）所取代。正如宇宙万物皆是物质和信息的统一体，信息能和物质能也是统一的。又像符号是信号的信号那样，信息能是控制物质能的能。物理能是初级的信息能，信息能是高级的物理能。于是，能量的统一和进化就成为合乎逻辑的理论。宇宙的进化在表象上是物质结构和功能的进化，但在本质上是能量的构成和效用的进化。"

"信息能是一种抽象的逻辑的能。信息能发挥作用是无消耗的。新的算法出现了，如果相应的程序的时间效率和空间效率都比原来的算法要好，它就被自然或人工选择所选中，得以保持和发展，而不是被淘汰。这样一来，随着信息量的增长，信息能的能量也越来越大。信息能与时俱增，这就是信息学第二个基本定律。所以，在物质世界中出现的材料短缺、能源耗尽的现象，在信息世界中永远不会产生。"

信息能对信息做功会产生信息功，会改变信息的性质和属性。信息能对物质做功，会改变人们对物质性质和属性的认知。信息能与物质能相互作用，会改变物质能作为信息载体的性质和属性。信息能能够毁伤目标对信息的获取能力、处理能力、传输能力和利用能力。

二、能量释放的分类

战斗部能量释放的方式有多种分类方法。按能量形态，可分为机械能释放、化学能释放、热能释放、电能释放、辐射能释放以及核能释放。按能量作用方式，可分为直接释放和间接释放。按能量释放次数，可分为一次释放和多次释放。

三、能量释放的方式

1. 不同能量形态的释放方式

战斗部机械能的能量释放方式。动能的能量释放方式主要有三种：一是战斗部运动产生的动能，主要是由发射器提供的初始动能或导弹运载提供的运动动能；二是战斗部射流产生的动能，主要是由炸药的化学能转化为金属射流的动能；三是战斗部破片产生的动能，主要是由炸药的化学能转化为破片的动能。势能的能量释放方式主要有四种：一是引力势能的释放；二是弹性势能的释放；三是电势能的释放；四是核势能的释放。

战斗部化学能的能量释放方式。战斗部化学能的能量释放主要是战斗部中含能物质的热爆炸反应过程。热爆炸是一种放热反应，散热速率远低于反应放热的速率，反应热使体系温度升高，又引起反应速率（按指数加快）及放热速率增加，这样放热—升温—加速反应—升温直至爆炸发生。随着放热速率的降低，爆炸可变为爆轰和燃烧形态。

战斗部热能的能量释放方式。其主要包括化学能战斗部热能释放方式、核能战斗部热能释放方式、电能/磁能战斗部热能释放方式、辐射能战斗部热能释放方式等。

战斗部电能的能量释放方式。其主要包括战斗部蓄电式增压释放方式、战斗部化学能转化为电能/磁能的释放方式、碳纤维战斗部短路释放方式、引接大气闪电的能量释放方式等。

战斗部辐射能的能量释放方式。其主要包括激光能释放方式、高功率微波能释放方式等。

战斗部核能的能量释放方式。其主要包括核裂变释放方式和核聚变释放方式。

2. 直接与间接的能量释放方式

战斗部的直接能量释放方式。在化学能战斗部中，主要指正氧平衡的爆炸反应，即利用战斗部装药自身所携带的氧化剂实现爆炸的氧化还原反应。

战斗部的间接能量释放方式。在化学能战斗部中，主要指负氧平衡的爆炸反应，即主要利用大气中的氧气与战斗部装药所携带的燃烧剂实现爆炸的氧化还原反应。

3. 一次和多次的能量释放方式

战斗部的一次能量释放方式。即战斗部能量的一次成长释放，也是现有多数战斗部类型中普遍使用的释放形态，实现战斗部能量对目标的一次性作用。其中，一次释放中又可主要分为瞬时释放和缓慢释放，瞬时释放即能量实现瞬时成长，直接或间接形成毁伤元对目标实施毁伤，如杀爆类战斗部、动能类战斗部；缓慢释放即能量的完全释放需要一段时间才能完成，通过一定的时间积累才能形成毁伤元对目标实施毁伤，如温压类战斗部，在能量释放过程中逐渐消耗空气中的氧化剂，以其来实现对目标的毁伤。

战斗部的多次能量释放方式。即战斗部能量需通过多次控制起爆来实现能量的释放，如云爆类战斗部，首先通过一次起爆将云爆剂进行抛撒，然后通过二次点火起爆实现对抛撒炸药的引燃引爆，形成覆盖性的面毁伤，增加了其毁伤范围，提升了其毁伤威力；该类释放模式也存在瞬时和缓慢释放两种形式，从而也会造成毁伤效果的不同。

第四节　能量转化

能量转化决定着毁伤链的能量形态变化、功率、叠加和效能，对最终作用于目标的毁伤能量起决定性作用。无论导弹选择何种能量形态以及能量规模大小作为输入，其核心导向是通过能量转化途径将战斗部释放的能量转为适宜环境的、可用可靠的、有效针对目标的毁伤能量。能量转化的过程涉及能量和物质之间的关联、赋能、承载，涉及能量与环境介质、目标的匹配及对抗，涉及战斗部主毁伤和次毁伤的考量和设计，科学合理地设计能量转化路径，不仅能扬长避短地优化毁伤能量的传递和转化，而且能将无用能量变废为宝，实现对目标的多维毁伤。

一、能量转化的概念

1. 概念内涵

毁伤链能量转化是指战斗部释放的能量转化为毁伤目标的毁伤能量的过程，是针对目标的关键易损特性选择与之匹配的毁伤能量的实现过程，是战斗部能量与目标的防护能量相互对抗博弈的过程。

目标是能量转化的依据。有什么样的目标，就有什么样的目标关键特性，就有什么样的目标易损特性，就有什么样的与之相匹配的毁伤能量形态。不能以一种能量形态去应对各种各样的目标，应当把能量转化的选择和目的聚焦于更有效毁伤目标的关键能力和特性上。这就是基于目标的毁伤理念，这就是定制毁伤的根本出发点。

环境是能量转化的条件。目标和能量都存在于环境介质中，能量的传输过程也是在环境介质之中，能量形态和功率的改变也是由于能量和环境相互作用的结果。因此，环境既是影响能量转化的阻碍，同时更是能量转化的条件。没有环境就难以发生有效的能量转化。

2. 能量守恒的规律

能量既不会消失，也不会创生。它只会从一种形态转化为另一种形态，或者是从一个物体转移到另一个物体。在转化、转移的过程中，能量保持守恒，初始的能量会产生衰减，衰减为无用的热能量或其他能量成分。这种能量的衰减是能量发生、发展的必然结果，是自然界能量流运行的客观规律。战斗部设计一个重要准则，就是要减少能量的损耗，实现能量的高效转化和转移。

3. 转化的普适性规律

能量是物质的属性和形态。物质之间可以发生物理和化学的反应，必然带来能量在物质之间的转化和转移。任何形式的能量均可以转换成另一种形式。当物体在力场中自由移动到不同的位置时，位能可以转化成动能。当能量是属于非内能（热能）的形式时，它转化成其他种类的能量的效率可以很高甚至是完美的转换，包括电力或者新的物质粒子的产生。然而如果是内能（热能）的话，则在转换成另一种形态时，就如同热力学第二定律所描述的，总会有转换效率的限制，这就是熵的概念。

4. 转化的对抗性规律

有效毁伤是战斗部能量系统与目标能量系统对抗博弈的结果。这就会产生两种不同的对抗策略，一种是对称的对抗，就是使战斗部的能量系统能够远远大于覆盖目标的能量系统，在能量强度的较量中取得有效毁伤，这种对抗途径恰恰体现的是传统毁伤的理念；另一种是非对称的对抗，也就是"四两拨千斤"的对抗，就是要瞄准目标系统的薄弱环节，采用最适当的毁伤能量形态，使得目标系统失去关键作战能力，这种对抗途径恰恰体现的是失能定制毁伤的理念。

二、能量转化的分类

1. 按转化次数分类

战斗部的能量转化可以有一次转化和多次转化之分。一次转化是指释放的能量一次性地转化为毁伤的能量形态，如爆破战斗部将释放的化学能一次性转化为破片的动能，而破片动能是毁伤目标的毁伤能量形态。多次转化是指释放的能量经过多次的状态转变最终转化为毁伤的能量形态，如串联式破甲战斗部第一次能量转化是将前级战斗部的化学能转化为破甲动能，第二次能量转化是将后级战斗部的化学能转化为破甲和杀伤的射流动能。

2. 按熵的变化分类

战斗部能量形态的转化是一个熵增或熵减的过程，也就有了熵增的能量转化和熵减的能量转化之分。绝大部分依靠能量毁伤目标的战斗部都是一种熵增反应，都是一个放能的过程，都是战斗部从一个稳定的固态转化为无序的能态的过程，如化学能战斗部在爆炸后的放热反应。还有一类战斗部属于熵减反应，如导弹的侦察载荷（战斗部）将战场复杂的、混乱的态势和特征解算为目标的发现和识别特征，就是一个典型的熵减过程。

3. 按转化方式分类

按照转化方式可分为能量形态的转化方式、能量功率的转化方式、能量叠加的转化方式、能量效能的转化方式。

三、能量转化的方式

1. 能量形态的转化

战斗部能量形态的转化是指能量在转化过程中，从一种能量形态转化为另一种能量形态的过程。能量形态的转化主要依靠战斗部的设计来实现，将战斗部装药物质的初始能量传递给战斗部的壳体和其他组成部分，从而产生破片动能或冲击波动能。如聚能战斗部将装药释放的化学能形态转化为金属药型罩的射流动能形态；又如电磁脉冲弹将装药释放的化学能转化为电磁脉冲的辐射能形态。能量形态转化的意义和目的在于，将易于储存和投送的一种含能物质，通过能量形态的转化，转变为摧毁目标的杀手锏能量形态。从这个意义上讲，能量形态的转化是失能定制毁伤在导弹作战形态下的必然选择。

2. 能量功率的转化

战斗部能量功率的转化是指在能量转化的过程中，能量形态没有改变，但能量的功率发生改变的过程。如钻地战斗部在打击地下深埋目标时，战斗部的高速动能在土壤和岩石介质的作用下，其动能会产生极大的衰减，这些动能转化为机械能和热能，反过来会对钻地战斗部产生有害反作用；又如激光战斗部的光能量打击无人机目标时，释放的激光能量在空气中传播会产生激光能量的衰减和光斑的扩散。能量功率转化的意义和目的在于，既然能量在传播过程中的衰减不可避免，我们在设计战斗部时，除了考虑毁伤能量大于目标能量必需的要素之外，必须考虑能量的衰减和损耗，并且要尽可能选择能量衰减和损耗小的能量形态。从这个意义上讲，能量功率的转化是一个扬长避短的优化和选择过程。

3. 能量叠加的转化

战斗部能量叠加的转化是指在能量转化过程中，战斗部释放的能量与目标能量或环境能量相互叠加，从而能量形态和功率发生改变的过程。如对于导弹的侦察载荷在探测地面运动目标时，一方面运用自身传感器辐射的能量去发现目标，另一方面依靠目标的运动特性，从而叠加形成新的多普勒效应；又如鱼雷的战斗部爆炸时，爆轰产生的高温高压与不可压缩的水介质相互作用相互叠加，形成新的超压冲击波形态。能量叠加的转化意义和目的在于，利用目标自身特性以及目标所处环境的特性，实现能量形态和功率的有效转化。从这个意义上讲，战斗部能量离开了目标和环境，将难以发挥有效的毁伤作用。

4. 能量效能的转化

战斗部能量效能的转化是指在能量转化过程中，有效转化的毁伤能量在起到主要的毁伤作用之后，次要转化的能量成分会对目标本身产生二次或连带毁伤效果，这种能量的转化称之为能量效能的转化。如贫铀弹释放能量时附生了一些如气溶胶、放射性能量的效应会对目标周围的有生力量造成潜在的和长期的损伤；又如云爆弹爆炸除产生冲击波的毁伤能量，还消耗殆尽了目标周围的氧气，对有生目标造成了二次毁伤。能量效能转化的意义和目的在于，利用战斗部的次生能量，实现对目标的连带毁伤，从而增加毁伤的效能和效果。从这个意义上讲，虽然有能量转化的损失，但这些损失的能量也可为我所用，这是一个变废为宝的途径和方法。

第五节　目标响应

目标响应是毁伤链实现毁伤的最终环节，是终点效应研究的核心，是毁伤能量输送至目标后，目标做出静态或动态回应的阶段，表现为目标功能的丧失或结构的损坏。研究毁伤链的目标响应环节，是对毁伤能量匹配目标易损的深入挖掘，对剖析毁伤机理具有重要支撑。

一、目标响应的概念

毁伤链的目标响应是指目标能量与毁伤能量相互作用、博弈对抗的过程，是毁伤能量作用于目标之后对目标的关键能力和功能毁伤的过程，是目标丧失关键特性和关键能力的过程，是目标响应毁伤能量的最终结果。

目标响应与目标的易损特性密切相关。按照定制毁伤的观念和方法，毁伤必须瞄准目标关键且易损的特性实施，才能取得高效且有效的毁伤效果。目标关键特性承载着目标的关键能力，关键特性的丧失意味着关键能力的丧失。目标的易损特性是在目标的关键特性中，寻找目标最易损的特性、最易损的能力。目标关键且易损的能力，反映了目标结构和功能的薄弱点和短板、"七寸"和"死穴"，这是打击要害的必然要求，是减少附带损伤的必然结果。当然，切中要害也对导弹的精准制导能力和选择性打击能力提出了更高的要求。

目标响应与毁伤能量的形态密切相关。找到目标的关键且易损特性之后，需要研究和分析这种易损特性对什么样的毁伤能量最为敏感。只有找到最敏感、最匹配的毁伤能量形态，才会使目标对毁伤能量产生最佳的响应，才会取得失能毁伤的预期效果。传统的毁伤更加注重采用高能装药实现能量毁伤，而定制毁伤则更加注重"点穴式""太极式"的打击毁伤。

二、目标响应的分类

毁伤的目标响应本质上是毁伤能量与目标能量的相互作用。按能量形态，可分为目标的机械能响应、热能响应、化学能响应、辐射能响应、电能/磁能响应和核能响应方式。按目标损伤的性质，可分为目标失基响应、失能响应、失性响应、失联响应和失智响应方式。按相互作用，可分为直接响应和间接响应、单一响应和叠加响应、技术响应和战术响应等方式。

三、目标响应的方式

这里我们就目标相互作用的方式进行重点分析和论述。

1. 直接响应

直接响应是指毁伤能量对目标的易损特性直接实施毁伤的过程和方式。直接响应方式中，毁伤能量对易损特性的损毁，如同西医的外科手术直接切除病灶一样，是毁伤能量直接作用于易损特性的结果。如激光武器对敌方人员、光学元器件和传感器产生的致盲和致眩作用,正是目标对激光能量的直接响应方式。毁伤能量与目标的直接作用有多种方式,如动能碰撞作用方式、电磁脉冲作用方式、核辐射作用方式、热辐射和燃烧作用方式等。直接响应的目的和意义在于,最大限度地利用战斗部的初始能量,以减少导弹投送和能量储存的代价,提高定制毁伤的效能和效益。从这个意义上讲,直接响应是战斗部释放的能量直接作用于目标易损特性的结果。

2. 间接响应

间接响应是指毁伤能量对目标的易损特性间接实施毁伤的过程和方式。间接响应方式中,毁伤能量对易损特性的损毁,如同中医的辩证疗法,不是针对得病的器官,而是采取对相关器官调理的方式,实现对疾病的治疗一样,间接响应是对目标由此及彼、由表及里的毁伤方式。如采用破壳云战斗部打击隐身战机,就是先利用破壳云毁伤元在隐身战机机身上形成若干破孔,从而对隐身战机的隐身能力实现降维打击;然后再利用常规的防空导弹武器系统对降维的战机实施打击和摧毁。毁伤能量与目标的间接作用有多种方式,如网络战和电磁战对目标的间接作用方式、舆论战和心理战对目标的间接作用方式、打击潜力目标和保障目标对目标的间接作用方式等。间接响应的目的和意义在于,对一些难以利用直接响应方式摧毁的目标,可以先实施降维打击,然后再实施摧毁打击,这样可以降低打击的难度和代价,拓宽摧毁目标的方式和途径,发挥定制毁伤的威力和作用。从这个意义上讲,间接响应更能体现定制毁伤的精髓,这恰恰是和传统毁伤最大的区别。

3. 单一响应

单一响应是指仅依靠战斗部的毁伤能量摧毁目标的方式。这种方式包括失基、失能、失性、失联和失智响应方式。单一响应的意义和目的在于,取得毁伤能量对目标能量的压倒性优势,这是集中优势力量打击目标的生动体现。从这个意义上讲,单一响应是能量优势的体现,但也会带来储存、投送能量载体的代价。

4. 叠加响应

叠加响应是指毁伤能量直接作用于目标的含能物质或设施,从而产生叠加毁伤作用的效果。如利用激光武器拦截弹道导弹的助推发动机,只要激光的能量能击穿发动机的壳体,发动机的装药发生爆炸或爆轰,从而彻底摧毁来袭的弹道导弹,这就是助推段反导的概念。

要产生目标叠加响应的毁伤效果,必须使导弹精准命中目标的含能部位,战斗部毁伤能量必须能够触发目标含能系统的殉爆阈值。叠加响应的目的和意义在于,以小的毁伤能量换取大的毁伤效果,借力发力,以小博大,这正是

"谢菲尔德"号驱逐舰被一枚"飞鱼"导弹命中击沉悲剧的根源所在。从这个意义上讲,叠加响应是知己知彼、百战不殆战争法则在定制毁伤领域的生动体现。

5. 技术响应

技术响应是指利用各种能量技术对目标实施毁伤的过程和方式。直接响应和间接响应、单一响应和叠加响应都从属于技术响应的范畴。技术响应的目的和意义在于,通过夺取能量的技术优势,从而实现毁伤对抗的优势,通过技术优势获得技术代差的非对称优势。从这个意义上讲,技术响应是技术实力的较量。

6. 战术响应

战术响应是指不仅仅依靠技术响应来摧毁目标,而是采取战术和技术相结合的方法,通过饱和打击、波次攻击、声东击西、全向攻击等战略战术的运用,对目标体系、目标系统、目标特性进行累积性打击的方式和过程。战术响应是战术和技术相结合的反映,是利用战术方法弥补技术能量不足的有效途径,是立足现有装备打胜仗的基本出发点。从这个意义上讲,我们不能单一追求技术的发展和进步,单一追求高能和高效,必须将战术和技术相统一、相结合。

第六节 毁伤链的毁伤有效性

有效性是可用性、可信性和能力的乘积,表达的是一个系统在给定的环境条件和规定的任务范围下,能够可靠和可信地发挥固有能力的程度。有效毁伤是武器系统对目标击毁、损坏、降低功能等作用效果达到预期效果的统称,是毁伤链整体作用效能合理化的表征,体现了武器作战体系完成既定作战任务的能力。毁伤链作为有效毁伤的产生、实施和体现的手段,表征其效能程度对改变和提升毁伤链路设计、指导攻击规划打击策略、实施火力分配具有重要作用。本节通过引入毁伤有效性概念对毁伤链有效毁伤能力进行表征,在此基础上对毁伤链各个关键环节对毁伤能量的利用率进行描述和表征,结合物理数学基本理论,构建毁伤链能量控制、能量释放、能量转化及能量响应过程的能量模型,最终实现对毁伤链毁伤有效性的具体数字化描述。

一、毁伤有效性概念内涵

1. 有效性定义

按照可靠性工程的相关理论,一个系统的有效性是指这个系统的可用性、可信性与其固有能力的乘积,表达的是一个系统在给定的环境条件和规定的任务范围下,能够可靠和可信地发挥固有能力的程度。

可用性是指一个系统的可用程度,一般用可用的时间来表征。可信性是指一个系统即使发生故障和变化,系统在长时间内连续地完成预期服务的能力。固有能力是指一个系统设计所赋予的、与生俱来的、不随外界条件变化的固有性能和能力。

2. 按毁伤要素给出的毁伤有效性定义

毁伤要素是指定制毁伤的组成要素,包括战斗部、引信、环境和目标四大要素,是构成 CRCR 毁伤链的基本单元,是影响毁伤的最基本、最重要的要素。

按毁伤要素,毁伤有效性是指导弹与战斗部的匹配性(弹战匹配性)、战斗部与目标的匹配性(战目匹配性)、战斗部与引信的匹配性(引战匹配性)、导弹与环境的匹配性(弹环匹配性)以及战斗部固有毁伤能力的乘积,称之为毁伤要素有效性。

将毁伤要素有效性表征为 $E_{要素}$,将弹战匹配性表征为 $E_{弹战}$,将战目匹配性表征为 $E_{战目}$,将引战匹配性表征为 $E_{引战}$,将弹环匹配性表征为 $E_{弹环}$,将战斗部固有能力表征为 $C_{战}$,则可以得到毁伤要素有效性的表达式:

$$E_{要素} = E_{弹战} \times E_{战目} \times E_{引战} \times E_{弹环} \times C_{战} \quad (3.6.1)$$

式中,$E_{弹战}$、$E_{战目}$、$E_{引战}$、$E_{弹环}$ 四个要素中,既包括了要素的可用性又包括了要素的可信性,它们都是战斗部固有能力在规定条件下完成毁伤任务的能力的前提和条件。这种乘法是一种逻辑乘的表达,任何一个毁伤要素的缺失,抑或是要素之间关系的破裂,都会造成毁伤条件的丧失,也就意味着毁伤无效。因此,毁伤要素有效性是毁伤要素可用性、可信性和固有能力的乘积。

3. 按毁伤因素给出的毁伤有效性定义

毁伤因素是指毁伤的构成因素,是毁伤要素主体功能的体现,是毁伤要素之间相互关联的关系,是毁伤要素形成的毁伤能量的不同形态,是实现有效毁伤的重要的影响因素。毁伤的构成因素主要包括能量控制、能量释放、能量转化、目标响应四类因素。

按毁伤因素,毁伤有效性是指毁伤能量控制精准性、释放完全性、转化高效性、响应针对性以及战斗部固有能力的乘积,称之为毁伤因素有效性。

将毁伤因素有效性表征为 $E_{因素}$,将能量控制精准性表征为 $E_{控制}$,将能量释放完全性表征为 $E_{释放}$,将能量转化高效性表征为 $E_{转化}$,将能量响应针对性表征为 $E_{响应}$,将战斗部固有能力表征为 $C_{战}$,则可以得到毁伤要素有效性的表达式:

$$E_{因素} = E_{控制} \times E_{释放} \times E_{转化} \times E_{响应} \times C_{战} \tag{3.6.2}$$

式中，$E_{控制}$、$E_{释放}$、$E_{转化}$、$E_{响应}$四个因素中，既包括了因素的可用性又包括了因素的可信性，它们都是战斗部固有能力在规定条件下完成毁伤任务的能力的前提和条件。这种乘法是一种逻辑乘的表达，任何一个毁伤因素的缺失，抑或是因素之间关系的破裂，都会造成毁伤条件的丧失，也就意味着毁伤无效。因此，毁伤因素有效性是毁伤因素可用性、可信性和固有能力的乘积。

毁伤能量的控制、释放、转化、响应恰恰对应毁伤链的四个环节，因此毁伤因素有效性也就是毁伤链有效性，表达的是毁伤链有效闭合的能力和程度。

4. 两种毁伤有效性定义的关系

基于毁伤要素的有效毁伤是毁伤要素相互作用的最终体现。基于毁伤要素的毁伤有效性是要素之间相互作用有效性的函数表达，体现了每一个要素对毁伤体系产生的贡献，体现了要素之间的相互关系对毁伤体系产生的增益。

基于毁伤链的毁伤有效性强调的是毁伤因果关系的提炼，立足于毁伤的全要素和全过程，强调以让目标失去关键作战能力为目的的失能定制毁伤，相比于传统的弹药毁伤有效性，毁伤链有效性适用的毁伤作战场景更多，使用范围更广，所涵盖的内容更丰富，对毁伤效能的表征更聚焦战斗力的表征。

弹药毁伤有效性与毁伤链有效性的联系如图 3.6.1 所示。

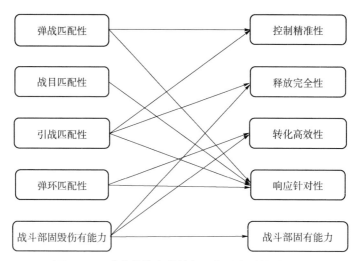

图 3.6.1　弹药毁伤有效性与毁伤链有效性的联系

弹战匹配性指的是导弹与战斗部的匹配性，是导弹打击精度、飞行距离等诸要素满足战斗部有效毁伤目标的程度度量，包括性质匹配、任务匹配、能量匹配、时间匹配、经济匹配等。弹战匹配性反映了导弹体量与战斗部体量的最佳结合，体现了导弹提供的空间差、时间差和战斗部提供的能量差的制胜机理的结合。弹战匹配性首先与目标相关，导弹和战斗部必须具有对目标毁伤的针对性和有效性；其次导弹必须将战斗部精准投放至目标之上，从而保证毁伤能量对目标的覆盖性。因此，弹战匹配性对应着毁伤能量的控制精准性和响应针对性。

战目匹配性指的是战斗部与目标之间的毁伤机理匹配、毁伤模式匹配、毁伤环境匹配、毁伤效能匹配，是目标易损性、战斗部毁伤敏感性和终点环境匹配程度的度量。战目匹配性与目标直接相关，战斗部类型和威力直接指向目标的易损特性。因此，战目匹配性对应着毁伤链中对毁伤能量的响应针对性。

引战配合性指的是引信所控制的爆炸时间、炸点位置、释能方向决定战斗部与目标的毁伤作用结果的程度，是通过合适时机起爆尽可能发挥战斗部毁伤威力的配合度量，也被描述成引信启动区与战斗部毁伤元动态分散区的协调程度。引战配合性的任务，一是精准控制起爆的时间、位置和方向；二是最大限度地释放战斗部的固有和理论能量；三是使引爆控制更有利于毁伤目标。因此，引战配合性对应于毁伤链中对毁伤能量的精准控制性、释放完全性、响应针对性。

弹环匹配性是指环境对导弹性能的综合影响程度的反映，其内容包括环境与引信的匹配、环境与目标识别的匹配、环境与壳体的匹配、环境与战斗部装药的匹配、环境与飞行控制的匹配等。导弹与环境的匹配性首先决定了战斗部所释放能量，通过目标场环境转化为目标毁伤能量的效能；其次，转化的能量必须聚焦目标的易损特性。因此，弹环匹配性对应于毁伤能量的转化高效性和响应针对性。

战斗部固有能力是描述在整个作战过程中能够完成毁伤任务的程度，包括战斗部质量特性和性能特性。针对不同的目标有不同的表征方式，如破片初速、超压、动能、爆炸威力等，对应于毁伤链中最终毁伤元素的固有战斗力。战斗部固有能力是毁伤目标的决定性因素，对能量的释放、能量的转化、目标的响应都起到决定性的影响和作用。因此，战斗部固有能力对应于毁伤能量的释放完全性、转化高效性和响应针对性。

综上所述，毁伤要素有效性与毁伤因素有效性是毁伤有效性殊途同归的表达，两者的本质是相同的，是毁伤有效性的一体两面。这就为毁伤有效性的设计和评估提供了两种途径和方法，无论哪一种方法都可以提供有效毁伤的理论工具。

二、控制精准性的表征

控制的精准性主要体现在时间控制的精准性、空间控制的精准性、方向控制的精准性三个层面。

时间控制的精准性是引信要素的主要任务和功能,是引信的实际引爆时间 t 与规定的引爆时间 t_0 的偏离程度,可表征为 $t = t_0 + \Delta t$,Δt 的绝对值越大,则时间控制的精准性就越差。因此,我们将时间控制的精准性表征为

$$\Delta_t = \frac{t_0}{t_0 + \Delta t}, \quad \Delta_t = \frac{\Delta_0 + \Delta t}{t_0} \tag{3.6.3}$$

若 $\Delta t > 0$,则取前式;若 $\Delta t < 0$,则取后式。Δ_t 总是小于 1 的,Δt 越小,则 Δ_t 越大,意味着时间控制的精准性越高。

空间控制的精准性是引信实际引爆空间 R 与规定的引爆空间 R_0 的偏离程度,可表征为 $R = R_0 + \Delta R$,ΔR 的绝对值越大,则空间控制的精准性就越差。因此,我们将空间控制的精准性表征为

$$\Delta_R = \frac{R_0}{R_0 + \Delta R}, \quad \Delta_R = \frac{R_0 + \Delta R}{R_0} \tag{3.6.4}$$

若 $\Delta R > 0$,则取前式;若 $\Delta R < 0$,则取后式。Δ_R 总是小于 1 的,ΔR 越小,则 Δ_R 越大,意味着空间控制的精准性越高。

方向控制的精准性是引信的实际引爆方向 r 与规定的引爆方向 r_0 的偏离程度,可表征为 $r = r_0 + \Delta r$,Δr 的绝对值越大,则方向控制的精准性就越差。因此,我们将方向控制的精准性表征为

$$\Delta_r = \frac{r_0}{r_0 + \Delta r}, \quad \Delta_r = \frac{r_0 + \Delta r}{r_0} \tag{3.6.5}$$

若 $\Delta r > 0$,则取前式;若 $\Delta r < 0$,则取后式。Δ_r 总是小于 1 的,Δr 越小,则 Δ_r 越大,意味着方向控制的精准性越高。

据此,我们定义能量控制精准性为时间控制精准性、空间控制精准性、方向控制精准性的乘积,其表达式为

$$E_{控制} = \Delta_t \times \Delta_R \times \Delta_r \tag{3.6.6}$$

三、释放完全性的表征

毁伤链能量释放是指将含有能量的物质中的能量通过一定的方式释放出来的过程。释放完全性是对能量释放程度的度量。

能量释放完全性是能量物质释放能量 $e_{释放}$ 与原始能量物质理论总能量 $e_{理论}$ 的比值,则释放完全性的表达式为

$$E_{\text{释放}} = \frac{e_{\text{释放}}}{e_{\text{理论}}} \tag{3.6.7}$$

由于能量释放程度取决于引爆控制的合理性和战斗部设计的有效性，战斗部释放出来的能量 $e_{\text{释放}}$ 总会小于战斗部的理论能量 $e_{\text{理论}}$，$E_{\text{释放}}$ 总是小于 1。

四、转化高效性的表征

毁伤链能量转化是把释放的能量形态转化成毁伤能量形态的过程。转化高效性是对能量转化效率的度量。

能量转化高效性是能量转化环节前后的能量值 $e_{\text{释放}}$、$e_{\text{毁伤}}$ 的比值，则转化高效性的表达式为

$$E_{\text{转化}} = \frac{e_{\text{毁伤}}}{e_{\text{释放}}} \tag{3.6.8}$$

由于能量转化存在能量的损耗，因此，$e_{\text{毁伤}}$ 总是小于 $e_{\text{释放}}$，$E_{\text{转化}}$ 总是小于 1。

五、响应针对性的表征

毁伤链能量响应是指目标对毁伤能量输入造成结构损伤和功能降低甚至丧失的过程。响应针对性是对目标对毁伤能量敏感性的度量。

响应的敏感性是 $e_{\text{毁伤}}$ 超出目标有效毁伤所需的能量阈值为 $e_{\min}$ 的程度，我们定义毁伤响应的针对性为超出部分能量与阈值能量的比值，其表达式为

$$E_{\text{响应}} = \frac{e_{\text{毁伤}} - e_{\min}}{e_{\text{毁伤}}} \tag{3.6.9}$$

当 $e_{\text{毁伤}} - e_{\min} > 0$ 时，意味着 $e_{\text{毁伤}} > e_{\min}$，表示可以产生有效毁伤；当 $e_{\text{毁伤}} - e_{\min} < 0$ 时，意味着 $e_{\text{毁伤}} < e_{\min}$，表示无法造成有效毁伤。

六、毁伤有效性的表征

毁伤有效性 $E_{\text{有效}}$ 是毁伤链毁伤能量精准控制性、释放完全性、高效转化性、响应针对性的综合体现，表征为

$$E_{\text{有效}} = E_{\text{控制}} \times E_{\text{释放}} \times E_{\text{转化}} \times E_{\text{响应}} \times C_{\text{战}} \tag{3.6.10}$$

可见 $E_{\text{有效}}$ 与 $E_{\text{因素}}$ 是完全统一的表达式。

第四章
失能定制毁伤机理

机理是事物运动和变化的理由与道理,是指为实现某一特定功能,一定的系统结构中各要素的内在工作方式,以及诸要素在一定环境条件下相互联系、相互作用的运行规则和原理,包括要素和要素之间的关系两个方面。失能定制毁伤机理就是毁伤要素以一定的方式和规律相互作用,使目标丧失能力特性的机制和原理。失能定制毁伤机理研究的内容包括能量的控制机理、能量的释放机理、能量的转化机理和目标的响应机理。研究的目的是从能量、控制、环境、目标这最基本的毁伤四要素出发,将目标的能力谱系、毁伤能量谱系、环境谱系作为变量,以实战性、针对性作为约束条件,以有效毁伤作为目标函数,不断迭代寻求最有效的毁伤途径。阐述失能定制毁伤机理是按照毁伤链的内在逻辑展开的,形式上与毁伤链一章的内容可能有所重复,但内涵完全不同。

第一节 基本概念

CRCR(Control Release Conversion Response)毁伤链是 MOKC(Missile Objective Kill Chain)导弹杀伤链的最后一环,是在导弹将战斗部载荷精准命中/交会目标条件下,从控制战斗部引爆,到战斗部能量释放,到释放的能量转化为毁伤能量,再到毁伤能量与目标相互作用,目标得以响应和毁伤的过程,是导弹作战的最终目的和根本意义之所在。战斗部、引信、环境和目标紧密耦合,是失能定制毁伤的组成要素。能量控制、能量释放、能量转化与目标响应环环相扣,是失能定制毁伤的构成因素。组成要素之间、构成因素之间的相互关系,是失能定制毁伤机理的主要方面。

一、组成要素

定制毁伤的组成要素是指构成有效毁伤的过程之中,在一个毁伤系统整体之中,对毁伤具有独特贡献的、既相对独立又相互作用,且缺一不可的组成部分，包括战斗部、引信、环境和目标四大要素，是构成 CRCR 毁伤链的基本单元，是影响毁伤的最基本、最重要的要素。

1. 战斗部要素

战斗部是各类弹药和导弹打击目标的最终毁伤单元，一般由壳体、炸药装药、引爆装置和保险装置组成。战斗部是毁伤能量的携带者，是弹药和导弹的有效载荷，是导弹作战的目的，是杀伤力的投送和传递者。现代战争的发展，战斗部不再是单一的毁伤单元，不再是唯一的毁伤功能。从有效载荷的角度讲，现代意义上的"战斗部"除了毁伤的本意之外，可以是侦察载荷，可以是通信载荷，可以是无人机载荷，可以是精确制导弹药载荷。战斗部内涵和外延的拓展，开辟了毁伤样式创新发展的新途径，为导弹的多样化作战运用提供了可能，对战斗部的丰富和发展奠定了思想基础。

战斗部具有多种类型。按打击目标，可分为反舰战斗部、反坦克战斗部、反潜战斗部、防空反导战斗部、反网络电磁目标战斗部等；按战斗部装药，可分为常规战斗部、核战斗部和特种战斗部；按毁伤样式，可分为爆破战斗部、杀伤战斗部、动能战斗部、聚能战斗部、燃烧战斗部及复合功能战斗部等；按毁伤性质，可分为硬杀伤战斗部、软杀伤战斗部等；按整体形态，可分为整体战斗部、子母战斗部等；按能量形态，可分为化学战斗部、电磁战斗部、激光战斗部等。

导弹战斗部具有区别于一般战斗部的特点：一是服务于导弹作战的目的，需要打什么类型的目标，就需要相应地发展什么样的战斗部；二是适合于远程投送、精准投放，体积质量受到导弹规模的制约，能量威力需要满足精确打击的要求；三是适用于定制毁伤、克敌制胜，可以瞄准作战目标的关键和易损特性，实施精准毁伤和定制毁伤，实现以小搏大和高交换比的打击；四是扩充于导弹平台的载荷，导弹就是一个空中作战平台，具有广泛的时空控制范围，适合于装载不同类型的载荷，执行不同的作战任务；五是导弹整体就是一个"战斗部"，高速运动的导弹具有毁伤动能，导弹分离的破片可以充当诱饵，导弹发动机的残留装药可以爆轰和引燃，导弹的"眼耳鼻舌身意"传感器可以为作战体系赋能。可见，导弹战斗部的特点在于"战斗"的特殊含义上。

对于导弹失能定制毁伤而言，毁伤仍然是战斗部的主体任务，是我们研究和讨论的重点内容。与以往研究毁伤的不同之处，在于超越传统化学能的毁伤能量形态，而拓展至其他可能的能量形态的延伸和覆盖。导弹战斗部携带的毁伤能量可以包括六种基本的能量形式，即机械能、化学能、热能、辐射能、电能/磁能和核能。这是自然界存在的六种能量形态，其他的能量形态都可以由这六种转化或组合而成。研究这六种能量形态，对于拓展战斗部发展的领域和空间具有重要的意义。同时应当看到，物质是一种能量，信息和意识同样是能量的表现。因此，我们分别研究讨论机械能、化学能、热能、辐射能、电能/磁能、核能、信息能这七种能量形态。对于任何一种战斗部来说，一般是以一种能量形式为主，兼有其他多种能量形式。

2. 引信要素

引信是利用目标信息和环境信息，在预定条件下引爆或引燃弹药战斗部装药的控制装置（系统）。引信是战斗部起爆控制的"大脑"，是保证导弹和弹药安全与完成毁伤的关键核心部件。引信系统主要由目标敏感装置、信号处理装置和执行装置三部分组成，其作用是感知目标信息与目标区环境信息，经鉴别处理后，控制战斗部能量的释放时间、释放空间和释放方式。引信是毁伤能量的控制者，是利用目标信息和环境信息，在预定条件下控制战斗部能量释放的装置/系统。

随着信息化的发展和多功能战斗部的出现，引信的概念又有引申和发展：引信是利用目标、环境、平台和体系等信息，按预定策略起爆或引燃战斗部装药，并可选择起爆点，给出续航或增程发动机点火指令以及毁伤效果信息的控制系统。

引信具有多种类型。按作用方式和原理，可分为触发引信、近炸引信、周炸引信、时间引信、指令引信和多选择引信等；按配用弹药的种类，可分为炮弹、迫击炮弹、火箭弹、导弹、航空炸弹、水雷、鱼雷、深水炸弹、地雷、手榴弹等的引信；按装配在弹药的部位，可分为弹头引信、弹身引信、弹底引信、弹头激发弹底起爆引信等；按安全程度，可分为隔离雷管型、不需隔爆型、隔离火帽型和没有隔离机构的引信等。

导弹战斗部引信具有自身的特点：一是高精度，导弹打击的目标一般是高动态的高价值目标，由于导弹战斗部规模质量的约束，导弹的交会精度与威力半径必须相匹配，引信必须有高的感知精度和控制精度；二是高安全，导弹的长期储存性、作战运用的对抗性、飞行环境的恶劣性等，都要求引信必须具有高的安全性控制，需要安全的时候绝对不能够误感知、误控制，需要起到控制的时候必须高可靠、高实时；三是一体化，导弹的引爆控制的发展趋势是引信与导引头一体化控制，这样才能丰富引信感知信息，提高引爆控制的可靠性；四是多样化，导弹作战任务的多样化和打击目标的多样化，要求引信必须能够适应多样化环境的需要，具备触发与非触发、计层与计数、实时与延时多种功能组合和融合能力。

引信的主要功能是感知和控制。感知是手段，控制是目的。通过感知环境信息和目标信息，适时控制战斗部起爆的时间、空间、方位。

环境感知。引信通过感知环境起到解保和预控制的功能：一是感知导弹的运动环境，如运动的过载和方向等，预示导弹的运动状态和到达目标区的标志，从而启动引信的解保或控制开关；二是感知导弹的飞行环境，如飞临不同的介质环境，预示导弹到达目标区的标志，从而启动引信的解保或控制开关；三是感知导弹的综合环境，如运动、飞行和自然环境的融合，预示导弹到达目标区的标志，从而启动引信的解保或控制开关。

目标感知。引信通过感知目标特性触发引爆控制：一是感知目标散射信息，对于主动引信而言，引信通过感知目标反射的信号探测目标，判断与目标的相对距离和方位，启动引信的控制开关；二是感知目标辐射信息，引信通过感知目标自身辐射的电磁和红外等信号探测目标，判断与目标的相对距离和方位，启动引信的控制开关；三是感知目标衍生信息，引信通过感知目标与环境相互作用产生的信号探测目标，判断与目标的相对距离和方位，启动引信的控制开关；四是感知目标运动信息，引信通过感知目标运动的信号探测目标，判断与目标的相对距离和方位，启动引信的控制开关。

时间控制。控制战斗部能量释放的时间和时机。按绝对时间进行引爆控制，如定时炸弹；按延时时间进行引爆控制，如延期定时引信；按飞行时间进行引爆控制，如子母弹抛撒；按控制指令进行即时引爆控制，如指令引信。采用什么样的时间控制方式，取决于导弹的作战任务和打击的作战目标，取决于导弹的打击特性和战斗部的类型。对引信时间的精准控制是战斗部威力作用的重要前提。

空间控制。控制战斗部能量释放的空间和位置。按战斗部与目标的绝对空间位置实施引爆控制，如弹道导弹的惯性引信；按战斗部与目标的相对空间位置实施引爆控制，如定高引信、定距引信等非触发引信和噪声、压力等感应引信；按战斗部与目标触碰实施引爆控制，如各类触发引信。采用什么样的空间控制方式，取决于导弹的作战任务和打击的作战目标，取决于导弹的打击特性和战斗部的类型。对引信与目标空间的精准控制是战斗部威力作用的重要前提。

方位控制。控制战斗部能量释放方向和方位。按全向能量释放进行引爆控制，如全向爆破战斗部；按固定方向能量释放进行引爆控制，如聚能穿甲战斗部；按实时感知的目标方位释放能量进行引爆控制，如多功能智能战斗部。采用什么样的方位控制方式，取决于导弹的作战任务和打击的作战目标，取决于导弹的打击特性和战斗部的类型。对引信与目标方位的精准控制是战斗部威力作用的重要前提。

3. 环境要素

环境要素是指战斗部在能量控制、能量释放、能量转化、目标响应过程中所经历的环境，是战斗部的运动环境，是目标区周边的环境。环境是战斗部运动和作用的参与者，是引信所感知信息的携带者，是毁伤能量释放和转化的传递者，是目标响应的作用者。环境始终存在于弹目交会的过程之中，既是毁伤得以成立的前提和条件，也是影响毁伤效能和效率的重要因素。

环境要素有多种类型，主要包括自然环境、对抗环境、运动环境和介质环境四类。

环境要素具有自身的特点：一是环境的自然属性，导弹运动和目标存在都处于自然环境的包围之中，环境与导弹、环境与目标既相互依存、又相互作用；二是环境的对抗属性，导弹与目标是矛盾的对立统一体，是进攻与防御的博弈对抗，导弹利用环境可以发现和毁伤目标，目标利用环境可以隐蔽自己和保护自己；三是环境的运动属性，导弹在弹目交会过程中是运动的，目标也始终处于运动之中，这种动态性带来毁伤过程的复杂性和不确定性；四是环境的介质属性，水下目标、地下目标等在目标与战斗部之间存在介质环境，这种水和岩石构成的介质往往成为目标防护的盾牌，利用得好也可以成为目标打击的"帮凶"。

自然环境。自然环境是指由水土、地域、气候等自然事物所形成的环境，是环绕战斗部和目标周围各种自然因素的总和。依据战斗部运动和目标存在的作战域，自然环境可以分为陆上环境、海上/水下环境、空中环境和太空环境等。自然环境要素主要包括温度、湿度、压力、密度等自然属性，以及风、雨、雷、电等自然现象。自然环境是毁伤不可避免的环境，有些自然属性和自然现象是需要利用的环境，有些自然属性和自然现象是需要克服的环境。

对抗环境。对抗环境是指战斗部与目标相互对抗、相互作用过程中，由目标防御系统对导弹、战斗部、引信等施加的，对毁伤产生不利影响的环境要素。目的是拦截来袭的导弹，干扰导弹的制导与控制，使导弹战斗部毁伤作用失效。对抗环境主要包括拦截环境和电磁环境。拦截环境是指导弹飞行过程和弹目交会过程中，目标防御系统对导弹实施的探测、识别、跟踪和拦截。电磁环境是指导弹飞行过程和弹目交会过程中，目标防御系统对导弹、制导控制系统、引信系统等实施电磁攻击、电磁压制、电磁干扰等。凡是重要的目标，就会有目标防御，就会施加不利的对抗环境。从这个意义上讲，对抗环境也是不可回避的对抗要素。

运动环境。运动环境是指导弹的飞行环境和目标的运动环境，是导弹和目标与运动介质相互作用所产生的环境要素。导弹的飞行环境和目标的运动环境主要包括导弹和目标的运动位置、速度、加速度、姿态角、气动力、气动热等运动参量。这些运动环境既是导弹和引信感知目标的前提和条件，又是造成目标毁伤复杂性和不确定性的主要因素，是不可回避的环境要素。

介质环境。介质环境是指目标存在的环境，是横亘在战斗部和目标之间的作用环境，是对战斗部毁伤能量起到阻碍和传递作用、对目标起到防护和遮蔽作用的中间环境。介质环境主要包括空气介质、水介质、岩土介质等。空气介质密度较低，通过爆炸效应产生较强的冲击波，可对目标产生毁伤作用；另外，空气是良好的绝热体，散热过程较慢，可以利用爆炸产生的高温，对目标进行损伤。水介质的密度高，水是不可压缩的介质，通过水中爆炸产生超高压，对目标结构产生破坏。在固体等岩土介质中，爆炸会造成介质坍塌，对目标会产生冲击损伤。密闭空间中发生爆炸，会造成空间内高温高压，对目标造成高压破坏和高温损伤。

4. 目标要素

目标具有自身的特点：一是具有高价值的特点，作为战斗力的载体，目标承载了诸多战斗力要素以及将这些要素联成整体的体系架构，这些要素和架构不仅包含较高的技术价值，而且具有较高的使用价值；二是具有强防护的特点，目标越是具有高价值性，就越容易在攻防作战中成为被摧毁的对象，往往需要对目标实施一定的防护和防御，以使导弹的进攻作战和毁伤失效或效能降低；三是具有敏捷性的特点，越是高价值的目标，在目标形态上越是难以发现和追踪，在部署方式上越是分布化和隐蔽化，在作战运用上越是机动化和敏捷化，以使毁伤的前提和条件丧失或缺乏。

导弹定制毁伤强调的是发现和识别目标的关键且易损特性，而关键且易损特性的获得离不开对目标特性的分析和认知。从目标特性的本源出发，目标特性可以分为目标固有特性和目标运用特性。目标固有特性包括目标辐射特性、目标结构特性、目标防护特性、目标运动特性、目标散射特性和目标衍生特性。目标运用特性包括对抗特性、编队特性和进攻样式。

辐射特性。目标辐射特性是指目标向外辐射电磁特性、红外特性、光电特性等，包括发射率、辐射能量密度。目标的辐射特性是被动制导体制最为关心的目标特性。例如，雷达探测目标时必须向外辐射电磁波，对反辐射导弹而言，雷达辐射的电磁波就是其辐射特性。高超声速导弹由于长时间在大气中飞行，弹头会产生较强的气动热，对反导导弹而言，高超声速导弹的气动热就是其辐射特性。火箭弹飞行过程中，由于发动机工作，会产生明显的可见光，对防空武器而言，火箭弹发动机产生的可见光就是其辐射特性。

结构特性。目标结构特性是指目标自身的结构形态和几何形态。目标的结构特性关系到对目标毁伤途径的选择。例如，弹道导弹多为轴对称外形，以保持其在再入段的飞行稳定性，对于反导导弹而言，可以利用弹道导弹这一结构特性，想办法破坏其外形对称性，造成弹道导弹再入过程自身失稳。相控阵雷达阵面由多个小型天线单元组成，破坏其中少量的小型天线单元并不会令相控阵雷达失去探测功能，对于反辐射导弹而言，在选择毁伤途径时需要注意相控阵雷达这一结构特性，选择毁伤面积较大的爆破战斗部。

防护特性。目标防护特性是指目标的易损部位和重点防护部位的形态，包括目标的物理结构和要害部位。例如，坦克通常在侧面安装厚装甲而顶部的装甲较为薄弱，对反坦克导弹而言，这样的装甲分布就是坦克目标的防护特性，根据这一防护特性，可采用顶攻方式，从坦克顶端攻击目标。第四代战机通常在油箱部位采取重点的防护措施，以保证战机油箱部位被防空导弹战斗部破片击中时，不会出现燃油被引燃引爆的情况，这样的油箱防护便是隐身飞机的防护特性，对防空导弹而言，需要针对这一防护特性采取针对性的措施。高超声速巡航导弹由于长时间在大气层内高速飞行，导弹外表面受到严重的气动热环境作用，需要外防热结构以保证导弹内部设备的温度不超过其使用条件，导弹外防热结构对气动热的防护效果明显，但极易被损失，如果外防热结构被破坏，会造成高超声速巡航导弹内部温度过高而烧毁，这样的防热结构就是高超声速巡航导弹的防护特性，反导导弹可利用这一特性，对其进行有针对性的打击。

运动特性。目标运动特性是指目标的速度、过载大小。例如，弹道导弹的再入速度通常会达到 $3 \sim 7 \text{ km/s}$，高速再入就是弹道导弹的运动特性。对于反导导弹来说，目前主流的直接碰撞反导毁伤方式主要是利用了弹道导弹高速再入的运动特性，通过直接碰撞，利用目标的自身动能将其毁伤。第四代战斗机的机动过载可以达到 $9g$，部分优秀飞行员甚至可以飞出 $12g$ 以上的瞬时过载，高机动就是第四代战斗机的运动特性，对于防空导弹来说，针对第四代战斗机超机动的运动特性，对其进行有针对性的打击。"低慢小"无人机的飞行速度很低，低速飞行就是"低慢小"无人机的运动特性，对于采用主动末制导探测的防空导弹来说，目标飞行速度过低，主动导引头无法对其进行探测，导致采用主动末制导探测的防空导弹无法拦截"低慢小"类目标，需要根据该目标的运动特性，开展有针对性的设计。

散射特性。目标散射特性主要是指目标反射电磁波的性质和程度，与目标的外形、尺寸、材料及运用相关。例如，隐身飞机通过外形设计，实现了前向低可探测性，但从隐身飞机的顶部探测，顶部的雷达散射面积要远大于头部的雷达散射面积，隐身飞机的低可探测性就是该目标的散射特性，对于防空探测系统而言，可以利用隐身飞机各方向隐身性能不同的特性，有针对地选择探测方式。与隐身飞机类似，在舰船类目标中也出现了低可探测舰船，隐身舰船的隐身性能也是其散射特性。

衍生特性。目标衍生特性是指目标与其运动的环境相互作用产生的目标特性。例如，舰船航行在水面会产生尾流，这就是舰船与水面相互作用产生的衍生特性，这些尾流会随着舰船的速度和吨位的大小而改变，但不会消失。潜艇在水下运动时会产生低频的水动压力波，这一压力波传播到水面，会与波浪产生干涉，形成潜艇运动所特有的压力波干涉条纹，这是潜艇与海水相互作用产生的衍生特性。认识和利用这些衍生特性，可以帮助发现、打击和摧毁运动的目标。

对抗特性。目标为对抗对其实施的打击和毁伤，会采取针对性的战术和技术对抗措施，这些对抗措施的特性就是目标的对抗特性。目标对抗方式包括主动对抗和被动对抗。主动对抗是指目标通过主动措施与进攻方装备进行对抗。例如作战飞机上携带有源干扰器，当作战飞机发现被地面防空雷达锁定时，有源干扰器释放出大功率干扰信号，压制地面雷达的探测。被动对抗指目标通过被动措施与进攻方装备进行对抗。例如防空导弹阵地为了欺骗敌方反辐射导弹，在阵地附近利用气球模型，模拟防空导弹武器系统的地面车辆，达到欺骗诱骗目标、保护阵地的目的。

编队特性。编队特性是指在作战中，目标以编队形态形成作战力量的分布式聚合结构，实现群目标、协同目标的作战。对编队的目标实施打击和毁伤，与打击和毁伤孤立目标有根本的不同。例如，对蜂群无人机的打击和毁伤就不能简单地采用传统的硬毁伤的方式，利用软毁伤方式压制和干扰无人机蜂群的网络通信能力，会起到事半功倍的效果，这就是利用编队特性毁伤编队目标的基本思路和出发点。

进攻样式。进攻样式是指作战一方所特有的战术技术方法和作战方式。这些样式由其作战理论、装备特点、作战习惯等决定，典型的进攻样式往往会暴露进攻方的意图、进攻的原点、进攻的力量等属性。这些属性可以用作对目标的侦察发现和打击毁伤。

二、构成因素

毁伤的构成因素是指毁伤要素发挥主体功能的条件，是毁伤要素之间相互关联关系，是实现有效毁伤的重要影响因素。毁伤的构成因素主要包括能量控制、能量释放、能量转化、目标响应四类。

1. 能量控制因素

能量控制是指对导弹战斗部实施的引爆控制，决定引爆的时空和精度，体现战斗部引信的主要功能，是战斗部原始能量和毁伤原始能量的初始状态。能量控制因素是指影响引爆的时空和精度、影响原始能量初始状态的相关因素，主要包括战斗部结构和装药因素、引信的安全和解保因素、引信对目标和环境的感知因素、引信发火和起爆的执行因素等。能量控制因素涉及战斗部、引信、环境和目标四大毁伤的组成要素，任一要素在毁伤过程中未能正常发挥功能和作用，都会造成能量控制因素的缺失，都会造成能量控制的失败。

在能量控制诸要素中，战斗部是能量控制的客体，引信是能量控制的主体，环境和目标是能量控制的条件。主体依客体而存在，主体依条件而变化。主体、客体和条件统一在毁伤的能量控制环节之中。能量控制得好，战斗部的原始能量就稳定和安全，引爆控制的时空精度就能够满足要求，标志着能量控制因素得到有效的协同和发挥。

能量控制因素不是毁伤组成要素的简单组合，而是毁伤要素之间相互联系、相互影响、相互作用的关联关系。能量控制的时空精度是能量控制因素的函数，也是毁伤要素及其关联关系的函数。

2. 能量释放因素

能量释放是指导弹战斗部在能量控制的作用下，由原始能量形态释放出初始毁伤能量形态的过程。能量释放体现的是战斗部原始的理论能量转化为初始的毁伤能量的效率，初始的毁伤能量越接近理论的原始能量，能量释放的效率就越高。能量释放的因素主要包括战斗部的设计装药、引爆控制的方式和方法。可见，能量释放因素涉及战斗部和引信两大毁伤要素。任一要素在释放过程中未能正常发挥功能和作用，都会造成能量释放因素的缺失，都会造成能量释放的失效。

在能量释放诸要素中，战斗部的原始能量是能量释放的依据，引信的引爆控制是能量释放的条件。影响能量释放的效率和效能的因素中，战斗部的原始能量是变化的依据，引信的引爆控制是变化的条件。依据和条件统一在能量释放的环节和过程之中。能量释放得好，战斗部的原始能量就能够极大限度地发挥出来，引爆控制的方式和方法就能够满足战斗部能量释放的要求。

能量释放因素不是毁伤组成要素的简单组合，而是毁伤要素之间相互联系、相互影响、相互作用的关联关系。能量释放的效率是能量释放因素的函数，也是相关毁伤要素及其关联关系的函数。

3. 能量转化因素

能量转化是指导弹战斗部释放的初始毁伤能量，转化为与目标相互作用的直接毁伤能量的程度和过程，是战斗部毁伤能量的主要度量，是战斗部威力的主要体现，是战斗部的初始能量形态转化为对目标毁伤能量形态的演变。对于一般的常规装药战斗部，释放的初始毁伤能量往往是爆炸反应的生成热能和爆轰气体产物膨胀作用的动能。爆轰产物膨胀压缩介质和环境可以转化为冲击波超压和动压，转化生成的冲击波超压和动压一方面可以直接毁伤目标，另一方面可以作用于战斗部壳体进一步转化为破片动能，依靠破片动能毁伤目标。能量转化因素是指影响能量转化效率的相关因素，主要包括战斗部结构和装药因素、爆炸化学反应的完整性和完全性因素、环境和介质的作用因素、转化为破片动能的相关因素等。能量转化因素涉及战斗部和环境介质等毁伤组成要素，任一要素在毁伤过程中未能正常发挥功能和作用，都会造成能量转化因素的缺失，都会造成能量转化的效率和效能降低。

在能量转化诸要素中，战斗部是能量转化的依据，环境和介质是能量转化的条件，两者统一在能量转化的过程之中。能量转化得越好，标志着战斗部设计得越合理、越灵巧，同样的战斗部原始能量可以毁伤目标的范围就越大，毁伤目标的程度就越高。

能量转化因素不是毁伤组成要素的简单组合，而是毁伤要素之间相互联系、相互影响、相互作用的关联关系。能量转化的效率是能量转化因素的函数，也是相关毁伤要素及其关联关系的函数。

4. 目标响应因素

目标响应是指直接毁伤能量作用于目标时，目标特性的改变或丧失程度，是目标特性对毁伤能量敏感程度的度量，体现毁伤能量与目标易损特性的匹配程度，决定毁伤的有效性，反映武器装备的最终作战效能。目标响应因素是指毁伤能量向目标转移的效率和目标接受毁伤能量后特性转变的效率，主要包括毁伤能量因素、环境和介质的作用因素、易毁匹配因素等。目标响应因素涉及战斗部、环境和目标三大毁伤的组成要素，任一要素在毁伤过程中未能正常发挥功能和作用，都会造成目标响应因素的缺失，都会造成目标响应的效率和效能降低。

在目标响应诸要素中，战斗部原始能量通过引爆控制、释放、转化后的毁伤能量是目标响应的主体，目标特性是客体，环境和介质是目标响应的条件。主体依客体而存在，主体依条件而变化。主体、客体和条件统一在毁伤的目标响应环节之中。目标响应得越完全，标志着战斗部释放、转化的毁伤能量与目标易损特性匹配得越好，标志着战斗部毁伤设计的"定制性"越高。

目标响应因素不是毁伤组成要素的简单组合，而是毁伤要素之间相互联系、相互影响、相互作用的关联关系。目标响应的效率是目标响应因素的函数，也是相关毁伤要素及其关联关系的函数。

三、相互关系

失能定制毁伤的机理，不仅体现在毁伤要素和毁伤因素方面，更重要的体现在毁伤要素之间和毁伤因素之间的相互关系上。这些关系主要包括三种类型：一种是相互赋能的关系，另一种是相互削弱的关系，最后一种是没有影响的关系。研究这些关系，对于我们深刻理解和把握毁伤机理具有重要的意义。

1. 毁伤要素之间的关系

毁伤就是要素相互作用的结果。一个好的毁伤设计，不仅四大要素要齐全，而且要素之间要匹配协调，使毁伤整体大于要素之和，使毁伤作用取得最佳结果。

要素之间相互独立。战斗部、引信、环境和目标四大要素中，环境和目标要素是客观存在的，是不受打击者的意志所转移的要素。目标存在于环境之中，环境包含目标在内。战斗部和引信是导弹设计的结果，是设计者的主观认识与目标和环境的客观现实相统一的结果。目标和环境是战斗部和引信设计的依据，有效毁伤是战斗部和引信设计的目的。因此，战斗部和引信与目标和环境之间在毁伤发生之前是相互独立的存在。战斗部和引信也是分别设计的结果。要素的独立性体现的是一个毁伤系统对组成要素的分解，而有效毁伤是对分解的组成要素的还原和综合。

要素之间相互联系。在一个毁伤系统中，相互独立的毁伤要素通过系统设计中的物质流、能量流和信息流、控制流的交互，使要素之间产生规定的有机联系，使毁伤的功能和效率得以实现。要素之间的相互联系和相互作用是有效毁伤必要且充分的条件。要素之间的相互联系，建立在战斗部和引信的主观要素与目标和环境的客观要素相统一的认知中，建立在物质流、能量流、信息流和控制流的高效双向流动中，建立在由毁伤要素之间的相互联系产生毁伤要素之间的相互作用中，建立在实现有效毁伤对各毁伤要素的要求中。

要素之间相互赋能。设计要素之间的联系的一个重要的原则，就是使这种联系要相互支撑、相互保障，在相互作用中相互赋能。引信要对战斗部赋能，引信作用的时空精度可以使战斗部的能量得以有效发挥。战斗部要对引信赋能，战斗部的能量和威力半径可以弥补引信时空精度的不足。环境要对战斗部赋能，必要的环境条件是战斗部能量产生和转化的前提。战斗部要对目标赋能，战斗部的毁伤能量足以造成目标的有效毁伤。目标和环境要对引信赋能，引信通过感知目标特性和环境因素得以实施引爆控制。这种赋能作用，有些是双向的，有些是单向的，都是我们在毁伤设计和实施中所追求的。没有有效的赋能，就没有有效的毁伤。

要素之间相互影响。虽然我们追求毁伤要素之间的相互赋能，但不可避免某些要素之间单向或双向的相互影响，使其削弱毁伤的有效程度，这也是相互联系、相互作用的一种"双刃剑"体现，是不以人的主观意志为转移的客观规律。环境对引信可产生负向影响，特别是对抗环境总是指向削弱引信的正常工作和功能。环境对战斗部可产生负向影响，特别是介质环境会造成毁伤能量传递和转化的损失。目标对战斗部可产生负向影响，如果目标能力具有足够的弹性，如果战斗部的能量和威力受到局限，有效毁伤就不可能得以实现。既然存在负向的影响，我们在毁伤设计和运用中就要扬长避短，化不利因素为有利因素，化被动为主动，通过赋能作用抵消负向作用的影响。没有这种抵消的设计和运用，就没有有效毁伤。

2. 毁伤因素之间的关系

既相对独立又相互衔接。毁伤构成因素之间既相对独立又相互衔接。能量控制主要由引信部件负责完成；能量释放由战斗部部件负责完成；能量转化主要是能量释放在环境中的转化；目标响应主要是目标对毁伤能量的作用反馈。能量控制、能量释放、能量转化与目标响应是构成毁伤因素的相对独立的单元，分别由不同的部件实现其功能。但是，毁伤构成因素之间需要紧密衔接在一起，才能构成完整的能量转化、转移、转变的 CRCR 毁伤链。

既相互依存又依次传递。能量控制、能量释放、能量转化与目标响应各因素中，能量控制作用后，能量才能释放；转化的能量作用于目标后，目标才能产生响应。前一因素是后一因素的输入，后一因素是前一因素的结果。同时，每一次能量传递和转化都会引发能量的损失，都会引发能量形态的转变和转移。毁伤就是最后目标响应的结果。

3. 毁伤要素与毁伤因素的关系

毁伤因素是有效毁伤的基本条件，是毁伤要素之间相互联系、相互作用的结果。毁伤要素之间同样具有相互赋能、相互削弱和没有影响的三种关系。

毁伤因素相互联系。毁伤因素是毁伤要素之间的相互联系。从这一定义出发，毁伤因素本身就不是孤立的因素，相互联系和相互作用是毁伤因素的应有之义。也就是说，对于能量控制、能量释放、能量转化和目标响应四大因素而言，没有任何一个因素能够独立地存在，都是战斗部、引信、环境和目标四大要素相互作用的结果。正是毁伤因素的固有联系性，才使有效毁伤成为高效的整体和对立面的统一。正是毁伤因素的固有联系性，才使 CRCR 毁伤链得以构建和闭环。

毁伤因素相互衔接。前一因素是后一因素的输入和条件，后一因素是前一因素的输出和结果。毁伤因素之间固有的逻辑衔接关系，正是 CRCR 毁伤链闭环的内在逻辑流程的体现。这种逻辑关系既不可以错位，也不可以倒置。这种顺序的衔接关系，是有效毁伤得以成立的必要条件和必然结果。

毁伤因素相互传递。毁伤因素的顺序衔接过程是毁伤能量的传递过程。每经过一个毁伤因素环节，毁伤能量就实现一次传递，毁伤能量的形态就可能发生一次转化。每一次传递都会引发能量损失，都会引发能量形态的转变或转移，毁伤就是目标响应的结果。

毁伤因素的设计过程是逆向的。一个好的毁伤因素设计，必须对目标有最深刻的认知，必须找到目标的"七寸"和"死穴"，必须找到目标最关键和最易损的特性；必须对环境有最准确的理解，使得环境减少能量的损耗，使得环境促进能量形态的转化；必须对毁伤能量的形态有最深刻的把握，使得目标对毁伤能量的响应最大，使得目标易损特性对毁伤能量最敏感；必须对能量释放有最期望的约束，使得战斗部能量有最大程度的释放，使得释放的能量更向目标聚集，使得释放的能量更多地转化为毁伤能量；必须对战斗部起爆有精准的控制，使得起爆点更加靠近目标，更加靠近目标易损部位，更加靠近目标的"七寸"和"死穴"。可见，毁伤因素的设计始于目标的响应，终于能量的控制，这与 CRCR 毁伤链的逻辑流程恰恰相反，这就是定制毁伤的设计逻辑。

第二节 能量控制的机理

失能定制毁伤的能量控制是指对导弹战斗部实施的引爆控制，决定引爆的时空和精度，体现战斗部引信的主要功能，是战斗部原始能量和毁伤原始能量的初始状态。能量控制的目的是使战斗部能量覆盖目标关键且易损特性。能量控制的机理是引信、战斗部、目标及目标环境相互作用的关系，其制胜机理就是控制能量时空的精准性，也就是奠定有效毁伤的时间差、空间差优势。本节通过分析能量控制的种类、能量控制的形态、能量控制的本质，阐述能量控制的机理。

一、能量控制的种类

能量控制的主体是引信。引信是利用目标信息和环境信息，在预定条件下引爆或引燃弹药战斗部装药的控制装置/系统。能量控制主要包括时间控制、空间控制和方向控制三种类型。

1. 时间控制

时间控制是对战斗部能量释放的时间进行控制的方式和过程。时间控制的任务一般由时间引信担负，主要包括定时控制和延时控制。时间控制适用于即时、计时、计层毁伤的场景和需要，其特点是控制时间的精准性。

时间控制的原理就是根据目标信息对引信时间装定机构进行定时装定，并在特定的条件下激发计时装置开始计时，达到预定时间后执行机构发火，完成起爆控制。这里所讲的时间装定机构包括药盘式、机械式、电子式、指令式、复合式/智能式等多种类型。能量时间控制的精准性取决于时间引信信息的接收精度、处理精度和计时精度。

2. 空间控制

空间控制是对战斗部能量释放的空间位置和范围进行控制的方式和过程。空间控制的任务一般由空间引信担负，主要控制导弹与目标的相对距离。空间控制适用于不直接物理接触的毁伤场景和需要，其特点是控制空间位置和范围的精准性。

空间控制的原理就是通过引信的敏感装置，感知目标的声、光、电、磁、压力等物理特性，并探测相对目标的速度、距离和（或）方向，按规定的启动特性而作用。

这里需要指出的是，严格意义上来讲，时间控制和空间控制是能量控制中同时存在的两种密切相关的控制方式。因为能量控制总是在时空域中进行，能量时间控制中，在能量控制环节，相对而言对空间要求不高。能量空间控制，相反对时间控制要求极高。特别是在高速运动过程中，能量释放时间控制的准确度或精细度，直接决定了空间控制的好坏。毕竟时空是可以相互转换的。

3. 方向控制

方向控制是对战斗部能量释放的方向进行控制的方式和过程。方向控制是在空间距离控制基础上更加精细的方向控制，使释放的能量具有空间矢量特性。方向控制的核心是控制能量矢量方向的精准性。能量矢量方向控制得越精准，就越能精确对准目标的易损特性，就越能提升战斗部能量的利用率和有效性，就越能夺取毁伤的能量差优势。

方向控制的原理就是通过引信的敏感装置，感知探测目标距离、方位及易损部位，并通过起爆控制的逻辑机构将能量定向释放。方向控制的精细研究可衍生或牵引出一系列创新设计。基于能量方向控制原理，可生成聚焦、定向、扩散及类似"相控阵"能量组合的多种类型高效能毁伤战斗部。同时，能量方向控制机理为低附带毁伤设计提供了新思路。

二、能量控制的形态

能量控制的形态是指引爆控制的形态，主要包括触发控制形态、非触发控制形态和组合控制形态三类。

1. 触发控制

触发控制是引信感知战斗部与目标撞击接触时的力学载荷进行能量控制的方式和过程。触发控制的任务主要由触发引信担负。触发控制适用于战斗部与目标接触的毁伤场景和需要，其核心是引爆控制的瞬时性和延时计时的精准性。

触发控制的原理就是通过引信的敏感装置，感知战斗部撞击和穿越目标时所产生的正过载和负过载，启动引信的时间控制功能。

2. 非触发控制

非触发控制是战斗部与目标不接触的能量控制的方式和过程。非触发控制的任务主要由近炸引信担负。非触发引信适用于打击高动态目标、集结目标等场景和需求。高动态目标弹目交会难以实现零脱靶量，必须采用近炸的非触发方式；对集结目标的杀伤，只有战斗部在目标上空一定高度起爆，才能实现最佳的杀伤效果。非触发控制的核心是引爆控制的脱靶量小于战斗部能量覆盖范围。

非触发控制的原理就是引信感知目标及目标环境物理场的固有特性，解算求得弹目相对距离和方位，并适时进行引爆控制。非触发控制是时间控制和空间控制的复合控制。

3. 组合控制

组合控制是触发、非触发多种控制形态组合控制的方式和过程。组合控制的任务主要由复合引信、联合引信和智能引信担负。组合控制适用于跨域毁伤和复杂终点环境下毁伤的场景和需要。其特点是既具备触发控制形态，又具备非触发控制形态，两种形态相互融合控制，相互冗余备份。其核心是确保能量控制在复杂战场环境下的可靠性、可信性和鲁棒性，以及对不同目标打击的灵活性。

组合控制的原理就是两种能量控制的同时作用、先后作用、优先作用和选择作用。

三、能量控制的本质

如果把 CRCR 毁伤链作为 OODA 行动环的一种特例，那么能量控制就是 OODA 环中的决策环节。能量控制是毁伤链中最重要的环节，决定了毁伤成败和效能，决定了毁伤的有效性和导弹作战的有效性。

因此可以说，引信是毁伤的灵魂和大脑，能量控制是毁伤链的关键和核心。

四、能量控制的机理

既然能量控制是毁伤链的决策环节,那么能量控制的机理就类似于决断力的机理,而决断力的机理主要体现在决断力的时间差、空间差和能量差三个方面。

1. 能量控制的时间差

能量控制的时间差包括两方面的内涵,一是能量控制的感知、认知和行为环的闭环时间,这个时间越短,能量控制的敏捷性越高;二是能量控制的闭环时间要优于敌方能量控制的闭环时间,就是所谓的时间差优势。

夺取能量控制的时间差优势,一靠加快自身的能量控制环闭环时间,二靠迟滞和中断敌方能量控制环的闭环。能量控制不是单方面的主观意愿,而是能量控制博弈对抗的结果。

2. 能量控制的空间差

能量控制的空间差包括两个方面的内涵,一是引信感知的空间范围、引信认知的空间范围、引信行为的空间范围的交集,能量控制的空间差越大,能量控制的范围就越广,能量控制就越能够覆盖打击目标的种类和特性;二是能量控制的空间精度的精准性,精准性越高,能量控制就越能精准覆盖目标的易损特性,能量控制对有效毁伤的贡献就越大。

夺取能量控制的空间差优势,一靠扩大能量控制的空间范围,二靠提升能量控制的空间精度。而这种扩大和提升都是在敌我双方攻防博弈的条件下得以实现。

3. 能量控制的能量差

能量控制的能量差包括三个方面的内涵,一是持续保持能量控制时间差和空间差的能力;二是能量控制对运动环境、近场环境、介质环境的适应能力;三是能量控制对敌对环境的对抗能力。实际上就是保证能量控制的可靠性、环境适应性和鲁棒性。当然,能量差理应包括战斗部的能量水平,理论和初始能量水平越高,能量差优势就越强。

夺取能量控制的能量差优势,一靠提升战斗部的固有能量水平,二靠提高能量控制的环境适应性,三靠提高能量控制博弈对抗下的弹性。

第三节 能量释放的机理

能量是物理系统做功本领的度量。能量释放就是对外做功的起始。失能定制毁伤能量释放是将固化在战斗部中的稳态能量（原始能、潜能），在能量控制下，通过物理或者化学过程，变化为同种或不同形态能量的过程。本节通过分析能量释放的种类、能量释放的形态、能量释放的本质，阐述能量释放的机理。

一、能量释放的种类

能量释放是战斗部储存的初始能量由静态转化为动态的过程，由"内能"转化为"外能"的过程，由一种/多种能量形态转化为多种/一种能量形态的过程。能量释放的种类按释放方式可分为直接释放和间接释放；按释放次数可分为一次释放和多次释放。

1. 直接释放

直接释放是指战斗部储存能量的形态与释放能量的形态不发生转变的释放方式，如动能杀伤战斗部、化学药剂战斗部、电击枪等。直接释放的特点是能量在释放过程中几乎没有能量损失。

直接释放的原理是战斗部能量的"势能"转化为"动能"的过程，而能量的性质不发生改变。直接释放的目的和意义在于使战斗部储存的原始能量形态能够直接作用于目标的易损特性，从而最大限度地提升毁伤的有效性。

2. 间接释放

间接释放是指战斗部储存能量的形态在释放过程中转化为其他能量形态的释放方式，如化学能在爆炸反应中产生热能、爆轰气体产物的动能，电磁脉冲武器在化学爆炸中产生辐射能，以及激光武器将电能转化为激光能等。间接释放的特点是原始能量便于生产、储存和投送，但释放过程必然存在一定的能量损失。

间接释放的原理是化学反应中的放能过程，以及原始能量对释放能量的激发过程。其目的和意义在于利用物理和化学反应所产生的放能效应，获得针对目标易损特性的定制能量形态。

3. 一次释放

一次释放是指储存在战斗部中的能量在起爆控制作用下一次性完全释放。绝大多数化学能战斗部的能量释放属于一次释放。一次释放的特点是战斗部设计结构相对简单，能量释放损失相对较少。

一次释放的原理是储存在战斗部中的原始能量通过一次性物理和化学反应完全释放。其目的和意义在于能量释放的完全性和高效性，是有效毁伤追求的目标。

4. 多次释放

多次释放是指储存在战斗部中的能量在起爆控制作用下多次、分步释放。如侵彻爆破战斗部、子母战斗部、水下战斗部、温压战斗部、云爆弹等能量释放是典型的多次释放。多次释放的特点是初次的能量释放为最终的能量释放提供前提和条件，使得最终的能量释放获得最有效的毁伤效果。

多次释放的原理是储存在战斗部中的原始能量在空间和时间域多次、分步释放。其目的和意义在于通过多次能量释放，获得对目标的组合和连带杀伤效果，夺取毁伤的空间差、能量差优势。

二、能量释放的形态

能量释放的形态是指不同能量类型战斗部能量输出的形态，主要包括化学能战斗部的能量释放形态、机械能战斗部的能量释放形态、辐射能战斗部的能量释放形态、电能战斗部的能量释放形态、核生化战斗部的能量释放形态和特种战斗部的能量释放形态六类。

1. 化学能战斗部的能量释放

化学能战斗部的能量释放是指战斗部的能量物质通过化学反应释放能量的过程。化学能战斗部的能量释放具有三种形态：一是通过爆炸作用将化学能释放，如杀伤爆破战斗部；二是通过燃烧作用将化学能释放，如燃烧弹；三是通过与介质发生化学反应将化学能释放，如金属脆化、油料变性战斗部。

2. 机械能战斗部的能量释放

机械能战斗部的能量释放是指战斗部释放能量呈现动能、势能等机械能形态的过程和方式，如防空反导中的直接碰撞动能杀伤战斗部、动能侵彻战斗部的动能侵彻效应、压缩弹簧破片云杀伤战斗部等。

3. 辐射能战斗部的能量释放

辐射能战斗部的能量释放是指战斗部释放出的能量为电磁辐射能形态的过程和方式，如激光战斗部、高功率微波战斗部等。

4. 电能战斗部的能量释放

电能战斗部的能量释放是指战斗部释放出的能量为电能形态的过程和方式，如人造"天雷"、电击枪等。

5. 核生化战斗部的能量释放

核生化战斗部的能量释放是指战斗部释放出的能量为核能、生化能形态的过程和方式，如核武器、生化武器等。

6. 特种战斗部的能量释放

特种战斗部的能量释放是指侦察战斗部、通信战斗部释放出的"侦察能"和"通信能"形态的过程和方式，如侦察弹、通信弹、诱饵弹等。

三、能量释放的本质

能量释放的本质是战斗部储存的原始能量得到高效释放。这种高效体现在：一是能量规模的高效，即能量释放的损失要少；二是能量形态的高效，即能量释放的能量形态更加匹配目标的易损特性；三是能量矢量的高效，即释放的能量更加聚焦目标及其易损特性。

四、能量释放的机理

既然能量释放是毁伤链重要的执行环节，那么毁伤能量释放的机理就类似于执行力的机理，而执行力的机理主要体现在执行力的时间差、空间差和能量差三个方面。

1. 能量释放的时间差

能量释放的时间差包括两方面的内涵，一是能量释放的敏捷性，即能量要得到即时、快捷的释放；二是能量释放的协同性，即能量释放的过程和形态要相互匹配、相互协调。

夺取能量释放的时间差优势的关键在于战斗部设计中，能量物质、引爆控制、壳体结构以及终点环境和目标之间实现最优的匹配。

2. 能量释放的空间差

能量释放的空间差包括两个方面的内涵，一是能量释放的覆盖性，即释放的能量范围能够覆盖目标的动态范围，覆盖范围越大，目标越难以逃逸；二是能量释放的精准性，即能量释放的空间方位能够对准目标及其易损特性，能量释放得越精准，对目标的杀伤概率就越高。

夺取能量释放的空间差优势，一靠扩大能量释放的空间范围，二靠提升能量释放的空间方位精度。而这种扩大和提升都是在敌我双方攻防博弈的条件下得以实现，需要与能量控制实现有效的匹配。

3. 能量释放的能量差

能量释放的能量差包括两个方面的内涵，一是持续保持能量释放时间差和空间差的能力；二是能量释放对环境和目标的适应能力。

夺取能量释放的能量差优势，一靠提升战斗部的固有能量水平，二靠提高能量释放的环境适应性。

第四节 能量转化的机理

失能定制毁伤的能量转化是指释放能量转化为毁伤能量的过程，决定了能量转化的效率和释放能量的利用率。能量转化的目的是使战斗部释放能量最大限度地转化为有效毁伤能量。本节通过分析能量转化的种类、能量转化的形态、能量转化的本质，阐述能量转化的机理。

一、能量转化的种类

能量转化有多种分类方法，按能量方式可分为直接转化和间接转化；按能量形态可分为形态转化和状态转化；按能量成分可分为有效转化和无效转化。

1. 直接转化

直接转化是指释放的能量无须转化，直接作用于目标的方式和过程。如动能侵彻、动能穿甲就是释放的动能直接转化为毁伤目标的能量。

2. 间接转化

间接转化是指释放的能量与介质环境相互作用，使毁伤能量发生形态或状态转化的方式和过程。如鱼雷在水下爆炸、战斗部在空中爆炸、战斗部在其他介质中爆炸等均是由炸药释放的化学能在环境中转化为冲击波、破片动能、射流动能等。

3. 形态转化

形态转化是指释放能量形态与毁伤能量形态发生转化的方式和过程。如化学能战斗部释放的热能形态和爆轰气体产物分子势能形态转化为毁伤的破片动能和毁伤的冲击波能形态。

4. 状态转化

状态转化是指战斗部释放的能量形态与毁伤能量形态一致，但能量的水平和规模发生变化的方式和过程，如动能钻地战斗部打击深层工事，介质阻力导致战斗部动能损失。

5. 有效转化

有效转化是指战斗部释放的多种能量形态转化为有效的毁伤能量形态的方式和过程，如化学能战斗部所释放的热能等转化为有效毁伤的冲击波能。

6. 无效转化

无效转化是指战斗部释放的多种能量形态中转化为无效能量形态的方式和过程。如激光战斗部中受激光子主要产生单一频率的光，但也会产生多种频率的"杂光",这些"杂光"无法毁伤目标,属于能量的无效转化。

二、能量转化的形态

能量转化的形态是指不同能量类型战斗部释放能量转化为毁伤能量的形态,涵盖了机械能、热能、电能、辐射能、化学能和核能多种能量形态之间的相互转化。

1. 机械能转化为热能

在民用领域,一般通过摩擦和流体压缩将机械能转化为热能。

在毁伤领域,一般通过动能碰撞将机械能转化为热能。如动能侵彻战斗部释放的动能形态,通过与目标碰撞转化为毁伤目标的热能,使目标产生热软化。

2. 热能转化为机械能

在民用领域,一般通过热机的流体膨胀将热能转化机械能。

在毁伤领域,一般通过爆轰气体产物膨胀将热能转化为机械能。如杀伤爆破战斗部通过爆炸生成高温气体,气体膨胀转化为冲击波和破片动能。

3. 热能转化为辐射能

在民用领域,一般通过热辐射将热能转化为辐射能。

在毁伤领域,一般通过燃烧反应将热能转化为辐射能。如化学激光武器利用工作物质的化学反应所释放的热能,激励工作物质产生激光。

4. 热能转化为核能

在民用领域,一般通过受控热核反应将热能转化为核能,又将核能转化为热能和电能,如惯性约束装置、磁约束装置等。

在毁伤领域,一般通过热核反应将热能转化为核能,如氢弹。

5. 电能转化为机械能

在民用领域,一般通过电动机将电能转化为机械能。

在毁伤领域,一般通过粒子加速器将电能转化为机械能。如粒子束武器是利用释放的电能,通过加速器把质子和中子等粒子加速到超高速,通过电极或磁集束形成非常细的粒子束流发射出去,形成轰击目标的动能。

6. 电能转化为辐射能

在民用领域,一般通过电照设备将电能转化为辐射能。

在毁伤领域,一般通过激光器将电能转化为辐射能。如自由电子激光武器是利用释放的电能将自由电子激发,转化为激光辐射能,激光辐射能对光学传感器产生致盲或致眩效应。

7. 辐射能转化为热能

在民用领域，一般通过吸光电磁波将辐射能转化为热能。

在毁伤领域，一般通过激光能照射到目标，使目标产生过热，从而毁伤目标。

8. 化学能转化为热能

在民用领域，一般通过燃烧物质在锅炉中燃烧将化学能转化为热能。

在毁伤领域，一般通过燃烧反应将战斗部装填燃料的化学能转化为热能，如燃烧弹。

9. 化学能转化为电能

在民用领域，化学电池、燃料电池就是将化学能转化为电能。

在毁伤领域，导电纤维弹就是通过化学能释放导电纤维，形成电路短路能量的条件。

10. 核能转化为热能

在民用领域，一般通过原子核裂变、聚变、衰变将核能转化为热能。

在毁伤领域，原子弹、氢弹就是通过核反应将核能转化为热能，进而转化为冲击波能、光辐射能。

三、能量转化的本质

能量转化的本质是将战斗部能量物质高效转化为毁伤目标的毁伤能量。转化是手段，毁伤是目的。选择何种转化方式，取决于毁伤能量的形态与目标易损特性的最优匹配。

四、能量转化的机理

既然能量转化是毁伤链重要的执行环节，那么毁伤能量转化的机理就类似于执行力的机理，而执行力的机理主要体现在执行力的时间差、空间差和能量差三个方面。

1. 能量转化的时间差

能量转化的时间差包括两方面的内涵，一是能量转化的敏捷性，即能量要得到即时、快捷的转化；二是能量转化的协同性，即能量转化的过程和形态要相互匹配、相互协调。

夺取能量转化的时间差优势的关键在于释放能量与终点环境和目标易损特性之间实现最优的匹配。

2. 能量转化的空间差

能量转化的空间差包括两个方面的内涵，一是能量转化的覆盖性，即转化的能量范围能够覆盖目标的动态范围，覆盖范围越大，目标越难以逃逸；二是能量转化的精准性，即能量转化成毁伤能量的空间方位能够对准目标及其易损特性，能量转化得越精准，对目标的杀伤概率就越高。

夺取能量转化的空间差优势，一靠扩大能量转化的空间范围，二靠提升能量转化的空间方位精度。而这种扩大和提升都是在敌我双方攻防博弈的条件下得以实现，需要与能量控制实现有效的匹配。

3. 能量转化的能量差

能量转化的能量差包括两个方面的内涵，一是持续保持能量转化时间差和空间差的能力；二是能量转化对环境和目标的适应能力。

夺取能量转化的能量差优势，一靠提升战斗部的固有能量水平，二靠提高能量转化的环境适应性，即提升转化的效率。

第五节　目标响应的机理

失能定制毁伤的目标响应是指毁伤目标的能量向具体的毁伤效益和效果的转变的过程和结果。这种转变体现的是毁伤能量及其方式与目标易损特性的相互匹配和耦合。目标响应是毁伤能量有效性的度量。毁伤的有效性不仅取决于毁伤能量及其方式，还取决于目标自身的易损特性。目标响应的机理是毁伤能量、转移转变和目标特性相互作用的关系，其制胜机理就是目标毁伤的有效性。本节通过分析目标响应的种类、目标响应的形态、目标响应的本质，阐述目标响应的机理。

一、目标响应的种类

目标响应是指毁伤目标的能量向具体的毁伤效益和效果的转变的过程和结果。目标响应按响应方式可分为直接响应和间接响应；按响应烈度可分为对立响应和统一响应。

1. 直接响应

直接响应是指目标在毁伤能量作用下，其核心能力/功能直接丧失的响应类型，主要体现在毁伤的直接性。大多数目标在毁伤能量作用下的响应为直接响应。飞机目标、导弹目标在破片撞击、动能拦截作用下，丧失飞行能力甚至爆炸解体，就是目标在毁伤能量作用下直接响应的典型情况。

2. 间接响应

间接响应是指目标在毁伤能量作用下，其时代能力特性或进化能力特性表失,但核心能力/功能完好的响应类型。隐身飞机、披挂反应装甲的坦克等目标在破壳云、非金属射流等毁伤元素/能量作用下,隐身能力、反应装甲防护能力丧失,就是目标在毁伤能量作用下间接响应的典型情况。利用间接响应可为后续打击提供"降维"能力。

3. 对立响应

对立响应是指目标与毁伤能量激烈冲突的响应类型,即破坏性响应。目标在毁伤能量作用下破坏是对立响应的根本体现。目标与毁伤能量的对立响应是传统高能毁伤的典型结果。

4. 统一响应

统一响应是指目标与毁伤能量不发生激烈冲突的响应类型,即失能性响应。机场跑道目标在润滑剂的作用下丧失能力,蜂群目标在电磁雾霾作用下丧失链接能力等,是目标特性丧失与毁伤能量相统一的典型结果。

二、目标响应的形态

目标响应的形态是指目标吸收毁伤能量后目标能量转变的形态,主要包括目标对机械能的响应形态、目标对生化能的响应形态、目标对热能的响应形态、目标对辐射能的响应形态和目标对电能的响应形态五类。

1. 目标对机械能的响应

目标对机械能的响应是指目标在机械能的作用下产生的转变形态。目标对机械能的响应包括多种形态。

目标失基的响应,是通过毁伤动能与目标相互作用,使目标产生结构性破坏,如击沉战舰、击落战机、击毁战车。目标失基响应是传统毁伤擅长的领域。

目标失能的响应,是通过毁伤动能与目标相互作用,造成目标产生某种作战能力的削弱或丧失,如穿甲/破甲战斗部通过击穿坦克壳体,使坦克丧失防护力。

目标失性的响应,是通过毁伤动能与目标相互作用,造成目标某种内在属性的削弱或丧失。如破壳云战斗部通过含能粒子动能,在隐身飞机上造成强散射破孔,毁伤飞机的隐身特性。

目标失联的响应,是通过毁伤动能与目标相互作用,使目标的互联、互通、互操作能力削弱或丧失。如电磁雾霾战斗部释放的雾霾物质的势能,阻碍目标群的链路沟通能力,从而实现目标群失去协同能力的目的。

2. 目标对化学能的响应

目标对化学能的响应是指目标在化学能的作用下产生的转变形态,目标对化学能的响应包括多种形态。

目标失基的响应,是通过毁伤化学能与目标相互作用,使目标产生结构性破坏。如强酸、强碱战斗部通过释放化学能,使公路、桥梁和铁路产生结构破坏。

目标失能的响应,是通过毁伤化学能与目标相互作用,造成目标产生某种作战能力的削弱或丧失。如云爆剂战斗部释放的云爆剂云,被航空发动机吸入,并在发动机高温高压环境中发生爆炸,使飞机失去机动力。

目标失性的响应,是通过毁伤化学能与目标相互作用,造成目标某种内在属性的削弱或丧失。如油料变性战斗部释放的化学物质与目标油料发生化学反应,使目标油料失去原有的燃烧属性。

目标失联的响应,是通过毁伤化学能与目标相互作用,使目标的互联、互通、互操作能力削弱或丧失。如粘附隔断战斗部通过释放黏性和绝缘的化学物质,粘附在目标链路传感器之上,使传感器失效,造成目标群互联能力丧失。

3. 目标对热能的响应

目标对热能的响应是指目标在热能的作用下产生的转变形态,目标对热能的响应包括多种形态。

目标失基的响应,是通过毁伤热能与目标相互作用,使目标产生结构性破坏。如燃烧弹通过释放热能,使目标结构产生破坏。

目标失能的响应,是通过毁伤热能与目标相互作用,造成目标产生某种作战能力的削弱或丧失。如激光武器照射高超声速飞行器特定部位,从而改变湍流生成的位置,湍流生成的气动热造成飞行器热结构损伤,使其丧失热防护能力。

目标失性的响应,是通过毁伤热能与目标相互作用,造成目标某种内在属性的削弱或丧失。如吸热战斗部在目标特定区域降温,使目标润滑机构丧失润滑能力。

4. 目标对辐射能的响应

目标对辐射能的响应是指目标在辐射能的作用下产生的转变形态,目标对辐射能的响应包括多种形态。

目标失能的响应,是通过毁伤辐射能与目标相互作用,造成目标产生某种作战能力的削弱或丧失。如电磁干扰弹通过释放辐射能,对雷达目标产生主瓣和副瓣(旁瓣)干扰,使雷达目标探测能力削弱或丧失。

目标失性的响应,是通过毁伤辐射能与目标相互作用,造成目标某种内在属性的削弱或丧失。如诱饵弹通过释放箔条,等效改变目标散射属性,使雷达无法探测真实目标。

目标失联的响应,是通过毁伤辐射能与目标相互作用,使目标的互联、互通、互操作能力削弱或丧失。如强电磁脉冲战斗部通过"前门"或"后门"耦合效应,使目标数据链路的发射和接收设备损伤,导致目标互联能力丧失。

目标失智的响应,是通过毁伤辐射能与目标相互作用,使目标的认知能力削弱或丧失。如电磁脉冲战斗部通过释放辐射能,击穿计算机电路系统,使目标丧失算力,从而失去认知能力。

5. 目标对电能的响应

目标对电能的响应是指目标在电能的作用下产生的转变形态,目标对电能的响应包括多种形态。

目标失基的响应,是通过毁伤电能与目标相互作用,使目标产生结构性破坏。如人造天雷、高功率电击枪等武器通过释放电能产生电烧伤,使目标结构产生破坏。

目标失能的响应,是通过毁伤电能与目标相互作用,造成目标产生某种作战能力的削弱或丧失。如低功率电击枪等武器通过释放电能,使人员等有生目标产生触电反应,丧失行动力。

三、目标响应的本质

目标响应的本质是毁伤能量与易损特性的"一拍即合",是毁伤能量与目标易损特性这一矛盾体相互作用的结果。目标易损特性与毁伤能量是矛盾的两个方面。毁伤就是矛盾的两个方面对立统一的结果。

四、目标响应的机理

既然目标响应是毁伤链的最终作用环节,那么目标响应的机理就类似于执行力的机理,而执行力的机理主要体现在执行力的时间差、空间差和能量差三个方面。

1. 目标响应的时间差

目标响应的时间差就是能量产生作用到目标产生毁伤的时间跨度。

夺取目标响应时间差优势的关键在于缩短目标在毁伤能量作用下产生转变的时间。

2. 目标响应的空间差

目标响应的空间差包括两个方面的内涵,一是目标响应的覆盖性,即毁伤能量对目标易损特性的覆盖范围,覆盖范围越大,目标毁伤的有效性越高;二是目标响应的精准性,即毁伤能量对目标易损特性的对准程度,目标响应越精准,目标毁伤的有效性越高。

夺取目标响应的空间差优势,一靠扩大"一拍即合"的覆盖范围,二靠提升"一拍即合"的空间方位精度。

3. 目标响应的能量差

目标响应的能量差包括两个方面的内涵,一是持续保持目标响应的时间差和空间差的能力;二是提升毁伤能量的水平。

夺取目标响应的能量差优势,一靠提升战斗部的固有能量水平,二靠提高"一拍即合"的匹配性。

失能定制毁伤的核心要义在于使目标"失能"而不是"失命"。失能定制毁伤的机理在于通过使目标关键作战能力的"失能",产生对于目标整体战斗力"失命"的决定性影响。

第五章
关键特性和易损特性（一）

在导弹中心战战争形态中，导弹打击的目标主要包括单元类目标、平台类目标和体系类目标。目标是战斗力的载体，目标的战斗力是目标作战能力的整体呈现。单元类目标的作战能力主要包括生命力、火力、信息力、防护力、保障力和智能力；平台类目标的作战能力主要包括机动力、火力、信息力、防护力、保障力和智能力；体系类目标的作战能力主要包括凝聚力、协同力、弹性力、覆盖力、敏捷力和智能力。因此，全部目标的作战能力共计12项，即生命力、机动力、火力、信息力、防护力、保障力、凝聚力、协同力、弹性力、覆盖力、敏捷力和智能力。因此，根据12项作战能力的分解，逐一研究每一项作战能力的关键特性和易损特性，并对所有的关键且易损特性进行归纳和分类，从而得到通用的关键且易损能力特性，对于从通用作战能力的共性关键且易损能力特性出发，分析和挖掘失能定制毁伤技术的途径，具有重要的意义。

第一节 生命力特性

生命力是单元（人员）类目标所具有的一项重要作战能力，杀伤重要人员目标的生命力对获取战争的胜利具有重要作用和意义。在未来战争中，大量机器人会涌向战场。由于机器人更多的是呈现具有人工智能的装备形态，我们将对机器人的失能定制毁伤，归结为失智能力。分析和研究生命力的组成要素、关键能力特性和易损能力特性，对于有效打击和毁伤敌方的生命力，对于生命力的失能毁伤技术发展和作战运用意义重大。

一、生命力模型

1. 生命力分类

人员类目标的生命力主要表现在人的感知能力、认知能力、行为能力和意志力上。在战场上，作战人员如果丧失了感知能力、认知能力、行为能力和意志力中的任何一种能力，就意味着其丧失了战斗力，战斗力就意味着战士的生命,失去战斗力就等同失去生命力。因此,人员类目标的生命力主要由感知力、认知力、行为力和意志力组成。

2. 感知力模型

感知力是作战人员通过眼、耳、鼻、舌、身、意等感知器官所产生的视觉、听觉、味觉、触觉、意觉的感知能力,以及通过单兵携带的信息装备对战场的感知能力。其中,最重要的感知力是视觉、听觉和信息化感知能力。信息化感知能力是感知力的核心和大脑。感知力的目标模型如图 5.1.1 所示。

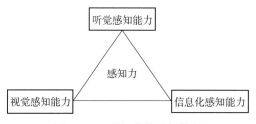

图 5.1.1 感知力的目标模型

3. 认知力模型

认知力是作战人员通过大脑活动对感知和接收到的战场态势信息进行分析,形成对真实战场态势正确认知的能力。认知力是作战人员独有的能力,是作战人员进行分析判断、指挥决策、执行作战任务的重要前提条件。认知力主要由脑认知和脑机接口认知组成。其中,脑认知是认知力的核心和前提条件。认知力的目标模型如图 5.1.2 所示。

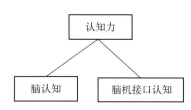

图 5.1.2 认知力的目标模型

4. 行为力模型

行为力是作战人员执行作战任务的实践能力,具体体现在机动力、火力、防护力和保障力四个方面。其中,机动力主要是指作战人员自身的运动能力,火力主要是指作战人员自身或利用兵器对目标进行杀伤的能力,防护力主要体现在作战人员的主被动防护能力,保障力主要是指作战人员通过携行装备设施自我保障的能力。这些能力主要由人员的中枢神经通过控制四肢来实现,因此,行为力主要包括神经中枢控制能力、四肢动作能力等。目前,单兵的外骨骼系统正在全力发展，并逐步配置到作战部队，外骨骼系统也是行为力的重要组成部分。我们将外骨骼系统的行为力统一归为四肢动作能力。其中，神经中枢控制能力是行为力的核心。行为力的目标模型如图 5.1.3 所示。

图 5.1.3　行为力的目标模型

5. 意志力模型

意志是指作战人员自觉地履行作战使命，并根据使命调节支配自身的行动，克服困难，去达成作战目的的心理过程。意志力是指作战人员为达到作战目的而英勇战斗的程度或坚强的意志质量。作战人员的意志力不是与生俱来的，而是在战争实践活动中逐渐培养锻炼出来的。作战人员的意志力主要由觉悟力、血性力、韧性力、纪律力等所决定。意志力的目标模型如图 5.1.4 所示。

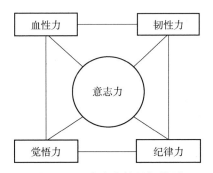

图 5.1.4　意志力的目标模型

二、感知力关键特性和易损特性

1. 感知力关键特性

感知力主要由视觉感知能力、听觉感知能力、信息化感知能力组成。

视觉感知力的主要特性包括静态视力特性、动态视力特性和夜间视力特性等。静态视力特性主要由人和观察对象都处于静止状态下检测的视力特性所决定；动态视力特性是指眼睛在观察移动目标时，捕获影像、分解、感知移动目标影像的能力特性；夜间视力特性是在夜间状态下的静态视力和动视力特性。由于作战目标既有静态目标又有动态目标，既有昼间目标又有夜间目标，因此静态视力特性、动态视力特性和夜间视力特性都是视觉感知能力的关键特性，而这些特性都是由视网膜提供的，因此，视网膜特性是视觉感知能力的关键特性。

听觉感知力的主要特性包括外耳特性、中耳特性和内耳特性等。外耳特性主要由声收集特性、声传导特性所决定；中耳特性主要由声传导特性、骨传导特性所决定；内耳特性主要由对声音的音质、音色、音强的感知特性所决定。由于听觉器官核心是内耳，因此，内耳特性是听觉感知能力的关键特性。

信息化感知力的主要特性包括信息化视觉特性和信息化听觉特性，也就是电子眼和电子耳，它会极大地拓展人的视力和听力的范围，提高敏锐度。电子眼和电子耳的感知能力特性主要由电子传感器和网络链路决定。因此，电子传感器特性和网络链路特性是信息化感知能力的关键特性。

综上，感知力的关键特性主要包括视网膜特性、内耳特性、电子传感器特性和网络链路特性。

2. 感知力关键且易损特性

在战争中对视网膜的毁伤主要是使视网膜脱落或受伤。因此，视网膜结构特性是视网膜的关键且易损特性。

在战争中对内耳的毁伤主要是外伤引起的听力损失。因此，内耳结构特性是内耳特性的关键且易损特性。

在战争中对电子眼、电子耳的毁伤主要是对电子传感器和网络链路的破坏，其中对电子传感器的破坏主要包括结构破坏和电磁压制干扰破坏，这是电子眼和电子耳的核心关键。因此，感知力的电子传感器结构特性和抗干扰特性是感知力中信息力特性的关键且易损特性。

综上，感知力的关键且易损特性主要包括**视网膜结构特性、内耳结构特性、电子传感器结构特性、抗干扰特性**，共4个关键且易损特性。

三、认知力关键特性和易损特性

1. 认知力关键特性

人的认知力主要由脑认知能力和脑机接口认知能力组成。

脑认知能力的主要特性包括观察力特性、记忆力特性、想象力特性、注意力特性等，都是由脑器官特性、视听器官特性决定的。脑器官特性主要由脑器官的功能特性决定，而功能特性都是由脑器官结构特性决定的。其中，脑器官特性是脑认知能力的关键特性。

脑机接口的本质是将人的认知与机的认知直接交联。因此，脑机接口认知能力的主要特性包括人的脑认知特性和计算机的认知特性。计算机认知特性主要由算数特性、算力特性、算法特性所决定。其中，脑认知特性、计算机认知特性是脑机接口认知能力的关键特性。

综上，人的认知力的关键特性主要是脑器官特性、计算机认知特性。

2. 认知力关键且易损特性

战争中对脑认知能力的毁伤主要是造成人的脑结构性损伤。因此，脑结构特性是脑认知特性的关键且易损特性。

战争中对计算机认知特性的毁伤主要是通过数据造假破坏算数，通过软硬毁伤破坏算力。因此，算数特性、算力特性是计算机认知特性的关键且易损特性。

综上，人的认知力的关键且易损特性主要是**脑结构特性、算数特性、算力特性**，共3个关键且易损特征。

四、行为力关键特性和易损特性

1. 行为力关键特性

行为力主要由神经中枢的控制能力、四肢的动作能力组成。

神经中枢的控制能力的主要特性包括中枢神经特性、周围神经特性等。中枢神经特性主要由脑特性、脊髓特性决定；周围神经特性主要由脊神经特性、脑神经特性决定。其中，中枢神经特性是神经中枢的控制能力的关键特性。

四肢的动作能力的主要特性包括四肢骨骼特性、四肢肌肉特性等。四肢骨骼特性主要由骨骼特性、关节特性、韧带特性决定；四肢肌肉特性主要由骨骼肌的特性决定。其中，四肢骨骼特性是四肢骨骼肌肉系统的关键特性。

综上，人的行为力的关键特性主要包括中枢神经特性、四肢骨骼特性。

2. 行为力关键且易损特性

中枢神经特性中既包括脑特性又包括脊椎特性，战争中无论哪部分特性受到损伤，都会影响中枢神经的能力和特性，都会影响人的行为能力。因此，脑特性、脊椎特性是中枢神经特性的关键且易损特性。

四肢骨骼特性中既包括骨骼特性和关节特性又包括韧带特性，关节特性和韧带特性一般依附于骨骼特性。战争中无论哪一部分特性受损，都会造成四肢骨骼特性的损伤，都会影响人的行为能力。因此，骨骼特性是四肢骨骼特性的关键且易损特性。

战争中，外骨骼系统正在成为人的行为能力的重要辅助和支撑。由于外骨骼系统的操控仍依赖于人的中枢神经和四肢骨骼肌肉，只要对人自身的行为能力进行损伤，外骨骼系统的能力也将大大降低。又由于外骨骼系统主要由机电装备组成，相比人的肉身更难以毁伤。因此，外骨骼系统不是人的行为力的关键且易损特性。

综上，人的行为力的关键且易损特性包括**脑特性**、**脊椎特性**、**骨骼特性**，共 3 个关键且易损特征。

五、意志力关键特性和易损特性

1. 意志力关键特性

意志力主要由觉悟力、血性力、韧性力、纪律力组成。

觉悟力的主要特性包括作战人员政治特性、正义特性、自觉特性等。政治特性主要由信仰特性、忠诚特性、自觉特性决定。其中，政治特性是觉悟力的关键特性。

血性力的主要特性包括作战人员一不怕苦、二不怕死的战斗精神特性。精神特性主要由不怕苦的奉献特性、不怕死的献身特性决定。其中，精神特性是血性力的关键特性。

韧性力的主要特性包括作战人员在长期的、残酷的战争条件下的不屈不挠特性。不屈不挠特性主要由在困难面前不屈服特性、在敌人面前不弯曲特性决定。其中，不屈不挠特性是韧性力的关键特性。

纪律力的主要特性包括作战人员的凝聚力特性和协同力特性。凝聚力特性主要由向心特性、团结特性决定；协同力特性主要由齐心协力的组织特性、步调一致的纪律特性决定。其中，凝聚力特性、协同力特性是纪律力的关键特性。

综上，人的意志力的关键特性主要包括政治特性、精神特性、不屈不挠特性、凝聚力特性、协同力特性。

2. 意志力关键且易损特性

由于信仰特性和忠诚特性关乎人的世界观、人生观、价值观和战争观，因此信仰特性和忠诚特性是政治特性的关键且易损特性。

由于死更甚于苦，因此献身特性是精神特性的关键且易损特性。

由于敌人远大于困难，因此不弯曲特性，即顽强特性是不屈不挠特性的关键且易损特性。

由于团结力包含了向心力，因此团结特性是凝聚特性的关键且易损特性。

由于组织性是纪律性的基础和前提，因此组织特性是协同力特性的关键且易损特性。组织特性中包括了团结特性。

综上，人的意志力的关键且易损特性主要包括**政治特性**、**献身特性**、**顽强特性**、**团结特性**、**组织特性**，共 5 个关键且易损特性。

六、生命力关键且易损特性

大部分的平台类目标都是由作战人员实施操控的,大部分的作战体系也都是人在环路之中的。平台类目标和体系类目标的失生命力,等同于人员类目标的失生命力。

人的生命力的关键且易损特性包括**视网膜结构特性**、**内耳结构特性**、**电子传感器结构特性**、**抗干扰特性**、**脑结构特性**、**算数特性**、**算力特性**、**脑特性**、**脊椎特性**、**骨骼特性**、**政治特性**、**献身特性**、**顽强特性**、**团结特性**、**组织特性**,共 15 个新增的关键且易损特性。

第二节 机动力特性

任何作战目标均具有机动力,只是表现形式不同,如兵力机动力形式、火力机动力形式和信息机动力形式等。机动力是目标的核心关键能力,毁伤敌方的机动力是赢得战争的重要手段和方式。分析和研究机动力的组成要素、关键能力特性和易损能力特性,对于有效打击和毁伤敌方的机动力,对于机动力的失能毁伤技术发展和作战运用意义重大。

一、机动力模型

1. 机动力分类

针对不同目标类型和运动样式,机动力在作战中的表现形式主要有兵力机动力、平台机动力、火力机动力、协同机动力、信息机动力、体系机动力等。其中,体系机动力是上述各机动力的矢量和。协同机动力的本质是在信息机动力的支撑和保障作用下,其他机动力的合成及联合。在此,我们重点研究兵力机动力、平台机动力、火力机动力和信息机动力。

2. 机动力模型

兵力机动力模型。兵力机动力是指作战人员实施跨域机动、战略机动、战役机动和战术机动的能力,是兵力机动系统作战能力的体现。在信息化战争形态下,兵力机动系统主要由机动指控系统、机动平台系统、机动基础设施和机动保障系统组成。其中,机动指控系统是兵力机动力的核心。兵力机动力的目标模型如图 5.2.1 所示。

平台机动力模型。平台机动力是指战车、战舰、战机和军事卫星等作战平台实施跨域机动、战略机动、战役机动和战术机动的能力,是作战平台作战能

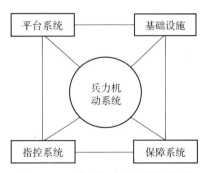

图 5.2.1　兵力机动力的目标模型

力的体现。在信息化战争形态下，单一作战平台的平台机动系统主要由平台控制系统、平台结构系统、平台动力系统和平台信息系统组成。其中，平台控制系统是平台机动力的核心。平台机动力的目标模型如图 5.2.2 所示。

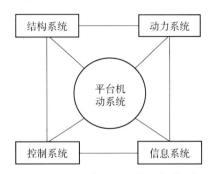

图 5.2.2　平台机动力的目标模型

　　火力机动力模型。火力机动力是指导弹火力实施发射机动、飞行机动、突防机动和命中机动的能力，是火力机动系统作战能力的体现。在信息化战争形态下，导弹的火力机动系统主要由导弹制导控制系统、导弹结构系统、导弹动力系统和导弹载荷系统等组成。其中，导弹制导控制系统是火力机动力的核心。火力机动力的目标模型如图 5.2.3 所示。

　　信息机动力模型。信息机动是信息化战争中一种新的机动样式。信息机动是为夺取、保持信息优势和抗击敌信息攻击而有组织转移信息和信息作战力量的行动，包含信息、信息系统、信息平台、信息链路等要素，具有空间广延、速度快捷、方式隐秘等特点，主要包括信息开进、信息迂回、信息包围、信息渗透、信息转移、信息退却等机动样式。在信息化战争形态下，信息力机动系统主要由信息作战系统和信息保障系统组成。其中，信息作战系统是信息机动力的核心。信息机动力的目标模型如图 5.2.4 所示。

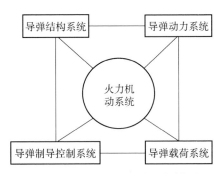

图 5.2.3 火力机动力的目标模型

图 5.2.4 信息机动力的目标模型

由此可见,无论何种机动力,机动力的本质是相同的,机动力的目标模型是相似的。

二、兵力机动力关键特性和易损特性

1. 兵力机动力关键特性

兵力机动力主要由机动指控系统、机动基础设施、机动平台系统、机动保障系统组成。

机动指控系统是兵力机动的指挥调度中心,其主要特性包括指控特性、信息特性等。指控特性主要由指控人员、指控装备的特性决定;信息特性主要由信息感知、信息处理、信息传输系统特性决定。其中,指控特性、信息特性是机动指控系统的关键特性。

机动基础设施是兵力机动所依赖的公路、铁路、港口、机场等基础工程设施,其主要特性包括航路特性、驿站特性、节点特性等。航路特性主要由公路、铁路、海空航路的特性决定;驿站特性主要由车站、港口、机场的特性决定;节点特性主要由涵洞、桥梁、编组站等机动基础设施中的关键节点的特性决定。其中,驿站特性和节点特性是机动基础设施的关键特性。

机动平台系统是兵力机动的载具和手段,其主要特性包括操控特性、动力特性、能源特性、结构特性等。操控特性主要由操控人员、操控装置的特性决定;动力特性主要由动力装置特性、传动装置特性决定;能源特性主要由储能装置特性、输能装置特性决定；结构特性主要由物理结构特性、电器结构特性决定。其中，操控特性、动力特性、能源特性是机动平台系统的关键特性。

机动保障系统是保障机动基础设施和机动平台系统恢复和保持机动能力的系统，其主要特性包括保障人员特性、保障场所特性、保障物资特性等。保障人员特性主要由保障人员的体能、技能和战能特性决定；保障场所特性主要由保障场所的功能性、安全性、便利性等特性决定；保障物资特性主要由后勤保障物资特性、装备保障物资特性决定。其中，保障物资特性是运输保障系统的关键特性。

综上，兵力机动力的关键特性主要包括指控特性、信息特性、驿站特性、节点特性、操控特性、动力特性、能源特性、保障物资特性。

2. 兵力机动力关键且易损特性

在战争中对指控特性的毁伤主要是摧毁指控设施、杀伤指控人员和损毁指控装备等。因此，人员特性和装备特性是指控特性的关键且易损特性。

在战争中对信息特性的毁伤主要是干扰和压制信息感知系统和信息传输系统，也包括对信息处理系统的摧毁和杀伤。因此，信息感知系统特性和信息传输系统特性是信息特性的关键且易损特性。

在战争中对驿站特性的毁伤主要是摧毁车站、港口、机场的关键硬件设施，切断外界与驿站的联络和支撑保障。因此，关键设施特性和联络保障特性是驿站特性的关键且易损特性。

在战争中对节点特性的毁伤主要是采取摧毁、堵塞、淹没等手段，使涵洞、桥梁、编组站等机动基础设施失效。因此，节点设施中的结构特性是节点特性的关键且易损特性。

战争中对操控特性的毁伤主要是杀伤操控人员、毁伤和接管操控装置。因此，操控装置特性是操控特性的关键且易损特性。

在战争中对动力特性的毁伤主要是摧毁动力装置和传动装置。相对来说，动力装置受到平台结构的严密防护。因此，传动装置特性是动力特性的关键且易损特性。

在战争中对能源特性的毁伤主要是使储能装置泄漏或燃烧，使输能装置中断。因此，储能装置特性是能源特性的关键且易损特性。

在战争中对保障物资特性的毁伤主要是摧毁后勤保障物资和装备保障物资的生产、运输和供给。因此，后勤保障物资特性和装备保障物资特性是保障物资特性的关键且易损特性。

综上，兵力机动力的关键且易损特性主要包括**人员特性**、**装备特性**、**信息感知系统特性**、**信息传输系统特性**、**关键设施特性**、**联络保障特性**、**设施结构**

特性、操控装置特性、传动装置特性、储能装置特性、后勤保障物资特性、装备保障物资特性，共 12 个关键且易损特性。

三、平台机动力关键特性和易损特性

1. 平台机动力关键特性

平台机动力主要由平台控制系统、平台结构系统、平台动力系统、平台信息系统组成。

平台控制系统与机动指控系统的主要特性相同，关键特性亦相同，主要包括指控特性、信息特性等。

平台结构系统的主要特性包括机械结构特性、电器结构特性等。机械结构特性主要由强度结构特性、刚度结构特性、弹性结构特性、防护结构特性、隐身结构特性决定；电器结构特性主要由电器自身结构特性、电器连接结构特性决定。其中，机械结构特性和电器结构特性均是平台结构系统的关键特性。

平台动力系统的主要特性包括动力能源特性、动力装置特性等。动力能源特性主要由能源物质特性、储能装置特性决定；动力装置特性主要由动力装置结构特性、动力装置传动特性决定。其中，动力能源特性和动力装置特性是平台动力系统的关键特性。

平台信息系统的主要特性包括信息感知特性、信息处理特性、信息利用特性和信息传输特性等。信息感知特性主要由感知传感器特性、感知预处理特性、感知保障系统特性决定；信息处理特性主要由处理数据特性、处理能力特性、处理算法特性决定；信息利用特性主要由信息需求解决特性决定；信息传输特性主要由互联特性、互通特性、互操作特性决定。其中，信息感知特性和信息传输特性是平台信息系统的关键特性。

综上，平台机动力的关键特性包括指控特性、信息特性、机械结构特性、电器结构特性、动力能源特性、动力装置特性、信息感知特性和信息传输特性。

2. 平台机动力关键且易损特性

平台控制系统与机动指控系统的关键且易损特性相同，主要包括人员特性、装备特性、信息感知系统特性、信息传输系统特性。

在战争中对机械结构特性的毁伤主要是损毁强度结构、刚度结构、弹性结构、防护结构、隐身结构，而防护结构和隐身结构是损毁的屏障和阻碍。因此，防护结构特性和隐身结构特性是机械结构特性的关键且易损特性。

在战争中对电器结构特性的毁伤主要是损毁电器自身结构和电器连接结构，通过电连接器结构引入干扰。因此，电器连接结构特性是电器结构特性的

关键且易损特性。

在战争中对动力能源特性的毁伤主要是损毁储能装置,这与兵力机动力中的储能装置特性是相同的。因此,储能装置特性是动力能源特性的关键且易损特性。

在战争中对动力装置特性的毁伤主要是摧毁动力装置结构和动力装置传动,这与兵力机动力中的传动装置特性是相同的。因此,动力装置传动特性是动力装置特性的关键且易损特性。

在战争中对信息感知特性的毁伤主要是损毁感知传感器、感知预处理和感知保障系统,干扰和压制感知传感器,切断感知保障系统的保障等。因此,感知传感器特性和感知保障系统特性是信息感知特性的关键且易损特性。

在战争中对信息传输特性的毁伤主要是通过干扰压制、网络攻防、摧毁网络通信节点等手段毁伤信息传输的互联、互通和互操作能力,网络通信是互联、互通、互操作的基础和前提。因此,网络通信特性是信息传输特性的关键且易损特性。

综上,平台机动力的关键且易损特性主要包括人员特性、装备特性、信息感知系统特性、信息传输系统特性、**防护结构特性**、**隐身结构特性**、**电器连接结构特性**、储能装置特性、动力装置传动特性、感知传感器特性、**感知保障系统特性**、**网络通信特性**。去除重复的关键且易损特性,共 6 个关键且易损特性。

四、火力机动力关键特性和易损特性

1. 火力机动力关键特性

火力机动力主要由导弹制导控制系统、导弹结构系统、导弹动力系统、导弹载荷系统组成。

导弹制导控制系统的主要特性包括引导特性、制导特性、控制特性等。引导特性主要由体系引导特性、平台引导特性、领弹引导特性、协同引导特性决定;制导特性主要由初制导特性、中制导特性、卫星制导特性、末制导特性决定;控制特性主要由弹道控制特性、稳定控制特性等特性决定。其中,制导特性、控制特性是导弹制导控制系统的关键特性。

导弹结构系统的主要特性包括机械结构特性、电器结构特性等。机械结构特性主要由强度结构特性、刚度结构特性、弹性结构特性、防护结构特性、隐身结构特性决定;电器结构特性主要由电器自身结构特性、电器连接结构特性决定。其中,机械结构特性、电器结构特性是导弹结构系统的关键特性。

导弹动力系统的主要特性包括动力能源特性、动力装置特性等。动力能源

特性主要由能源物质特性、储能装置特性决定；动力装置特性主要由动力装置结构特性、动力装置传动特性决定。其中，动力能源特性和动力装置特性是导弹动力系统的关键特性。

导弹载荷系统的主要特性包括硬杀伤载荷特性、软杀伤载荷特性、特种载荷特性等。硬杀伤载荷特性主要由引信特性、战斗部结构特性、能量物质特性决定；软杀伤载荷特性主要由辐射能产生特性、辐射能发射特性、辐射能传输特性决定；特种载荷特性主要由侦察特性、通信特性决定。其中，硬杀伤载荷特性、软杀伤载荷特性和特种载荷特性是导弹载荷系统的关键特性。

综上，火力机动力的关键特性主要包括制导特性、控制特性、机械结构特性、电器结构特性、动力能源特性、动力装置特性、硬杀伤载荷特性、软杀伤载荷特性、特种载荷特性。

2. 火力机动力关键且易损特性

在战争中对制导特性的毁伤主要是压制干扰作战平台和作战体系对导弹的中制导支持，压制和干扰卫星制导信息和末制导能力。因此，卫星制导特性和末制导特性是制导特性的关键且易损特性。

在战争中对控制特性的毁伤主要是摧毁弹道控制和稳定控制的伺服系统，干扰和压制控制的信号。因此，弹道控制特性和稳定控制特性是控制特性的关键且易损特性。

在战争中对机械结构特性的毁伤主要是损毁强度结构、刚度结构、弹性结构、防护结构、隐身结构，而防护结构和隐身结构是损毁的屏障和阻碍。因此，防护结构特性和隐身结构特性是机械结构特性的关键且易损特性。

在战争中对电器结构特性的毁伤主要是损毁电器自身结构和电器连接结构，通过电连接器结构引入干扰。因此，电器连接结构特性是电器结构特性的关键且易损特性。

在战争中对动力能源特性的毁伤主要是损毁储能装置，这与兵力机动力中的储能装置特性是相同的。因此，储能装置特性是动力能源特性的关键且易损特性。

在战争中对动力装置特性的毁伤主要是摧毁动力装置结构和动力装置传动，这与兵力机动力中的传动装置特性是相同的。因此，动力装置传动特性是动力装置特性的关键且易损特性。

在战争中对硬杀伤载荷特性的毁伤主要是干扰和压制引信的功能和能力。因此，引信特性是硬杀伤载荷特性的关键且易损特性。

在战争中对软杀伤载荷特性的毁伤主要是阻断和耗损辐射能的传输。因此，辐射能传输特性是软杀伤载荷特性的关键且易损特性。

在战争中对特种载荷特性的毁伤与毁伤平台机动力的信息感知特性和信息传输特性相同。因此感知传感器特性、感知保障系统特性和网络通信特性是特种载荷特性的关键且易损特性。

综上，火力机动力的关键且易损特性主要包括**卫星制导特性**、**末制导特性**、防护结构特性、隐身结构特性、电器连接结构特性、储能装置特性、动力装置传动特性、**弹道控制特性**、**稳定控制特性**、**引信特性**、**辐射能传输特性**、感知传感器特性、感知保障系统特性、网络通信特性。去除重复的关键且易损特性，共 6 个关键且易损特性。

五、信息机动力关键特性和易损特性

1. 信息机动力关键特性

信息机动力主要由信息作战系统、信息保障系统组成。

信息作战系统的主要特性包括电子战特性、网络战特性等。电子战特性主要由进入电磁特性、利用电磁特性、控制电磁特性决定；网络战特性主要由进入网络特性、利用网络特性、控制网络特性决定。其中，电子战特性和网络战特性是信息作战系统特性的关键特性。

信息保障系统的主要特性包括作战保障特性、后勤保障特性、装备保障特性等。作战保障特性主要由侦察情报保障特性、通信机要保障特性、气象水文保障特性决定；后勤保障特性主要由军需物资保障特性、卫勤工程保障特性、交通运输保障特性决定。其中，作战保障特性是信息保障系统的关键特性。

综上，信息机动力的关键特性主要包括电子战特性、网络战特性、作战保障特性、后勤保障特性，共四个关键特性。

2. 信息机动力关键且易损特性

在战争中对电子战特性的毁伤主要是使用辐射能、定向能和声能等方式控制电磁频谱，削弱破坏敌方的电子信息装备、系统的作战效能。因此，控制电磁特性是电子战特性的关键且易损特性。

在战争中对网络战特性的毁伤主要是在信息网络空间使用信息能毁伤敌方网络系统和网络信息。因此，控制网络特性是网络战特性的关键且易损特性。

在战争中对作战保障特性的毁伤主要是通过制造假情报毁伤侦察情报，通过干扰压制信息传输毁伤通信机要。因此，侦察情报保障特性和通信机要保障特性是作战保障特性的关键且易损特性。

综上，信息机动力的关键且易损特性主要包括**控制电磁特性**、**控制网络特性**、**侦察情报保障特性**、**通信机要保障特性**，共 4 个关键且易损特性。

六、机动力关键且易损特性

机动力的关键且易损特性包括**人员特性**、**装备特性**、**信息感知系统特性**、**信息传输系统特性**、**关键设施特性**、**联络保障特性**、**设施结构特性**、**操控装置特性**、**传动装置特性**、**储能装置特性**、**后勤保障物资特性**、**装备保障物资特性**、人员特性、装备特性、信息感知系统特性、信息传输系统特性、**防护结构特性**、**隐身结构特性**、**电器连接结构特性**、储能装置特性、动力装置传动特性、**感知传感器特性**、**感知保障系统特性**、**网络通信特性**、**卫星制导特性**、**末制导特性**、防护结构特性、隐身结构特性、电器连接结构特性、储能装置特性、动力装置传动特性、**弹道控制特性**、**稳定控制特性**、**引信特性**、**辐射能传输特性**、感知传感器特性、感知保障系统特性、网络通信特性、**控制电磁特性**、**控制网络特性**、**侦察情报保障特性**、**通信机要保障特性**。去除重复的关键且易损特性,共 28 个新增的关键且易损特性。

第三节 火力特性

火力是弹药经发射、投掷或引爆后所产生的杀伤力和破坏力,是武器作战效能的直接表现和歼灭敌人的主要手段,火力也用来表征对目标毁伤的核心战斗力。分析和研究火力的组成要素、关键能力特性和易损能力特性,对于有效打击和毁伤敌方的火力,对于火力的失能毁伤技术发展和作战运用意义重大。

一、火力模型

1. 火力分类

针对火力能力的不同属性,目标的火力可以分为火力密度、火力覆盖范围和火力闭环时间三个方面。火力密度是指目标火力一次发射的规模以及持续发射的能力。火力覆盖范围是指目标火力 OODA 覆盖范围的交集。火力闭环时间是指从发现目标到命中目标的 OODA 闭环时间。下面针对这三个火力方面,开展相应的目标模型构建研究。

2. 火力模型

火力密度模型。火力密度是指一定的时间内,武器数量一定的情况下,所发射出的弹药的数量的多少,是火力毁伤威力的体现。在信息化战争形态下,火力密度主要由一次火力密度、波次火力密度、总弹药量组成。其中,总弹药量是火力密度的核心。火力密度的目标模型如图 5.3.1 所示。

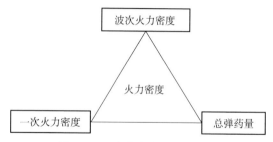

图 5.3.1　火力密度的目标模型

火力覆盖模型。火力覆盖是指火力 OODA 中最小的作用距离和覆盖范围。在信息化战争形态下，火力覆盖主要由火力覆盖高度、火力覆盖宽度和火力覆盖距离组成。其中，火力覆盖距离是火力覆盖的核心。火力覆盖的目标模型如图 5.3.2 所示。

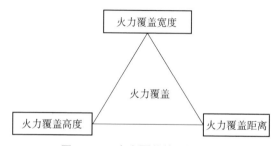

图 5.3.2　火力覆盖的目标模型

火力闭环模型。火力闭环是完成"发现—调整—决策—行动—评估"火力打击链所需的时间，是毁伤效能的体现。在信息化战争形态下，火力闭环主要由发现时间、调整时间、决策时间、行动时间、评估时间组成。其中，决策时间是火力闭环的核心。火力闭环的目标模型如图 5.3.3 所示。

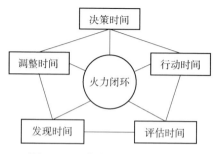

图 5.3.3　火力闭环的目标模型

二、火力密度关键特性和易损特性

1. 火力密度关键特性

火力密度主要由一次火力密度、波次火力密度、总弹药量组成。

一次火力密度是指一个作战单元一次可以发射的火力数量。一次火力密度的主要特性包括发射装置特性、引导装置特性等。发射装置特性主要由一个作战单元内发射装置的数量等的特性决定；引导装置特性主要由一个作战单元内的引导控制装备可以一次引导的火力数量特性决定。其中，引导装置特性是一次火力密度的关键特性。

波次火力密度是指一个作战单元可以连续发射的火力波次数量。波次火力密度的主要特性包括波次转换特性、单元携弹量特性等。波次转换特性主要由两次发射之间的转换准备特性决定；单元携弹量特性主要由携带的火力数量特性决定，一个单元的火力数量与其发射装置数量相同，火力数量特性即发射装置特性。其中，波次转换特性和发射装置特性是波次火力密度的关键特性。

总弹药量是指一个作战单元能够得到持续供应的弹药总量。总弹药量的主要特性包括弹药持续供应的保障特性。弹药持续供应的保障特性主要由保障体系的特性决定。其中，保障特性是总弹药量的关键特性。

综上，火力密度的关键特性主要包括引导装置特性、波次转换特性、发射装置特性和保障特性。

2. 火力密度关键且易损特性

战争中对引导装置特性的毁伤主要是摧毁引导控制装备及其平台，干扰和压制引导控制装备的跟踪和引导能力特性。因此，跟踪能力特性和引导能力特性是引导装置特性的关键且易损特性。

战争中对波次转换特性的毁伤主要是摧毁导弹装填装备，杀伤导弹装填人员，破坏导弹装填阵地，阻挠导弹装填流程。因此，装填人员特性和装填装备特性是波次转换特性的关键且易损特性。

战争中对发射装置特性的毁伤主要是摧毁发射装置及其平台，干扰和阻挠发射流程，迟滞和破坏发射的条件。因此，发射流程特性和发射条件特性是发射装置特性的关键且易损特性。

战争中对保障特性的毁伤主要是遮断后方导弹向前方的输送和供应，摧毁输送平台，破坏输送基础设施，阻断输送指挥控制。这与兵力机动力的关键且易损特性相同，主要包括人员特性、装备特性、信息感知系统特性、信息传输系统特性、关键设施特性、联络保障特性、设施结构特性、操控装置特性、传动装置特性、储能装置特性、后勤保障物资特性、装备保障物资特性。

综上，火力密度的关键且易损特性主要包括**跟踪能力特性**、**引导能力特性**、**装填人员特性**、**装填装备特性**、**发射流程特性**、**发射条件特性**、人员特性、装备特性、信息感知系统特性、信息传输系统特性、关键设施特性、联络保障特性、设施结构特性、操控装置特性、传动装置特性、储能装置特性、后勤保障物资特性、装备保障物资特性。去除重复的关键且易损特性，共 6 个关键且易损特性。

三、火力覆盖关键特性和易损特性

1. 火力覆盖关键特性

火力覆盖主要由火力覆盖高度、火力覆盖宽度、火力覆盖距离组成。

火力覆盖高度、宽度和距离的主要特性包括火力装备特性、引导控制装备特性等。火力装备特性主要由火力装备、发射平台的特性决定；引导控制装备特性主要由引导控制、目标指示的特性决定。其中，火力装备特性、引导控制装备特性是火力覆盖的关键特性。

2. 火力覆盖关键且易损特性

在战争中对火力装备特性的毁伤主要是摧毁发射平台，拦截火力装备，干扰和压制火力的感知能力。因此，火力抗拦截特性和火力抗干扰特性是火力装备特性的关键且易损特性。

在战争中对引导控制装备特性的毁伤主要是干扰压制引导控制和目标指示系统，阻断削弱引导和指示信息的传输和利用。因此，引导控制特性和目标指示特性是引导控制装备特性的关键且易损特性。

综上，火力覆盖的关键且易损特性主要包括**火力抗拦截特性**、**火力抗干扰特性**、**引导控制特性**、**目标指示特性**，共 4 个关键且易损特性。

四、火力闭环关键特性和易损特性

1. 火力闭环关键特性

火力闭环主要由发现时间、调整时间、决策时间、行动时间、评估时间组成。

发现时间的主要特性包括火力侦察的信息感知时间特性、信息处理时间特性、信息利用时间特性、信息传输时间特性等。这与平台信息系统的能力特性和关键特性是相关联的，信息系统的能力受到削弱和降低，往往意味着信息系统的时间特性同步受到削弱和降低。因此，发现时间的主要特性与平台机动力的平台信息系统的主要特性相同，关键特性亦相同，主要包括信息感知特性、信息传输特性。

调整时间的主要特性包括兵力调整时间特性、火力调整时间特性、体系调整时间特性等。兵力调整时间特性主要由兵力机动力特性决定；火力调整时间特性主要由火力机动力特性决定；体系调整时间特性主要由体系机动力特性决定。这与机动力特性是相关联的，机动力的特性受到削弱和降低，往往意味着调整时间的特性同步受到削弱和降低。因此，调整时间的主要特性与机动力的主要特性相同，关键特性亦相同，主要包括指控特性、信息特性、驿站特性、节点特性、操控特性、动力特性、能源特性、保障物资特性、机械结构特性、电器结构特性、动力能源特性、动力装置特性、信息感知特性、信息传输特性、制导特性、控制特性、硬杀伤载荷特性、软杀伤载荷特性、特种载荷特性、电子战特性、网络战特性、作战保障特性、后勤保障特性。

决策时间的主要特性包括指挥员认知特性、计算机智能特性等。指挥员认知特性与人的认知力特性中脑认知能力是相关联的，计算机智能特性与人的认知力中脑机接口认知力是相关联的，人的认知力特性受到削弱和降低，往往意味着决策时间的特性同步受到削弱和降低。因此，决策时间的主要特性与人的认知力的主要特性相同，关键特性亦相同，主要包括脑器官特性、计算机认知特性。

行动时间的关键特性与调整时间的关键特性相同。

评估时间的关键特性与决策时间的关键特性相同。

综上，火力闭环的关键特性主要包括指控特性、信息特性、驿站特性、节点特性、操控特性、动力特性、能源特性、保障物资特性、机械结构特性、电器结构特性、动力能源特性、动力装置特性、信息感知特性、信息传输特性、制导特性、控制特性、硬杀伤载荷特性、软杀伤载荷特性、特种载荷特性、电子战特性、网络战特性、作战保障特性、后勤保障特性、脑器官特性、计算机认知特性。

2. 火力闭环关键且易损特性

发现时间的关键且易损特性与平台机动力的平台信息系统的关键且易损特性相同，主要包括感知传感器特性、感知保障系统特性、网络通信特性。

调整时间、行动时间的关键且易损特性与机动力的关键且易损特性相同，主要包括人员特性、装备特性、信息感知系统特性、信息传输系统特性、关键设施特性、联络保障特性、设施结构特性、操控装置特性、传动装置特性、储能装置特性、后勤保障物资特性、装备保障物资特性、防护结构特性、隐身结构特性、电器连接结构特性、储能装置特性、动力装置传动特性、感知传感器特性、感知保障系统特性、网络通信特性、卫星制导特性、末制导特性、弹道控制特性、稳定控制特性、引信特性、辐射能传输特性、控制电磁特性、控制网络特性、侦察情报保障特性、通信机要保障特性。

决策时间、评估时间的关键且易损特性与人的认知力的关键且易损特性相同，主要包括脑结构特性、算数特性、算力特性。

综上，火力闭环的关键且易损特性主要包括感知传感器特性、感知保障系统特性、网络通信特性、人员特性、装备特性、信息感知系统特性、信息传输系统特性、关键设施特性、联络保障特性、设施结构特性、操控装置特性、传动装置特性、储能装置特性、后勤保障物资特性、装备保障物资特性、防护结构特性、隐身结构特性、电器连接结构特性、储能装置特性、动力装置传动特性、卫星制导特性、末制导特性、弹道控制特性、稳定控制特性、引信特性、辐射能传输特性、控制电磁特性、控制网络特性、侦察情报保障特性、通信机要保障特性、脑结构特性、算数特性、算力特性，没有新增的关键且易损特性。

五、火力关键且易损特性

火力的关键且易损特性包括**跟踪能力特性、引导能力特性、装填人员特性、装填装备特性、发射流程特性、发射条件特性**、人员特性、装备特性、信息感知系统特性、信息传输系统特性、关键设施特性、联络保障特性、设施结构特性、操控装置特性、传动装置特性、储能装置特性、后勤保障物资特性、装备保障物资特性、**火力抗拦截特性、火力抗干扰特性、引导控制特性、目标指示特性**、感知传感器特性、感知保障系统特性、网络通信特性、人员特性、装备特性、信息感知系统特性、信息传输系统特性、关键设施特性、联络保障特性、设施结构特性、操控装置特性、传动装置特性、储能装置特性、后勤保障物资特性、装备保障物资特性、防护结构特性、隐身结构特性、电器连接结构特性、储能装置特性、动力装置传动特性、卫星制导特性、末制导特性、弹道控制特性、稳定控制特性、引信特性、辐射能传输特性、控制电磁特性、控制网络特性、侦察情报保障特性、通信机要保障特性、脑结构特性、算数特性、算力特性。去除重复的关键且易损特性，共 10 个新增的关键且易损特性。

第四节　信息力特性

信息力是信息化战争形态下信息作战体系 C4KISR 的体系作战能力，以及信息化武器装备的信息作战能力。信息力是战斗力的倍增器，制信息权是制陆权、制海权、制空权、制天权的前提和基础。在未来战争中谁拥有了信息优势，谁就拥有了战争的主动权。分析和研究信息力的组成要素、关键能力特性和易损能力特性，对于有效打击和毁伤敌方的信息力，对于信息力的失能毁伤技术发展和作战运用意义重大。

一、信息力模型

1. 信息力分类

信息力有两种分类方法：一种是按信息作战体系的功能划分，可分为指挥、控制、计算、通信、网络、侦察、监视和杀伤等能力；另一种是按照信息流来划分，可分为信息感知力、信息处理力、信息利用力、信息传输力。对第一种功能能力进一步分解，都可以转化为第二种能力划分。

2. 信息力模型

信息感知力模型。信息感知力是对战场空间内的战场环境、战场态势、作战目标等信息的实时获取能力。在信息化战争形态下，信息感知力体系主要由感知单元系统、感知平台系统、感知网络系统组成。感知单元系统是指具有一种和多种传感器独立感知单元，如雷达系统、侦察卫星等。感知平台系统是指装载感知单元的作战平台，如预警机、侦察船等。感知网络系统是指将各种感知单元系统和感知平台系统连成一体，构成信息感知体系的网络系统。其中，感知单元系统和感知网络系统是信息感知力的核心和基础。信息感知力的目标模型如图5.4.1所示。

图 5.4.1 信息感知力的目标模型

信息处理力模型。信息处理力是指利用计算机技术，对信息进行综合、转换、整理加工、存储和表示的能力，是对多元感知信息的融合处理能力。在信息化战争形态下，信息处理力系统主要由算数系统、算力系统、算法系统组成。其中，算力系统是信息处理力的核心和大脑。信息处理力的目标模型如

图 5.4.2 所示。

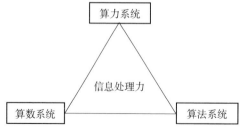

图 5.4.2　信息处理力的目标模型

信息利用力模型。信息利用力是指对信息合理的分离、处理和按需提供信息服务的能力。在信息化战争形态下，信息利用力系统主要由信息分离、分类处理、定制服务组成。其中，定制服务是信息利用力的核心和大脑。信息利用力的目标模型如图 5.4.3 所示。

图 5.4.3　信息利用力的目标模型

信息传输力模型。信息传输力是指信息作战体系的互联、互通、互操作能力。在信息化战争形态下，信息传输力系统主要由信息互联、信息互通、信息互操作组成。其中，信息互联和信息互通是信息传输力的核心和基础。信息传输力的目标模型如图 5.4.4 所示。

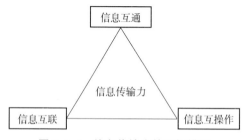

图 5.4.4　信息传输力的目标模型

二、信息感知力关键特性和易损特性

1. 信息感知力关键特性

信息感知力主要由感知单元系统、感知平台系统、感知网络系统组成。

感知单元系统的主要特性是感知传感器特性。感知传感器特性主要由传感器物理特性、传感器电子特性、传感器介质特性所决定。其中，感知传感器特性是感知单元系统的关键特性。

感知平台系统的主要特性包括平台特性、传感器特性等。平台是装载传感器的工具，平台特性不是感知平台系统的关键特性。传感器特性同感知单元系统的特性，感知传感器特性是感知平台系统的关键特性。

感知网络系统的主要特性包括互联特性、互通特性、互操作特性等。互联特性主要由连通特性、裕度特性决定；互通特性主要由互通的容量特性、互通的质量特性决定；互操作特性主要由信息的共享特性、信息的协同特性决定。其中，互联特性和互通特性是感知网络系统的关键特性。

综上，信息感知力的关键特性主要包括感知传感器特性、互联特性、互通特性。

2. 信息感知力关键且易损特性

在战争中对感知传感器特性的毁伤主要是摧毁传感器的感知特性，干扰传感器的电子特性，改变传感器的介质特性。因此，传感器的感知特性和传感器的电子特性是感知传感器特性的关键且易损特性。

在战争中对互联特性的毁伤主要是阻断连通特性，摧毁裕度节点。因此，连通特性是互联特性的关键且易损特性。

在战争中对互通特性的毁伤主要是采取干扰、压制和遮断的方式，造成互通的质量和有效性降低。因此，互通的质量特性是互通特性的关键且易损特性。

综上，信息感知力的关键且易损特性主要包括**传感器的感知特性、传感器的电子特性、连通特性、互通的质量特性**，共4个关键且易损特性。

三、信息处理力关键特性和易损特性

1. 信息处理力关键特性

信息处理力主要由算数系统、算力系统、算法系统组成。

算数系统的主要特性包括数据真实性特性、数据覆盖性特性等。数据真实性特性主要由数据可信性、数据可用性所决定；数据覆盖性特性主要由数据的空间覆盖和时间覆盖特性所决定。其中，数据真实性特性是算数系统的关键特性。

算力系统的主要特性包括计算速度特性和计算容量特性。计算速度特性主要由硬件速度、软件速度的特性决定；计算容量特性主要由内存容量、外存容量的特性决定。其中，计算速度特性是算力系统的关键特性。

算法系统的主要特性包括通用算法特性和专用算法特性。通用算法特性主要由算法模型特性、算法语言特性决定；专用算法特性主要由软硬一体的专用芯片特性决定。其中，专用算法特性是算法系统的关键特性。

综上，信息处理力的关键特性主要包括数据真实性特性、计算速度特性、专用算法特性。

2. 信息处理力关键且易损特性

在战争中对数据真实特性的毁伤主要是依靠数据造假，一方面通过感知通道进入感知系统，另一方面通过网络通道进入计算系统。因此，数据造假的识别特性和数据侵入的防护特性是数据真实特性的关键且易损特性。

在战争中对计算速度特性的毁伤主要是摧毁计算机硬件系统，依靠数据饱和侵入降低计算机运算速度。因此，数据侵入的防护特性是计算速度特性的关键且易损特性，这和数据真实性特性的关键且易损特性相同。

在战争中对专用算法特性的毁伤主要是对软硬一体的专用芯片实施电磁脉冲攻击。因此，专用芯片的保护特性是专用算法特性的关键且易损特性。

综上，合并相同的关键且易损特性，信息处理力的关键且易损特性主要包括**数据造假的识别特性**、**数据侵入的防护特性**、**专用芯片的保护特性**，共3个关键且易损特性。

四、信息利用力关键特性和易损特性

1. 信息利用力关键特性

信息利用力主要由信息分类、分类处理、定制服务组成。

信息分类的主要特性包括分类的科学性、分类的系统性、分类的可延性、分类的兼容性等。分类的科学性主要由分类的原则性、合理性决定；分类的系统性主要由分类的全面性、完整性决定；分类的可延性主要由分类的时效性、覆盖性决定；分类的兼容性主要由分类的规范性、通用性决定。其中，分类的系统性是信息分离的关键特性。

分类处理的主要特性与信息处理力的主要特性相同，关键特性亦相同，主要包括数据真实性特性、计算速度特性、专用算法特性。

定制服务的主要特性包括按需分类特性、按需处理特性、按需分发特性等。按需分类的特性与信息分离能力的特性相同，关键特性亦相同，主要包括分类的系统性。按需处理的特性与信息处理能力的特性相同，关键特性亦相同，主要包括数据真实性特性、计算速度特性、专用算法特性。按需分发特性主要由云到端、端到端的分发特性决定。其中，按需分发特性是定制服务的关键特性。

综上，去除相同的关键特性，信息利用力的关键特性主要包括分类的系统性、按需分发特性。

2. 信息利用力关键且易损特性

在战争中对分类的系统性特性的毁伤主要是通过阻断和干扰信息的感知和传输，从而降低信息分类的全面性、完整性。因此，分类的全面性和完整性是分类的系统性特性的关键且易损特性。

在战争中对按需分发特性的毁伤主要是通过干扰和压制云、干扰和压制端、摧毁端的方式，削弱和降低云对端、端对端的分发能力。因此，云对端特性、端对端特性是按需分发特性的关键且易损特性。

综上，信息利用力的关键且易损特性主要包括**分类的全面性和完整性、云对端特性、端对端特性**，共 3 个关键且易损特性。

五、信息传输力关键特性和易损特性

1. 信息传输力关键特性

信息传输力主要由信息互联、信息互通、信息互操作组成。

信息互联的主要特性包括连通特性、裕度特性等。连通特性主要由联系的范围特性、联系的紧密特性决定；裕度特性主要由联系的迂回特性、联系的冗余特性决定。其中，连通特性是信息互联的关键特性。

信息互通的主要特性包括互通的容量特性、互通的质量特性等。互通的容量特性主要由信道的带宽特性决定；互通的质量特性主要由信源的质量特性、信道的质量特性决定。其中，互通的质量特性是信息互通的关键特性。

信息互操作的主要特性包括信息的共享特性、信息的协同特性。信息的共享特性主要由信息的开放性特性、信息的共用性特性决定；信息的协同特性主要由信息分工特性、信息合作特性决定。其中，信息的共享特性是信息互操作的关键特性。

综上，信息传输力的关键特性主要包括连通特性、互通的质量特性、信息的共享特性。

2. 信息传输力关键且易损特性

在战争中对连通特性的毁伤主要是干扰和压制信息要素之间的联系范围。

因此，联系的范围特性是连通特性的关键且易损特性。

在战争中对互通的质量特性的毁伤主要是干扰和压制信道的质量特性。因此，信道的质量特性是互通的质量特性的关键且易损特性。

在战争中对信息的共享特性的毁伤主要是阻挠信息的开放性。因此，信息的开放性特性是信息的共享特性的关键且易损特性。

综上，信息传输力的关键且易损特性主要包括**联系的范围特性、信道的质量特性、信息的开放性特性**，共3个关键且易损特性。

六、信息力关键且易损特性

信息力的关键且易损特性包括**传感器的感知特性、传感器的电子特性、连通特性、互通的质量特性、数据造假的识别特性、数据侵入的防护特性、专用芯片的保护特性、分类的全面性和完整性、云对端特性、端对端特性、联系的范围特性、信道的质量特性、信息的开放性特性**，共13个新增的关键且易损特性。

第五节　防护力特性

战争的目的是消灭敌人、保存自己。有效地保存自己离不开作战力量的防护力。战争就是进攻与防御的博弈对抗。进攻的能力道高一尺，防御的能力就会魔高一丈，反之亦然。在战争中，有效毁伤敌方作战力量的防护力是夺取战争和作战胜利的重要保证。分析和研究防护力的组成要素、关键能力特性和易损能力特性，对于有效打击和毁伤敌方的防护力，对于防护力的失能毁伤技术发展和作战运用意义重大。

一、防护力模型

1. 目标防护力分类

防护力主要是作战人员、作战单元和作战平台抵御敌杀伤、破坏和恶劣环境条件侵害的能力，主要包括主动防护能力、被动防护能力、环境防抗能力。主动防护能力是指采取拦截、欺骗、干扰等主动手段实施防护的能力。被动防护能力是指采取装甲、隐蔽、机动等被动手段实施防护的能力。环境防抗能力是指采取抗恶劣环境的技术和战术措施实施防护的能力。

2. 防护力模型

主动防护力模型。主动防护包括作战人员的主动防护、作战单元的主动防护和作战平台的主动防护。作战人员的主动防护包括打击进攻的敌人、欺骗和干扰来袭的武器；作战单元的主动防护一般由专门的防空反导系统承担，主要包括拦截防护、欺骗防护和干扰防护；作战平台的主动防护主要有其装载的防空反导系统担负，主要包括拦截防护、欺骗防护和干扰防护。因此，主动防护主要包括拦截防护、欺骗防护和干扰防护，其中，拦截防护模式是主动防护力的核心。主动防护力的目标模型如图 5.5.1 所示。

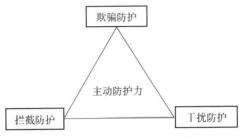

图 5.5.1　主动防护力的目标模型

被动防护力模型。被动防护包括作战人员的被动防护、作战单元的被动防护和作战平台的被动防护。作战人员的被动防护包括防护装备防护、隐蔽防护和机动防护；作战单元的被动防护主要包括专门的防抗防护、隐蔽防护和机动防护；作战平台的被动防护主要有防抗防护、隐蔽防护和机动防护。因此，被动防护主要包括防抗防护、隐蔽防护和机动防护，其中，防抗防护是主动防护力的核心。被动防护力的目标模型如图 5.5.2 所示。

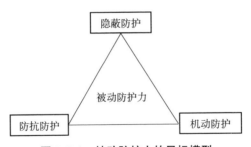

图 5.5.2　被动防护力的目标模型

环境防抗力模型。作战人员、作战单元和作战平台在战争中始终处于自然环境、社会环境和对抗环境之中，极端的环境会对作战人员、作战单元和作战平台的战斗力产生严重的影响。提高作战人员、作战单元和作战平台在极端环境之下的防抗能力，是有效保存自己的又一重要因素。因此，环境防抗力主要包括自然环境防抗能力、社会环境防抗能力和对抗环境防抗能力。其中，自然环境防抗能力和对抗环境防抗能力是环境防抗力的核心。环境防抗力的目标模型如图 5.5.3 所示。

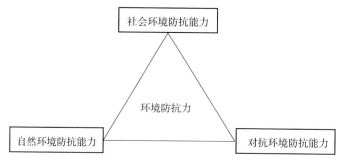

图 5.5.3　环境防抗力的目标模型

二、主动防护力关键特性和易损特性

1. 主动防护力关键特性

主动防护力主要由拦截防护力、欺骗防护力、干扰防护力等组成。

拦截防护力主要是使用火力拦截来袭的目标，因此其主要特性与火力的主要特性相同，关键特性亦相同，主要包括引导装置特性、波次转换特性、发射装置特性、保障特性、火力装备特性、引导控制装备特性。

欺骗防护力的主要特性包括目标欺骗特性、情报欺骗特性、数据欺骗特性等。目标欺骗特性主要由示假目标特性、伪装目标特性决定；情报欺骗特性主要由以假乱真情报特性、以真示假情报特性决定；数据欺骗特性主要由数据造假特性决定，这与信息处理力的数据真实特性相同。其中，目标欺骗特性、情报欺骗特性和数据欺骗特性都是欺骗防护的关键特性。

干扰防护力的主要特性包括发现能力压制特性、打击能力压制特性等。发现能力压制特性主要由对侦察人员压制特性、对侦察单元压制特性、对侦察平台压制特性决定；打击能力压制特性主要由对导弹制导的压制特性、对导弹链路的压制特性决定，导弹制导的压制特性和导弹链路的压制特性与火力机动力的制导特性相同。其中，发现能力压制特性和打击能力压制特性都是干扰防护力的关键特性。

综上，主动防护的关键特性主要包括引导装置特性、波次转换特性、发射装置特性、保障特性、火力装备特性、引导控制装备特性、目标欺骗特性、情报欺骗特性、数据欺骗特性、发现能力压制特性、打击能力压制特性。

2. 主动防护力关键且易损特性

主动防护力的引导装置特性、波次转换特性、发射装置特性、保障特性、火力装备特性、引导控制装备特性的关键且易损特性与火力的关键且易损特性相同，主要包括跟踪能力特性、引导能力特性、装填人员特性、装填装备特性、发射流程特性、发射条件特性、火力抗拦截特性、火力抗干扰特性、引导控制特性、目标指示特性。

在战争中对目标欺骗特性的毁伤主要是识别示假目标和伪装目标特性，必要时摧毁示假目标和伪装目标特性。因此，示假目标特性、伪装目标特性是目标欺骗特性的关键且易损特性。

在战争中对情报欺骗特性的毁伤主要是识别和利用以假乱真情报特性和以真示假情报特性。因此，以假乱真情报特性、以真示假情报特性是情报欺骗特性的关键且易损特性。

在战争中对数据欺骗特性与信息处理力的数据真实特性相同，数据欺骗特性的关键且易损特性主要包括数据造假的识别特性、数据侵入的防护特性。

在战争中对发现能力压制特性的毁伤主要是杀伤侦察人员和侦察装备，摧毁和压制侦察单元和侦察平台。由于侦察平台兼具侦察人员、侦察单元的综合能力，因此，对侦察平台压制特性是发现能力压制特性的关键且易损特性。

对打击能力压制特性的毁伤等同于对火力机动力制导特性的毁伤，其关键且易损特性主要包括卫星制导特性、末制导特性。

综上，主动防护力的关键且易损特性主要包括跟踪能力特性、引导能力特性、装填人员特性、装填装备特性、发射流程特性、发射条件特性、火力抗拦截特性、火力抗干扰特性、引导控制特性、目标指示特性、**示假目标特性**、**伪装目标特性**、**以假乱真情报特性**、**以真示假情报特性**、数据造假的识别特性、数据侵入的防护特性、**对侦察平台压制特性**、卫星制导特性、末制导特性。去除重复的关键且易损特性，共5个关键且易损特性。

三、被动防护力关键特性和易损特性

1. 被动防护力关键特性

被动防护力主要由防抗防护、隐蔽防护、机动防护组成。

防抗防护的主要特性包括人员、单元和平台的外防抗防护特性、内防抗防护特性等。外防抗防护特性主要由防护装甲特性、防抗装甲特性决定；内防抗防护特性主要由结构损管特性、结构冗余特性决定。其中，外防抗防护特性是

防抗防护的关键特性。

隐蔽防护的主要特性包括人员、单元和平台的隐藏特性、隐身特性等。隐藏特性主要由地形隐藏特性、伪装隐藏特性、行动隐藏特性决定；隐身特性主要由技术隐身特性、战术隐身特性决定。其中，隐身特性是隐蔽防护的关键特性。

机动防护的主要特性与平台机动力的主要特性相同，其关键特性亦相同，主要包括指控特性、信息特性、机械结构特性、电器结构特性、动力能源特性、动力装置特性、信息感知特性和信息传输特性。

综上，被动防护的关键特性主要包括外防抗防护特性、隐身特性、指控特性、信息特性、机械结构特性、电器结构特性、动力能源特性、动力装置特性、信息感知特性、信息传输特性。

2. 被动防护力关键且易损特性

被动防护力的指控特性、信息特性、机械结构特性、电器结构特性、动力能源特性、动力装置特性、信息感知特性、信息传输特性与平台机动力的关键且易损特性相同，主要包括防护结构特性、隐身结构特性、电器连接结构特性、储能装置特性、动力装置传动特性、感知传感器特性、感知保障系统特性、网络通信特性。

在战争中对外防抗防护特性的毁伤主要是采取压制防护的发现能力、诱导防护装甲反应、摧毁防护装甲等措施毁伤防护装甲特性，采取破甲、穿甲和碎甲的措施毁伤防抗装甲特性。毁伤防护装甲是毁伤防抗装甲的前提和条件，因此，防护装甲特性是外防抗防护特性的关键且易损特性。

在战争中对隐身特性的毁伤主要是采取破坏目标的伪装层、隐身层、隐藏层以毁伤目标的技术隐身特性，采取高分辨识别、选择性打击的方法以毁伤目标的战术隐身特性。技术隐身是战术隐身的基础，因此，技术隐身特性是隐身特性的关键且易损特性。

综上，被动防护力的关键且易损特性主要包括防护结构特性、隐身结构特性、电器连接结构特性、储能装置特性、动力装置传动特性、感知传感器特性、感知保障系统特性、网络通信特性、**防护装甲特性、技术隐身特性**。去除重复的关键且易损特性，共 2 个关键且易损特性。

四、环境防抗力关键特性和易损特性

1. 环境防抗力关键特性

环境防抗力主要由自然环境防抗能力、社会环境防抗能力、对抗环境防抗能力组成。

自然环境防抗能力的主要特性包括陆、海、空、天等作战域的自然环境特性。陆上自然环境特性主要由地理自然环境特性、水文自然环境特性、气象自然环境特性决定；海上自然环境特性主要由海面自然环境特性、水下自然环境特性、海底自然环境特性决定；空中自然环境特性主要由云雾雨雪风光等大气环境特性决定；太空自然环境特性主要由温度环境特性、辐射环境特性决定。其中，陆、海、空、天自然环境特性是自然环境防抗能力的关键特性。

社会环境防抗能力的主要特性包括社会生活环境特性、社会电磁环境特性。社会生活环境特性主要由城市环境特性、保障环境特性决定；社会电磁环境特性主要由居民生活电磁环境特性、电视广播电磁环境特性决定。其中，社会电磁环境特性是社会环境防抗能力的关键特性。

对抗环境防抗能力的主要特性包括火力对抗环境特性、网络电磁对抗环境特性。火力对抗环境特性的主要特性与火力机动力的主要特性相同，关键特性亦相同，主要包括制导特性、控制特性、机械结构特性、电器结构特性、动力能源特性、动力装置特性、硬杀伤载荷特性、软杀伤载荷特性、特种载荷特性。网络电磁对抗环境特性的主要特性与信息机动力的主要特性相同，关键特性亦相同，主要包括电子战特性、网络战特性、作战保障特性、后勤保障特性。

综上，环境防抗力的关键特性主要包括陆、海、空、天自然环境特性、社会电磁环境特性、制导特性、控制特性、机械结构特性、电器结构特性、动力能源特性、动力装置特性、硬杀伤载荷特性、软杀伤载荷特性、特种载荷特性、电子战特性、网络战特性、作战保障特性、后勤保障特性。

2. 环境防抗力关键且易损特性

环境防抗力的制导特性、控制特性、机械结构特性、电器结构特性、动力能源特性、动力装置特性、硬杀伤载荷特性、软杀伤载荷特性、特种载荷特性的关键且易损特性与火力机动力的关键且易损特性相同，主要包括卫星制导特性、末制导特性、防护结构特性、隐身结构特性、电器连接结构特性、储能装置特性、动力装置传动特性、弹道控制特性、稳定控制特性、引信特性、辐射能传输特性、感知传感器特性、感知保障系统特性、网络通信特性。

环境防抗力的电子战特性、网络战特性、作战保障特性、后勤保障特性的关键且易损特性与信息机动力的关键且易损特性相同，主要包括控制电磁特性、控制网络特性、侦察情报保障特性、通信机要保障特性。

在战争中对陆上自然环境特性的毁伤主要是破坏和利用地理自然环境特性、水文自然环境特性、气象自然环境特性。因此，地理自然环境特性、水文自然环境特性、气象自然环境特性是陆上自然环境特性的关键且易损特性。

在战争中对海上自然环境特性的毁伤主要是破坏和利用海面自然环境特性、水下自然环境特性、海底自然环境特性。因此，海面自然环境特性、水下自然环境特性、海底自然环境特性是海上自然环境的关键且易损特性。

在战争中对空中自然环境特性的毁伤主要是破坏和利用云、雾、雨、雪、风、光等自然环境特性。因此，云雾雨雪风光等大气环境特性是空中自然环境特性的关键且易损特性。

在战争中对太空自然环境特性的毁伤主要是破坏和利用温度环境特性、辐射环境特性。因此，温度环境特性、辐射环境特性是太空自然环境特性的关键且易损特性。

在战争中对社会电磁环境特性的毁伤主要是管控居民生活电磁环境特性、电视广播电磁环境特性。因此，电视广播电磁环境特性是社会电磁环境特性的关键且易损特性。

综上，环境防抗力的关键且易损特性主要包括卫星制导特性、末制导特性、防护结构特性、隐身结构特性、电器连接结构特性、储能装置特性、动力装置传动特性、弹道控制特性、稳定控制特性、引信特性、辐射能传输特性、感知传感器特性、感知保障系统特性、网络通信特性、控制电磁特性、控制网络特性、侦察情报保障特性、通信机要保障特性、**地理自然环境特性、水文自然环境特性、气象自然环境特性、海面自然环境特性、水下自然环境特性、海底自然环境特性、云雾雨雪风光等大气环境特性、温度环境特性、辐射环境特性、电视广播电磁环境特性**。去除重复的关键且易损特性，共 10 个关键且易损特性。

五、防护力关键且易损特性

防护力的关键且易损特性包括跟踪能力特性、引导能力特性、装填人员特性、装填装备特性、发射流程特性、发射条件特性、火力抗拦截特性、火力抗干扰特性、引导控制特性、目标指示特性、**示假目标特性、伪装目标特性、以假乱真情报特性、以真示假情报特性**、数据造假的识别特性、数据侵入的防护特性、卫星制导特性、末制导特性、防护结构特性、隐身结构特性、电器连接结构特性、储能装置特性、动力装置传动特性、感知传感器特性、感知保障系统特性、网络通信特性、**防护装甲特性、技术隐身特性**、卫星制导特性、末制导特性、防护结构特性、隐身结构特性、电器连接结构特性、储能装置特性、动力装置传动特性、弹道控制特性、稳定控制特性、引信特性、辐射能传输特性、感知传感器特性、感知保障系统特性、网络通信特性、控制电磁特性、控制网络特性、侦察情报保障特性、通信机要保障特性、**地理自然环境特性、水文自然环境特性、气象自然环境特性、海面自然环境特性、水下自然环境特性、海底自然环境特性、云雾雨雪风光等大气环境特性、温度环境特性、辐射环境特性、电视广播电磁环境特性。去除重复的关键且易损特性，共 16 个新增的关键且易损特性。

第六节　保障力特性

兵马未动，粮草先行。保障力就是战斗力。保障力是决定战争胜负的重要因素，是军队战斗力的重要组成，是连接军事与经济、军事与科技的重要桥梁。在历史上的战争和重大战役中，不乏通过对敌方保障力的突袭和破袭，击退或击败敌人的经典战例。从近几场局部战争来看，保障力越来越成为影响战争胜负的重要因素，越来越成为赢得战略竞争主动的重要力量。分析和研究保障力的组成要素、关键能力特性和易损能力特性，对于有效打击和毁伤敌方的保障力，对于保障力的失能毁伤技术发展和作战运用意义重大。

一、保障力模型

1. 保障力分类

在信息化军事变革和战争形态演进下，保障力逐渐从后方走上前台，人员、装备、作战等保障行动先于作战行动展开、伴随作战全程、晚于作战任务结束，同作战行动一道成为战争制胜的关键。

保障力有多种分类方式。按保障要素，可分为后勤保障力、装备保障力、作战保障力；按保障性质，可分为平时保障、战时保障、潜力保障；按保障力量，可分为自我保障、支援保障；按保障部署，可分为前方保障、后方保障。本节重点按保障要素分类，对保障力相关特性进行剖析和研究。

2. 保障力模型

后勤保障力模型。后勤保障是运用物质力量和技术手段，对武装力量建设、作战及其他活动所实施的后勤各项专业保障，是军事后勤的中心工作。后勤保障力可分为财务保障力、物资保障力、卫勤保障力、交通运输保障力、基建营房保障力。其中，物资保障力、卫勤保障力、交通运输保障力是后勤保障力的核心。后勤保障力的目标模型如图 5.6.1 所示。

装备保障力模型。装备保障是军事装备保障的简称，是为满足部队遂行各项任务需要，对装备采取的一系列保证性措施以及进行的相应活动的统称。装备保障力是部队战斗力的重要组成部分，谁占据了装备保障优势，谁就掌握了更多制胜先机。按照装备的保障状态，可将其分为装备的储存保障力、装备的

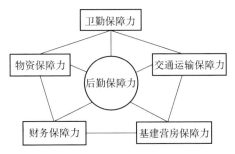

图 5.6.1　后勤保障力的目标模型

运输保障力、装备的供应保障力、装备的管理保障力和装备的维修保障力五个方面。其中，装备的维修保障是装备保障力的核心和大脑。装备保障力的目标模型如图 5.6.2 所示。

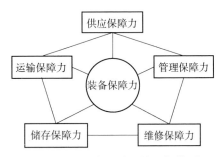

图 5.6.2　装备保障力的目标模型

作战保障力模型。作战保障是军队各级指挥机关为满足作战需要而组织实施的直接服务于作战行动的保障，包括侦察情报、警戒、通信、机要、信息防护、目标、工程、交通、伪装、核生化防护、测绘导航、气象水文、战场管制、电磁频谱管理、航海、声呐、防险救生、领航等方面的保障。其中，侦察情报、机要通信、目标保障、战场建设、气象水文是作战保障的核心和灵魂。作战保障力的目标模型如图 5.6.3 所示。

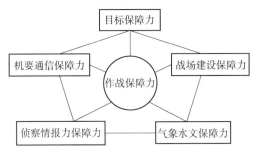

图 5.6.3　作战保障力的目标模型

二、后勤保障力关键特性和易损特性

1. 后勤保障力关键特性

后勤保障力主要由财务保障力、物资保障力、卫勤保障力、交通运输保障力、基建营房保障力组成。

财务保障力的主要特性包括经费筹措、经费划拨、经费结算等特性。这些特性都不是后勤保障力的关键特性。

物资保障力的主要特性包括被装给养、药品器材、油料物资等特性。被装给养特性主要由被装给养物资特性、被装给养前送特性所决定；药品器材特性主要由药品器材物资特性、药品器材前送特性所决定；油料物资特性主要由油料物资的物资特性、油料物资前送特性所决定。其中，被装给养特性、药品器材特性、油料物资特性是物资保障力的关键特性。

卫勤保障力的主要特性包括战场救治、卫生防疫、卫生防护等特性。战场救治特性主要由前线救治特性、后方救治特性所决定。其中，战场救治特性是卫勤保障力的关键特性。

交通保障力的主要特性包括公路交通、铁路交通、水路交通、航空交通等特性。公路交通特性主要由公路基础设施特性、公路交通工具特性决定；铁路交通特性主要由铁路基础设施特性、铁路交通工具特性决定；水路交通特性主要由水路基础设施特性、水路交通工具特性决定；航空交通特性主要由航空基础设施特性、航空交通工具特性决定。其中，公路交通特性、铁路交通特性、水路交通特性、航空交通特性是交通保障力的关键特性。

基建营房保障力的主要特性包括平时基建营房保障、战时基建营房保障等特性。这些特性都不是后勤保障力的关键特性。

综上，后勤保障力的关键特性主要包括被装给养特性、药品器材特性、油料物资特性、战场救治特性、公路交通特性、铁路交通特性、水路交通特性、航空交通特性。

2. 后勤保障力关键且易损特性

在战争中对被装给养特性的毁伤主要是烧毁被装给养物资，拒止被装给养前送。因此，被装给养前送特性是被装给养特性的关键且易损特性。

在战争中对药品器材特性的毁伤主要是烧毁药品器材物资，拒止药品器材前送。因此，药品器材前送特性是药品器材特性的关键且易损特性。

在战争中对油料物资特性的毁伤主要是烧毁油料物资，拒止油料物资前送。因此，油料物资的物资特性、油料物资前送特性是油料物资特性的关键且易损特性。

在战争中对战场救治特性的毁伤主要是毁伤前线救治人员和设施,毁伤前方后送的交通设施。因此,前线救治特性、后方救治特性是战场救治特性的关键且易损特性。

在战争中对公路交通特性的毁伤主要是毁伤公路基础设施,毁伤公路交通工具。因此,公路基础设施特性、公路交通工具特性是公路交通特性的关键且易损特性。

在战争中对铁路交通特性的毁伤主要是毁伤铁路基础设施,毁伤铁路交通工具。因此,铁路基础设施特性、铁路交通工具特性是铁路交通特性的关键且易损特性。

在战争中对水路交通特性的毁伤主要是毁伤水路基础设施,毁伤水路交通工具。因此,水路基础设施特性、水路交通工具特性是水路交通特性的关键且易损特性。

在战争中对航空交通特性的毁伤主要是毁伤航空基础设施,毁伤航空交通工具。因此,航空基础设施特性、航空交通工具特性是航空交通特性的关键且易损特性。

综上,后勤保障力的关键且易损特性主要包括**被装给养前送特性、药品器材前送特性、油料物资的物资特性、油料物资前送特性、前线救治特性、后方救治特性、公路基础设施特性、公路交通工具特性、铁路基础设施特性、铁路交通工具特性、水路基础设施特性、水路交通工具特性、航空基础设施特性、航空交通工具特性**,共14个关键且易损特性。

三、装备保障力关键特性和易损特性

1. 装备保障力关键特性

装备保障力主要由储存保障力、运输保障力、供应保障力、管理保障力、维修保障力组成。

储存保障力的主要特性包括储存容量特性、储存检测特性等。储存容量特性主要由储存的仓储设施特性、仓储条件特性决定;储存检测特性主要由储存的检测升级能力特性、转载运输能力特性决定。其中,储存检测特性是储存保障力的关键特性。

运输保障力的主要特性与交通保障力的主要特性相同,关键特性亦相同,主要包括公路交通特性、铁路交通特性、水路交通特性、航空交通特性。

供应保障力的主要特性包括装备采办特性、备品备件采办特性等。装备采办特性主要由装备订货特性、装备生产特性、装备供货特性决定;备品备件采办特性主要由备品备件订货特性、备品备件生产特性、备品备件供货特性决定。其中，装备采办特性、备品备件采办特性是供应保障力的关键特性。

管理保障力的主要特性包括装备的日常管理特性、调配管理特性、战备管理特性等。日常管理特性主要由对装备的日常维护特性、对设施的日常维护特性决定；调配管理特性主要由装备的调拨特性、补充特性决定；战备管理特性主要由战备动员特性、战备力量特性决定。这些特性都不是装备保障力的关键特性。

维修保障力的主要特性包括维修人员特性、维修物资特性、维修设施特性等。维修人员特性主要由维修管理人员、维修技术人员等的特性决定；维修物资特性主要由维修装备特性、维修备品备件特性决定；维修设施特性主要由机动维修设施特性、固定维修设施特性决定。其中，维修物资特性、维修设施特性是维修保障力的关键特性。

综上，装备保障力的关键特性主要包括公路交通特性、铁路交通特性、水路交通特性、航空交通特性、装备采办特性、备品备件采办特性、维修物资特性、维修设施特性。

2. 装备保障力关键且易损特性

装备保障力的公路交通特性、铁路交通特性、水路交通特性、航空交通特性与后勤保障力的交通保障力的关键且易损特性相同，主要包括公路基础设施特性、公路交通工具特性、铁路基础设施特性、铁路交通工具特性、水路基础设施特性、水路交通工具特性、航空基础设施特性、航空交通工具特性。

在战争中对装备采办特性的毁伤主要是毁伤装备生产线，阻止装备前送。因此，装备生产特性、装备供应特性是装备采办特性的关键且易损特性。

在战争中对备品备件采办特性的毁伤主要是毁伤备品备件生产线，阻止备品备件前送。因此，备品备件生产特性、备品备件供应特性是备品备件采办特性的关键且易损特性。

在战争中对维修物资特性的毁伤主要是毁伤维修装备。因此，维修装备特性是维修物资特性的关键且易损特性。

在战争中对维修设施特性的毁伤主要是毁伤机动维修设施和固定维修设施。因此，机动维修设施特性、固定维修设施特性是维修设施特性的关键且易损特性。

综上，装备保障力的关键且易损特性主要包括公路基础设施特性、公路交通工具特性、铁路基础设施特性、铁路交通工具特性、水路基础设施特性、水路交通工具特性、航空基础设施特性、航空交通工具特性、**装备生产特性、装备供应特性、备品备件生产特性、备品备件供应特性、维修装备特性、机动维修设施特性、固定维修设施特性**。去除重复的关键且易损特性，共 7 个关键且易损特性。

四、作战保障力关键特性和易损特性

1. 作战保障力关键特性

作战保障力主要由侦察情报保障力、机要通信保障力、目标保障力、战场建设保障力、气象水文保障力组成。

侦察情报保障力的主要特性包括侦察保障特性、情报保障特性等。侦察保障特性主要由侦察装备特性、侦察时空特性决定；情报保障特性主要由情报装备特性、情报时空特性决定。其中，侦察保障特性、情报保障特性是侦察情报保障力的关键特性。

机要通信保障力的主要特性包括机要保障特性、通信保障特性等。机要保障特性主要由机要装备特性、机要时空特性决定；通信保障特性主要由通信装备特性、通信时空特性决定。其中，机要保障特性、通信保障特性是机要通信保障力的关键特性。

目标保障力的主要特性包括目标保障时效性、目标保障全面性等。目标保障时效性主要由目标保障的实时性、准确性决定；目标保障全面性主要由目标保障要素的齐备性、准确性决定。其中，目标保障时效性、目标保障全面性是目标保障力的关键特性。

战场建设保障力的主要特性包括战场设施建设特性、战备物资储备特性等。战场设施建设特性主要由战场工程设施特性决定；战备物资储备特性主要由战备物资特性、物资仓储特性决定。其中，战场设施建设特性、战备物资储备特性是战场建设保障力的关键特性。

气象水文保障力的主要特性包括气象保障特性、水文保障特性、地理保障特性等。气象保障特性主要由气象保障装备特性、气象保障时空特性决定；水文保障特性主要由水文保障装备特性、水文保障时空特性决定；地理保障特性主要由地理保障装备特性、地理保障时空特性决定。其中，气象保障特性、水文保障特性、地理保障特性是气象水文保障力的关键特性。

综上，作战保障力的关键特性主要包括侦察保障特性、情报保障特性、机要保障特性、通信保障特性、目标保障时效性、目标保障全面性、战场设施建设特性、战备物资储备特性、气象保障特性、水文保障特性、地理保障特性。

2. 作战保障力关键且易损特性

在战争中对侦察保障特性的毁伤主要是采取软硬打击的措施，毁伤侦察人员、侦察装备、侦察平台、侦察体系，以削弱和降低侦察的时效性和覆盖性。因此，侦察装备特性是侦察保障特性的关键且易损特性。

在战争中对情报保障特性的毁伤主要是采取软硬打击的措施，毁伤情报人员、情报装备、情报平台、情报体系,以削弱和降低情报的时效性和覆盖性。因此,情报装备特性是情报保障特性的关键且易损特性。

在战争中对机要保障特性的毁伤主要是采取软硬打击的措施,毁伤机要人员、机要装备、机要平台、机要体系,以削弱和降低机要的时效性和覆盖性。因此,机要装备特性是机要保障特性的关键且易损特性。

在战争中对通信保障特性的毁伤主要是采取软硬打击的措施,毁伤通信人员、通信装备、通信平台、通信体系,压制和干扰通信链路,以削弱和降低通信的时效性和覆盖性。因此,通信装备特性是通信保障特性的关键且易损特性。

在战争中对目标保障时效性的毁伤主要是依靠目标机动、目标隐蔽、目标隐身、目标示假等措施,以降低目标保障的实时性、准确性。因此,目标保障实时性、目标保障准确性是目标保障时效性的关键且易损特性。

在战争中对目标保障全面性的毁伤主要是采取以真示假和以假乱真等措施,以降低目标保障要素的齐备性、准确性。因此,目标保障要素齐备性、目标保障要素准确性是目标保障全面性的关键且易损特性。

在战争中对战场设施建设特性的毁伤主要是摧毁战场工程设施。因此,战场工程设施特性是战场设施建设特性的关键且易损特性。

在战争中对战备物资储备特性的毁伤主要是毁伤物资仓储设施。因此,物资仓储特性是战备物资储备特性的关键且易损特性。

在战争中对气象保障特性的毁伤主要是毁伤气象保障装备,以降低气象保障的时空能力。因此,气象保障装备特性是气象保障特性的关键且易损特性。

在战争中对水文保障特性的毁伤主要是毁伤水文保障装备,以降低水文保障的时空能力。因此,水文保障装备特性是水文保障特性的关键且易损特性。

在战争中对地理保障特性的毁伤主要是毁伤地理保障装备,以降低地理保障的时空能力。因此,地理保障装备特性是地理保障特性的关键且易损特性。

综上,作战保障力的关键且易损特性主要包括**侦察装备特性、情报装备特性、机要装备特性、通信装备特性、目标保障实时性、目标保障准确性、目标保障要素齐备性、目标保障要素准确性、战场工程设施特性、物资仓储特性、气象保障装备特性、水文保障装备特性、地理保障装备特性**,共13个关键且易损特性。

五、保障力关键且易损特性

保障力的关键且易损特性主要包括**被装给养前送特性、药品器材前送特性、油料物资的物资特性、油料物资前送特性、前线救治特性、后方救治特性、公路基础设施特性、公路交通工具特性、铁路基础设施特性、铁路交通工具特性、水路基础设施特性、水路交通工具特性、航空基础设施特性、**航空交通工具特性**、公路基础设施特性、公路交通工具特性、铁路基础设施特性、铁路交通工具特性、水路基础设施特性、水路交通工具特性、航空基础设施特性、航空交通工具特性、**装备生产特性、装备供应特性、备品备件生产特性、备品备件供应特性、维修装备特性、机动维修设施特性、固定维修设施特性、侦察装备特性、情报装备特性、机要装备特性、通信装备特性、目标保障实时性、目标保障准确性、目标保障要素齐备性、目标保障要素准确性、战场工程设施特性、物资仓储特性、气象保障装备特性、水文保障装备特性、地理保障装备特性**。去除重复的关键且易损特性，共 34 个新增的关键且易损特性。

第六章
关键特性和易损特性（二）

在导弹中心战战争形态中，导弹打击的目标主要包括单元类目标、平台类目标和体系类目标。目标是战斗力的载体，目标的战斗力是目标作战能力的整体呈现。单元类目标的作战能力主要包括生命力、火力、信息力、防护力、保障力和认知力；平台类目标的作战能力主要包括机动力、火力、信息力、防护力、保障力和智能力；体系类目标的作战能力主要包括凝聚力、协同力、弹性力、覆盖力、敏捷力和智能力。因此，全部目标的作战能力共计12项，即生命力、机动力、火力、信息力、防护力、保障力、凝聚力、协同力、弹性力、覆盖力、敏捷力和智能力。因此，根据12项作战能力的分解，逐一研究每一项作战能力的关键特性和易损特性，并对所有的关键且易损特性进行归纳和分类，从而得到通用的关键且易损能力特性，对于从通用作战能力的共性关键且易损能力特性出发，分析和挖掘失能定制毁伤技术的途径，具有重要的意义。

第一节　凝聚力特性

凝聚力原指同一种物质内部分子间相互吸引的力。后引申为民族或团队成员之间聚集、团结的力量。由于存在凝聚力，社会共同体才保持着自身的内在规定性，一旦凝聚力消失，社会共同体便会趋于解体，对于作战团队也是同样。在战争中，凝聚力是指作战体系各要素之间相互联系、相互作用的紧密程度和聚合能力。由于凝聚力的存在，作战体系就会始终保持规定和稳定的功能逻辑，就会始终拥有设计所赋予的能力和素质，就会在导弹攻防博弈的动态过程中始终维护有机的整体和能力。一旦丧失凝聚力，作战体系各要素就会失去关联性，作战体系的整体架构就会坍塌，作战体系就会变成"一盘散沙"，作战体系的能力将功亏一篑。分析和研究凝聚力的组成要素、关键能力特性和易损能力特性，对于有效打击和毁伤敌方的凝聚力，对于凝聚力的失能毁伤技术发展和作战运用意义重大。

一、凝聚力模型

1. 凝聚力分类

在作战过程中,凝聚力主要表现在作战力量的凝聚力和作战体系的凝聚力。因此,将目标凝聚力分为两类,即作战力量凝聚力和作战体系凝聚力。下面针对这两类凝聚力,开展相应的目标模型构建研究。

2. 凝聚力模型

作战力量凝聚力模型。作战力量凝聚力是指所有参战要素心往一处想、劲往一处使的万众一心的能力。作战凝聚力可分为信仰力、意志力、向心力、团结力。其中,信仰力、意志力、向心力是作战力量凝聚力的核心。作战力量凝聚力的目标模型如图 6.1.1 所示。

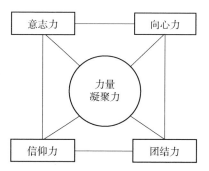

图 6.1.1 作战力量凝聚力的目标模型

作战体系凝聚力模型。作战体系凝聚力是指组成作战体系的各要素之间相互作用、相互联系的牢不可破的联系能力。作战体系凝聚力可分为指挥控制力、体制架构力、组织纪律力。其中,指挥控制力是作战体系凝聚力的核心。作战体系凝聚力的目标模型如图 6.1.2 所示。

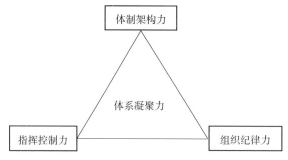

图 6.1.2 作战体系凝聚力的目标模型

二、作战力量凝聚力关键特性和易损特性

1. 作战力量凝聚力关键特性

作战力量凝聚力主要由信仰力、意志力、向心力、团结力组成。

信仰力的主要特性包括宣传特性、教育特性、忠诚特性等。宣传特性主要由舆论渠道特性、舆论内容特性决定；教育特性主要由教育渠道特性、教育内容特性决定；忠诚特性主要由捍卫真理特性、匡扶正义特性、献身付出特性决定。其中，舆论特性、忠诚特性是信仰力的关键特性。

意志力的主要特性与人的意志力的主要特性相同，关键特性亦相同，主要包括政治特性、精神特性、不屈不挠特性。

向心力的主要特性包括指挥员的权威力特性、指挥员的人格魅力特性等。权威力特性主要由权力特性、威望特性决定；魅力特性主要由诱惑力特性、吸引力特性决定。其中，权威力特性是向心力的关键特性。

团结力的主要特性包括情感力特性、志向力特性、配合力特性等。情感力特性主要由兄弟情特性、战友情特性决定；志向力特性主要由志同道合特性、情趣相投特性决定；配合力特性将在协同力中讨论。其中，情感力特性、志向力特性是团结力的关键特性。

综上，作战力量凝聚力的关键特性主要包括舆论特性、忠诚特性、政治特性、精神特性、不屈不挠特性、权威力特性、情感力特性、志向力特性。

2. 作战力量凝聚力关键且易损特性

政治特性、精神特性、不屈不挠特性的关键且易损特性与人的意志力的关键且易损特性相同，主要包括政治特性、献身特性、顽强特性、团结特性、组织特性。

在战争中对舆论特性的毁伤主要是摧毁舆论渠道、利用舆论渠道的措施，开展舆论战，阻止敌方舆论宣传和教育的实施，向敌方传播己方的舆论，以瓦解敌方的斗志和意志。因此，舆论战特性是舆论特性的关键且易损特性。

在战争中对忠诚特性的毁伤主要是采取心理战的手段，动摇敌方对战争的立场，瓦解敌方对上级的信心，从而削弱和降低敌方对组织和指挥员的忠诚程度。因此，心理战特性是忠诚特性的关键且易损特性。

在战争中对权威力特性的毁伤主要是对核心指挥控制人员的斩首行动，对核心指挥控制人员的指挥控制命令和指示实施造假的行动。因此，斩首特性、造假特性是权威力特性的关键且易损特性。

在战争中对情感力特性的毁伤主要是通过舆论战和心理战的手段，造成敌方上下离心、兄弟阋墙。因此，舆论战特性、心理战特性是情感力特性的关键

且易损特性。

在战争中对志向力特性的毁伤主要是利用法律战的手段，破坏敌方战争的正义性，达到使敌人对战争的目的和意义迷茫的目的。因此，法律战特性是志向力特性的关键且易损特性。

综上，作战力量凝聚力的关键且易损特性主要包括政治特性、献身特性、顽强特性、团结特性、组织特性、**舆论战特性**、**心理战特性**、**法律战特性**、**斩首特性**、**造假特性**。去除重复的关键且易损特性，共 5 个关键且易损特性。

三、作战体系凝聚力关键特性和易损特性

1. 作战体系凝聚力关键特性

导弹作战体系凝聚力主要由指挥控制力、体制架构力、组织纪律力组成。

指挥控制力的主要特性与兵力机动力的机动指挥系统的主要特性相同，关键特性亦相同，主要包括指控特性、信息特性。

体制架构力的主要特性包括组织架构特性、编成架构特性等。组织架构特性主要由编制体制特性决定；编成架构特性主要由作战编成样式特性决定。其中，编成架构特性是体制架构力的关键特性。

组织纪律力的主要特性包括约束特性、服从特性等。约束特性主要由规则特性、惩戒特性决定；服从特性主要由自觉性、强制性决定。其中，约束特性是组织纪律力的关键特性。

综上，作战体系凝聚力的关键特性主要包括指控特性、信息特性、编成架构特性、约束特性。

2. 作战体系凝聚力关键且易损特性

指控特性、信息特性的关键且易损特性与兵力机动力机动指挥系统的关键且易损特性相同，主要包括人员特性、装备特性、信息感知系统特性、信息传输系统特性。

在战争中对编成架构特性的毁伤主要是采取摧毁和阻断联合作战各参战力量的指挥机构及其之间相互联系的手段，达成使敌方作战编成坍塌的目的。因此，作战编成样式特性是编成架构特性的关键且易损特性。

在战争中对约束特性的毁伤主要是采取心理战和舆论战的手段，诱使或迫使敌方众多作战人员触犯规则，达到法不责众、规则形同虚设的目的。因此，心理战特性、舆论战特性是约束特性的关键且易损特性。

综上，导弹作战体系凝聚力的关键且易损特性主要包括人员特性、装备特性、信息感知系统特性、信息传输系统特性、**作战编成样式特性**、心理战特性、舆论战特性。去除重复的关键且易损特性，共 1 个关键且易损特性。

四、凝聚力关键且易损特性

凝聚力的关键且易损特性主要包括政治特性、献身特性、顽强特性、团结特性、组织特性、**舆论战特性**、**心理战特性**、**法律战特性**、**斩首特性**、**造假特性**、人员特性、装备特性、信息感知系统特性、信息传输系统特性、作战编成样式特性。去除重复的关键且易损特性，共6个新增的关键且易损特性。

第二节　协同力特性

协同是作战协同的简称。各种作战力量共同遂行作战任务时，按照统一计划在行动上进行的协调配合。按规模，分为战略协同、战役协同和战斗协同；按参战力量，分为诸军兵种部队之间的协同，诸军种、兵种内各部队之间的协同，各部队与其他作战力量之间的协同等。目的是确保各种作战力量协调一致地行动，发挥整体作战效能。

协同力一般是指团队精神的核心推动力和黏合剂。由于存在协同力，团队能力可以超越个人能力的简单叠加，能够独立闭环，完成急难险重的任务。一旦协同力下降或消失，团队整体能力将大幅降低，目标任务将难以完成。在战争中，协同力是指作战体系诸要素之间，步调一致、默契配合、相互支撑、齐心协力地完成特定目标任务的能力，是作战体系与其他作战体系协同作战的能力。分析和研究协同力的组成要素、关键能力特性和易损能力特性，对于有效打击和毁伤敌方的协同力，对于协同力的失能毁伤技术发展和作战运用意义重大。

一、协同力模型

1. 协同力分类

在作战体系中，协同力主要表现在作战体系要素之间的沟通力、配合力、互补力。因此，将目标协同力分为沟通力、配合力、互补力三类，下面针对这三类协同力，开展相应的目标模型构建研究。

2. 协同力模型

沟通力模型。沟通力是指作战体系中各作战要素之间按一定方式进行信息的传递和反馈，以达成对战场认知的一致。在信息化战争形态下，沟通力主要由沟通手段、沟通方式、沟通信息组成。其中，沟通手段是沟通力的核心和基础。沟通力的目标模型如图6.2.1所示。

图 6.2.1　沟通力的目标模型

配合力模型。配合力是指作战体系中各作战要素之间为完成同一作战任务分工合作、协调一致地行动的能力。在信息化战争形态下，配合力主要由分工力、合作力等组成。其中，合作力是配合力的核心。配合力的目标模型如图 6.2.2 所示。

图 6.2.2　配合力的目标模型

互补力模型。互补力是指作战体系中各作战要素之间取长补短、拾遗补缺的能力。在信息化战争形态下，互补力主要由取长补短力、拾遗补缺力等组成。其中，取长补短力是互补力的核心和基础。互补力的目标模型如图 6.2.3 所示。

图 6.2.3　互补力的目标模型

二、沟通力关键特性和易损特性

1. 沟通力关键特性

沟通力主要由沟通手段、沟通方式、沟通信息组成。

沟通手段的主要特性包括网络沟通特性、终端沟通特性等。网络沟通特性主要由互联特性、互通特性、互操作特性决定；终端沟通特性主要由端对端通信特性决定。其中，网络沟通特性是沟通手段的关键特性。

沟通方式的主要特性包括直接沟通特性、间接沟通特性等。直接沟通特性主要由共享沟通特性、分发沟通特性决定；间接沟通特性主要由接力沟通特性、迂回沟通特性决定。其中，直接沟通特性是沟通方式的关键特性。

沟通信息的主要特性包括信息的时效性特性、信息的针对性特性等。时效性特性主要由实时性特性、时域性特性决定；针对性特性主要由使命符合特性、态势符合特性决定。其中，时效性特性、针对性特性是沟通信息的关键特性。

综上，沟通力的关键特性主要包括网络沟通特性、直接沟通特性、时效性特性、针对性特性。

2. *沟通力关键且易损特性*

网络沟通特性、直接沟通特性、时效性特性、针对性特性都是通过干扰压制、网络攻防、摧毁网络通信节点等手段毁伤信息传输的互联、互通和互操作能力，网络通信是互联、互通、互操作的基础和前提。因此，网络通信特性是沟通力的关键且易损特性，与平台机动力的信息传输特性的关键且易损特性相同。

综上，沟通力没有新增的关键且易损特性。

三、配合力关键特性和易损特性

1. *配合力关键特性*

配合力主要由分工力、合作力等组成。

分工力的主要特性包括职责分工特性、权力分工特性等。职责分工特性主要由规定职责特性、约定职责特性决定；权力分工特性主要由指定分工特性、授权分工特性决定。其中，职责分工特性、权力分工特性是分工力的关键特性。

合作力的主要特性包括隶属合作特性、配属合作特性等。隶属合作特性主要由编制体制特性、体系架构特性决定；配属合作特性主要由作战编成特性、体系架构特性决定。其中，隶属合作特性、配属合作特性是合作力的关键特性。

综上，合作力的关键特性主要包括职责分工特性、权力分工特性、隶属合作特性、配属合作特性。

2. *配合力关键且易损特性*

在战争中对职责分工特性、权力分工特性、隶属合作特性、配属合作特性的毁伤主要是通过摧毁联合指挥机构和承担重要分工任务的作战力量，使原有的分工不能适应战场态势的变化，使作战体系内的重要分工要素缺失。因此，指挥控制特性、体系架构特性是配合力的关键且易损特性。其中，指挥控制特性与兵力机动力机动指挥系统的关键且易损特性相同，主要包括人员特性、装备特性、信息感知系统特性、信息传输系统特性。

综上，去除重复的关键且易损特性，配合力的关键且易损特性主要包括**体系架构特性**，共1个关键且易损特性。

四、互补力关键特性和易损特性

1. 互补力关键特性

互补力主要由取长补短力、拾遗补缺力组成。

取长补短力的主要特性包括长板优势特性、短板优势特性等。长板优势特性主要由要素的长板特性、能力的长板特性决定；短板优势特性主要由要素的短板特性、能力的短板特性决定。其中，短板优势特性是取长补短力的关键特性。

拾遗补缺力的主要特性包括补足特性、补充特性等。补足特性主要由要素补足特性、能力补足特性决定；补充特性主要由要素补充特性、能力补充特性决定。其中，补足特性是拾遗补缺力的关键特性。

综上，互补力的关键特性主要包括短板优势特性、补足特性。

2. 互补力关键且易损特性

在战争中对短板优势特性的毁伤主要是以我之长、击敌之短，使敌方作战体系的短板更短，甚至丧失，使其长板难以弥补短板。因此，要素的短板特性、能力的短板特性是短板优势特性的关键且易损特性。

在战争中对补足特性的毁伤主要是采取同时毁伤互补要素、互补能力的方式，使作战体系的要素和能力难以补齐和补全。因此，要素补足特性、能力补足特性是补足特性的关键且易损特性。

综上，互补力的关键且易损特性主要包括**要素的短板特性、能力的短板特性、要素补足特性、能力补足特性**，共4个关键且易损特性。

五、协同力关键且易损特性

协同力的关键且易损特性主要包括网络通信特性、指挥控制特性、**体系架构特性、要素的短板特性、能力的短板特性、要素补足特性、能力补足特性**。去除重复的关键且易损特性，共5个新增的关键且易损特性。

第三节 弹性力特性

在作战体系中，弹性力是指在对抗博弈中或在恶劣战场环境下，作战体系的功能和能力虽然有所改变，但仍能保持和恢复基本的和规定的作战功能的能力。弹性力体现的是作战体系的强壮性和鲁棒性，体现的是作战体系抗毁能力和抗压能力，体现的是作战体系的自组织能力和自修复能力，体现的是作战体系要素的冗余性和体系架构的重组性。分析和研究弹性力的组成要素、关键能力特性和易损能力特性，对于有效打击和毁伤敌方的弹性力，对于弹性力的失能毁伤技术发展和作战运用意义重大。

一、弹性力模型

1. 弹性力分类

作战体系的弹性力特点主要表现在体系受到外界干扰或攻击时所呈现出的体系韧性和体系柔性。一个作战体系要具备韧性和柔性，必须在恶劣的战场环境和博弈对抗环境下，保持基本的作战能力。这是作战体系对战场环境的适应能力，是作战体系可用性和可信性的重要体现。实现作战体系的弹性依赖于体系的自组织能力、自适应能力、自定义能力。因此，作战系统的弹性力主要由自组织力、自适应力、自定义力组成。下面针对这三种能力，开展相应的目标模型构建研究。

2. 弹性力模型

自组织力模型。如果一个系统靠外部指令而形成组织，就是他组织；如果不存在外部指令，系统按照相互默契的某种规则，各尽其责又协调地自动地形成有序结构，就是自组织。自组织力是指作战体系受到外界攻击使原组织受损后，体系内各要素按一定规则重新形成新的组织架构，从而保持或基本保持原组织所具有的作战能力。自组织力主要由冗余力、重组力、替代力组成。其中，重组力是自组织力的核心。自组织力的目标模型如图 6.3.1 所示。

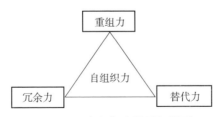

图 6.3.1　自组织力的目标模型

自适应力模型。自适应力是指作战体系自主适应恶劣战场环境的能力。自适应力主要由自然环境适应力、网电对抗适应力、火力打击适应力组成。其中，网电对抗适应力、火力打击适应力是自适应力的核心。自适应力的目标模型如图 6.3.2 所示。

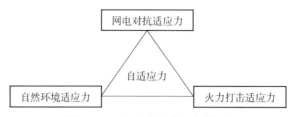

图 6.3.2　自适应力的目标模型

自定义力模型。自定义力是指作战体系的部分要素被摧毁后，能够通过软件定义的方法，将其他要素定义为受损要素，从而保持体系作战能力。自定义力主要由标准化能力、数字化能力、定制化能力组成。其中，标准化能力是自定义力的核心。自定义力的目标模型如图 6.3.3 所示。

图 6.3.3　自定义力的目标模型

二、自组织力关键特性和易损特性

1. 自组织力关键特性

自组织力主要由冗余力、重组力、替代力组成。

冗余力的主要特性包括任务冗余特性、功能冗余特性、能力冗余特性等。任务冗余特性、功能冗余特性、能力冗余特性主要由要素冗余特性、架构冗余特性决定。其中，任务冗余特性、功能冗余特性、能力冗余特性是冗余力的关键特性。

重组力的主要特性包括任务重组特性、功能重组特性、能力重组特性等。任务重组特性、功能重组特性、能力重组特性主要由要素重组特性、架构重组特性决定。其中，任务重组特性、功能重组特性、能力重组特性是重组力的关键特性。

替代力的主要特性包括任务替代特性、功能替代特性、能力替代特性等。任务替代特性、功能替代特性、能力替代特性主要由要素替代特性、架构替代特性决定。其中，任务替代特性、功能替代特性、能力替代特性是替代力的关键特性。

综上，冗余力的关键特性主要包括任务冗余特性、功能冗余特性、能力冗余特性、任务重组特性、功能重组特性、能力重组特性、任务替代特性、功能替代特性、能力替代特性。

2. 自组织力关键且易损特性

在战争中对任务冗余特性的毁伤主要是摧毁冗余要素、破坏冗余架构。因此，要素冗余特性、架构冗余特性是任务冗余特性的关键且易损特性。

在战争中对功能冗余特性的毁伤主要是摧毁冗余要素、破坏冗余架构。因此，要素冗余特性、架构冗余特性是功能冗余特性的关键且易损特性。

在战争中对能力冗余特性的毁伤主要是摧毁冗余要素、破坏冗余架构。因此，要素冗余特性、架构冗余特性是能力冗余特性的关键且易损特性。

在战争中对任务重组特性的毁伤主要是摧毁重组要素、破坏重组架构。因此，要素重组特性、架构重组特性是任务重组特性的关键且易损特性。

在战争中对功能重组特性的毁伤主要是摧毁重组要素、破坏重组架构。因此，要素重组特性、架构重组特性是功能重组特性的关键且易损特性。

在战争中对能力重组特性的毁伤主要是摧毁重组要素、破坏重组架构。因此，要素重组特性、架构重组特性是能力重组特性的关键且易损特性。

在战争中对任务替代特性的毁伤主要是摧毁替代要素、破坏替代架构。因此，要素替代特性、架构替代特性是任务替代特性的关键且易损特性。

在战争中对功能替代特性的毁伤主要是摧毁替代要素、破坏替代架构。因此，要素替代特性、架构替代特性是功能替代特性的关键且易损特性。

在战争中对能力替代特性的毁伤主要是摧毁替代要素、破坏替代架构。因此，要素替代特性、架构替代特性是能力替代特性的关键且易损特性。

综上，自组织力的关键且易损特性主要包括**要素冗余特性、架构冗余特性、要素重组特性、架构重组特性、要素替代特性、架构替代特性**，共6个关键且易损特性。

三、自适应力关键特性和易损特性

1. 自适应力关键特性

自适应力主要由自然环境适应力、网电对抗适应力、火力打击适应力组成。

自然环境适应力的主要特性包括地理环境适应力特性、水文环境适应力特性、气象环境适应力特性等。这与目标防护力的环境防抗力的主要特性相同，关键特性亦相同，主要包括陆、海、空、天、电自然环境特性。

网电对抗适应力的主要特性包括网络对抗特性、电磁对抗特性等。网络对抗特性主要由进入网络特性、利用网络特性、控制网络特性决定；电磁对抗特性主要由进入电磁特性、利用电磁特性、控制电磁特性决定。其中，网络对抗特性、电磁对抗特性是网络对抗适应力的关键特性。

火力打击适应力的主要特性包括主动防护特性、被动防护特性等。这与目标防护力的主要特性相同，关键特性亦相同，主要包括引导装置特性、波次转换特性、发射装置特性、保障特性、火力装备特性、引导控制装备特性、目标欺骗特性、情报欺骗特性、数据欺骗特性、发现能力压制特性、打击能力压制特性、外防抗防护特性、隐身特性、指控特性、信息特性、机械结构特性、电器结构特性、动力能源特性、动力装置特性、信息感知特性、信息传输特性。

综上，自适应力的关键特性主要包括陆、海、空、天、电自然环境特性、网络对抗特性、电磁对抗特性、引导装置特性、波次转换特性、发射装置特性、保障特性、火力装备特性、引导控制装备特性、目标欺骗特性、情报欺骗特性、数据欺骗特性、发现能力压制特性、打击能力压制特性、外防抗防护特性、隐身特性、指控特性、信息特性、机械结构特性、电器结构特性、动力能源特性、动力装置特性、信息感知特性、信息传输特性。

2. 自适应力关键且易损特性

陆、海、空、天、电自然环境特性的关键且易损特性与目标防护力环境防抗力的关键且易损特性相同，主要包括地理自然环境特性、水文自然环境特性、气象自然环境特性、海面自然环境特性、水下自然环境特性、海底自然环境特性、云雾雨雪风光等大气环境特性、温度环境特性、辐射环境特性。

火力打击适应力的关键且易损特性与目标防护力的主动防护力和被动防护力的关键且易损特性相同，主要包括跟踪能力特性、引导能力特性、装填人员特性、装填装备特性、发射流程特性、发射条件特性、火力抗拦截特性、火力抗干扰特性、引导控制特性、目标指示特性、示假目标特性、伪装目标特性、以假乱真情报特性、以真示假情报特性、数据造假的识别特性、数据侵入的防护特性、卫星制导特性、末制导特性、防护结构特性、隐身结构特性、电器连接结构特性、储能装置特性、动力装置传动特性、感知传感器特性、感知保障系统特性、网络通信特性、防护装甲特性、技术隐身特性。

在战争中对网络对抗特性的毁伤主要是网络进攻、网络防御、破网断链。因此，控制网络特性是网络对抗特性的关键且易损特性。

在战争中对电磁对抗特性的毁伤主要是电磁进攻、电磁防御、电磁管理。因此，控制电磁特性是电磁对抗特性的关键且易损特性。

综上，自适应力的关键且易损特性主要包括地理自然环境特性、水文自然环境特性、气象自然环境特性、海面自然环境特性、水下自然环境特性、海底自然环境特性、云雾雨雪风光等大气环境特性、温度环境特性、辐射环境特性、跟踪能力特性、引导能力特性、装填人员特性、装填装备特性、发射流程特性、发射条件特性、火力抗拦截特性、火力抗干扰特性、引导控制特性、目标指示特性、示假目标特性、伪装目标特性、以假乱真情报特性、以真示假情报特性、数据造假的识别特性、数据侵入的防护特性、卫星制导特性、末制导特性、防护结构特性、隐身结构特性、电器连接结构特性、储能装置特性、动力装置传动特性、感知传感器特性、感知保障系统特性、网络通信特性、防护装甲特性、技术隐身特性、**控制网络特性**、**控制电磁特性**。去除重复的关键且易损特性，共 2 个关键且易损特性。

四、自定义力关键特性和易损特性

1. 自定义力关键特性

自定义力主要由标准化能力、数字化能力、定制化能力组成。

标准化能力的主要特性包括通用化特性、模块化特性等。通用化特性主要由硬件通用特性、软件通用特性、接口通用特性决定；模块化特性主要由要素模块特性、架构模块特性决定。其中，通用化特性、模块化特性是标准化能力的关键特性。

数字化能力的主要特性包括要素数字化定义特性。要素数字化定义特性主要由要素功能数字化定义特性、要素结构数字化定义特性决定。其中，要素数字化定义特性是数字化能力的关键特性。

定制化能力的主要特性包括功能定制特性。功能定制特性主要由规定功能定制特性、自主功能定制特性决定。其中，功能定制特性是定制化能力的关键特性。

综上，自定义力的关键特性主要包括通用化特性、模块化特性、要素数字化定义特性、功能定制特性。

2. 自定义力关键且易损特性

在战争中对通用化特性的毁伤主要是利用接口通用的特性，采取网络电磁的毁伤手段，对通用接口实施共模毁伤。因此，接口通用特性是通用化特性的关键且易损特性。

在战争中对模块化特性的毁伤主要是利用架构模块标准化的特性，采取网络电磁毁伤手段，对通用架构实施共模毁伤。因此，架构模块特性是模块化特性的关键且易损特性。

在战争中对要素数字化定义特性的毁伤主要是采取数字造假的手段，使体系产生错误的数字化定义。因此，要素功能数字化定义特性、要素结构数字化定义特性是要素数字化定义特性的关键且易损特性。

在战争中对功能定制特性的毁伤主要是采取网络电磁攻击的手段，使得重新定制的功能难以或不能在体系中发挥作用。因此，规定功能定制特性、自主功能定制特性是功能定制特性的关键且易损特性。

综上，自定义力的关键且易损特性主要包括**接口通用特性、架构模块特性、要素功能数字化定义特性、要素结构数字化定义特性、规定功能定制特性、自主功能定制特性**，共6个关键且易损特性。

五、弹性力关键且易损特性

弹性力的关键且易损特性主要包括**要素冗余特性、架构冗余特性、要素重组特性、架构重组特性、要素替代特性、架构替代特性**、地理自然环境特性、水文自然环境特性、气象自然环境特性、海面自然环境特性、水下自然环境特性、海底自然环境特性、云雾雨雪风光等大气环境特性、温度环境特性、辐射环境特性、跟踪能力特性、引导能力特性、装填人员特性、装填装备特性、发射流程特性、发射条件特性、火力抗拦截特性、火力抗干扰特性、引导控制特性、目标指示特性、示假目标特性、伪装目标特性、以假乱真情报特性、以真示假情报特性、数据造假的识别特性、数据侵入的防护特性、卫星制导特性、末制导特性、防护结构特性、隐身结构特性、电器连接结构特性、储能装置特性、动力装置传动特性、感知传感器特性、感知保障系统特性、网络通信特性、防护装甲特性、技术隐身特性、控制网络特性、控制电磁特性、**接口通用特性、架构模块特性、要素功能数字化定义特性、要素结构数字化定义特性、规定功能定制特性、自主功能定制特性**。去除重复的关键且易损特性，共12个新增的关键且易损特性。

第四节　覆盖力特性

在作战体系中，覆盖力是指作战体系的作战能力能够覆盖的战场范围，是在激烈的博弈对抗和严酷的战场环境下，作战体系能够对打击目标实施侦察发现、分类识别、跟踪定位、火力打击、效果评估等一系列作战行动的能力边界，是作战体系对任务、目标、区域、作战域、全天时、全天候的覆盖能力。覆盖力体现的是作战体系OODA杀伤链的作用范围，体现的是作战体系各种作战功能覆盖能力的交集，体现的是作战体系对多种作战域目标的跨域作战能力，体现的是在不同的天时、天候、环境和对抗条件下保持基本的覆盖边界的能力。分析和研究覆盖力的组成要素、关键能力特性和易损能力特性，对于有效打击和毁伤敌方的覆盖力，对于覆盖力的失能毁伤技术发展和作战运用意义重大。

一、覆盖力模型

1. 覆盖力分类

作战体系的覆盖力特点主要表现在生命力、机动力、火力、信息力、防护力、保障力等方面，对上述任一能力进行毁伤，都能对目标覆盖力产生失能作用。因此，体系类目标的覆盖力主要由任务覆盖力、战场覆盖力、能力覆盖力等组成。下面针对这三种能力，开展相应的目标模型构建研究。

2. 覆盖力模型

任务覆盖力模型。任务覆盖力是指作战体系能够承担多样化作战任务和使命的能力。任务覆盖力主要由基本任务覆盖力、一般任务覆盖力、临机任务覆盖力组成。其中，基本任务覆盖力是任务覆盖力的核心。任务覆盖力的目标模型如图6.4.1所示。

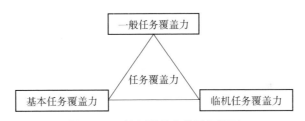

图6.4.1 任务覆盖力的目标模型

战场覆盖力模型。战场覆盖力是指作战体系的作战能力能够覆盖的战场时空、战场环境的范围的能力。战场覆盖力主要由作战空间域覆盖力、作战时间域覆盖力、作战对抗域覆盖力组成。其中，作战空间域覆盖力、作战时间域覆盖力、作战对抗域覆盖力是战场覆盖力的核心。战场覆盖力的目标模型如图6.4.2所示。

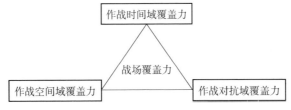

图6.4.2 战场覆盖力的目标模型

能力覆盖力模型。能力覆盖力是指作战体系的 OODA 任务链和任务网能够覆盖的战场时空范围的能力。能力覆盖力主要由预警侦察覆盖力、判断调整覆盖力、决策指控覆盖力、作战行动覆盖力组成,能力覆盖力由其中的最小范围覆盖力决定。其中,预警侦察覆盖力、判断调整覆盖力、决策指控覆盖力、作战行动覆盖力是能力覆盖力的核心。能力覆盖力的目标模型如图 6.4.3 所示。

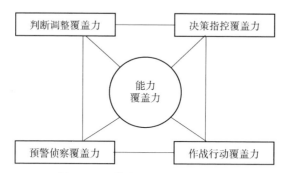

图 6.4.3 能力覆盖力的目标模型

二、任务覆盖力关键特性和易损特性

1. 任务覆盖力关键特性

任务覆盖力主要由基本任务覆盖力、一般任务覆盖力、临机任务覆盖力组成。

基本任务覆盖力由基本任务体系的能力所决定,由基本任务的 OODA 任务链的覆盖能力所决定。其主要特性包括基本要素特性、基本架构特性等。基本要素特性主要由基本观察要素特性、基本调整要素特性、基本决策要素特性、基本行动要素特性决定;基本架构特性主要由网络信息特性、指挥控制特性决定。其中,基本要素特性、基本架构特性是任务覆盖力的关键特性。

一般任务覆盖力是在基本任务覆盖力的基础上,补充相关要素和架构,形成执行一般性任务的任务链和任务网的覆盖能力。由于一般任务的任务链和任务网主要由基本任务体系承担主要的功能任务,因此一般任务覆盖力的主要特性与基本任务覆盖力的主要特性相同,关键特性亦相同,主要包括基本要素特性、基本架构特性。

临机任务覆盖力是在基本任务覆盖力的基础上,挖掘和拓展基本任务体系的任务范围和能力范围,实施体系规划外的任务使命的覆盖能力。由于临机任务的任务链和任务网主要由基本任务体系承担主要的功能任务,因此临机任务覆盖力的主要特性与基本任务覆盖力的主要特性相同,关键特性亦相同,主要包括基本要素特性、基本架构特性。

综上，任务覆盖力的关键特性主要包括基本要素特性、基本架构特性。

2. 任务覆盖力关键且易损特性

在战争中对基本要素特性的毁伤主要是摧毁 OODA 基本任务体系中的关键节点要素。因此，基本观察要素特性、基本决策要素特性、基本行动要素特性是基本要素特性的关键且易损特性。

在战争中对基本架构特性的毁伤主要是通过干扰压制和破网断链的手段，破坏体系基本架构的网络通信能力。因此，网络信息特性、指挥控制特性是基本架构特性的关键且易损特性。

综上，任务覆盖力的关键且易损特性主要包括**基本观察要素特性、基本决策要素特性、基本行动要素特性**、网络信息特性、指挥控制特性，共 5 个关键且易损特性。

三、战场覆盖力关键特性和易损特性

1. 战场覆盖力关键特性

战场覆盖力主要由作战空间域覆盖力、作战时间域覆盖力、作战对抗域覆盖力组成。

作战空间域覆盖力是指作战体系在陆、海、空、天实体作战域的覆盖能力，其主要特性包括单域覆盖力特性、多域覆盖力特性、全域覆盖力特性等。单域覆盖力特性主要由单域 OODA 任务链特性决定；多域覆盖力特性主要由多域 OODA 任务链和任务网特性决定；全域覆盖力特性主要由全域 OODA 任务链和任务网特性决定。其中，多域覆盖力特性、全域覆盖力特性是作战空间域覆盖力的关键特性。

作战时间域覆盖力指的是作战体系能够稳定的保持基本作战能力的时间范围，其主要特性包括能力保持时间覆盖力特性、连续作战时间覆盖力特性等。能力保持时间覆盖力特性主要由体系的基本可靠性特性决定；连续作战时间覆盖力特性主要由体系的任务可靠性特性决定。其中，能力保持时间覆盖力特性、连续作战时间覆盖力特性是作战时间覆盖力的关键特性。

作战对抗域覆盖力是指在信息对抗的条件下，作战体系在网络空间和电磁空间对抗能力的覆盖范围，其主要特性包括网络对抗特性、电磁对抗特性等。作战对抗域覆盖力的主要特性与自适应力的网电对抗适应力的主要特性相同，关键特性亦相同，主要包括网络对抗特性、电磁对抗特性。

综上，战场覆盖力的关键特性主要包括多域覆盖力特性、全域覆盖力特性、能力保持时间覆盖力特性、连续作战时间覆盖力特性、网络对抗特性、电

磁对抗特性。

2. 战场覆盖力关键且易损特性

作战对抗域覆盖力的关键且易损特性与自适应力的网电对抗适应力的关键且易损特性相同，主要包括控制网络特性、控制电磁特性。

在战争中对多域覆盖力特性的毁伤主要是毁伤多域共用的体系要素和贯穿多域的体系架构。因此，多域 OODA 任务链和任务网特性是多域覆盖力特性的关键且易损特性。

在战争中对全域覆盖力特性的毁伤主要是毁伤全域共用的体系要素和贯穿全域的体系架构。因此，全域 OODA 任务链和任务网特性是全域覆盖力特性的关键且易损特性。

在战争中对能力保持时间覆盖力特性的毁伤主要是毁伤涉及体系的基本可靠性的体系基本组成要素。因此，体系的基本可靠性特性是能力保持时间覆盖力特性的关键且易损特性。

在战争中对连续作战时间覆盖力特性的毁伤主要是毁伤涉及体系的任务可靠性的体系任务组成要素。因此，体系的任务可靠性特性是连续作战时间覆盖力特性的关键且易损特性。

综上，战场覆盖力的关键且易损特性主要包括控制网络特性、控制电磁特性、**多域 OODA 任务链和任务网特性、全域 OODA 任务链和任务网特性、体系的基本可靠性特性、体系的任务可靠性特性**。去除重复的关键且易损特性，共 4 个关键且易损特性。

四、能力覆盖力关键特性和易损特性

1. 能力覆盖力关键特性

能力覆盖力主要由预警侦察覆盖力、判断调整覆盖力、决策指控覆盖力、作战行动覆盖力组成。能力覆盖力中，预警侦察覆盖力、判断调整覆盖力、决策指控覆盖力是作战行动覆盖力的前提和条件。

预警侦察覆盖力的主要特性包括发现覆盖力特性、定位覆盖力特性、引导覆盖力特性等。发现覆盖力特性主要由发现能力特性、目标特性决定；定位覆盖力特性主要由时间定位特性、空间定位特性决定；引导覆盖力特性主要由连续跟踪覆盖力特性、引导控制覆盖力特性决定。其中，定位覆盖力特性、引导覆盖力特性是预警侦察覆盖力的关键特性。

判断调整覆盖力的主要特性包括判断覆盖力特性、调整覆盖力特性等。判断覆盖力特性主要由态势判断特性、趋势判断特性决定；调整覆盖力主要由兵力调整特性、火力调整特性决定。其中，判断覆盖力特性、调整覆盖力特性是判断调整覆盖力的关键特性。

决策指控覆盖力的主要特性包括决策覆盖力特性、指控覆盖力特性等。决策覆盖力特性主要由作战决心覆盖力特性、作战计划覆盖力特性决定；指控覆盖力特性主要由指挥覆盖力特性、控制覆盖力特性决定。其中，决策覆盖力特性、指控覆盖力特性是决策指控覆盖力的关键特性。

作战行动覆盖力的主要特性包括信息作战行动覆盖力特性、进攻作战行动覆盖力特性、防御作战行动覆盖力特性等。信息作战行动覆盖力特性主要由网络战特性、电磁战特性决定；进攻作战行动覆盖力特性主要由兵力的投送距离特性、火力的打击范围特性决定；防御作战行动覆盖力特性主要由主动防御行动覆盖力特性、被动防御覆盖力特性决定。其中，信息作战行动覆盖力特性、进攻作战行动覆盖力特性、防御作战行动覆盖力特性是作战行动覆盖力的关键特性。

综上，能力覆盖力的关键特性主要包括定位覆盖力特性、引导覆盖力特性、判断覆盖力特性、调整覆盖力特性、决策覆盖力特性、指控覆盖力特性、信息作战行动覆盖力特性、进攻作战行动覆盖力特性、防御作战行动覆盖力特性。

2. 能力覆盖力关键且易损特性

在战争中对定位覆盖力特性的毁伤主要是干扰和压制定位系统的定位能力和精度。因此，空间定位特性是定位覆盖力特性的关键且易损特性。

在战争中对引导覆盖力特性的毁伤主要是摧毁引导控制系统和装备。因此，引导控制覆盖力特性是引导覆盖力特性的关键且易损特性。

在战争中对判断覆盖力特性的毁伤主要是制造敌方判断的难度，延长敌方判断的时间。因此，趋势判断特性是判断覆盖力特性的关键且易损特性。

在战争中对调整覆盖力特性的毁伤主要是迟滞兵力和火力调整的速度和时间。因此，兵力调整特性、火力调整特性是调整覆盖力特性的关键且易损特性。

在战争中对决策覆盖力特性的毁伤主要是制造定下决心和制订计划的复杂性和困难性，而定下决心是制订计划的前提和依据。因此，作战决心覆盖力特性是决策覆盖力特性的关键且易损特性。

在战争中对指控覆盖力特性的毁伤主要是压制指挥和控制的范围，迟滞指挥和控制的时间，而指挥是控制的前提和依据。因此，指挥覆盖力特性是指控覆盖力特性的关键且易损特性。

在战争中对信息作战行动覆盖力特性的毁伤主要是降低敌方对信息的利用程度。因此，网络战特性、电磁战特性是信息作战行动覆盖力特性的关键且易损特性。

在战争中对进攻作战行动覆盖力特性的毁伤主要是摧毁兵力投送和火力打击的平台和单元,而火力打击的覆盖力已经接近或超过兵力投送的覆盖力。因此,火力的打击范围特性是进攻作战行动覆盖力特性的关键且易损特性。

在战争中对防御作战行动覆盖力特性的毁伤主要是摧毁和压制主动防御系统。因此,主动防御行动覆盖力特性是防御作战行动覆盖力特性的关键且易损特性。

综上,能力覆盖力的关键且易损特性主要包括**空间定位特性**、**引导控制覆盖力特性**、**趋势判断特性**、**兵力调整特性**、**火力调整特性**、**作战决心覆盖力特性**、**指挥覆盖力特性**、**网络战特性**、**电磁战特性**、**火力的打击范围特性**、**主动防御行动覆盖力特性**,共11个关键且易损特性。

五、覆盖力关键且易损特性

覆盖力的关键且易损特性主要包括**基本观察要素特性**、**基本决策要素特性**、**基本行动要素特性**、网络信息特性、指挥控制特性、**多域OODA任务链和任务网特性**、**全域OODA任务链和任务网特性**、**体系的基本可靠性特性**、**体系的任务可靠性特性**、**空间定位特性**、**引导控制覆盖力特性**、**趋势判断特性**、**兵力调整特性**、**火力调整特性**、**作战决心覆盖力特性**、**指挥覆盖力特性**、**网络战特性**、**电磁战特性**、**火力的打击范围特性**、**主动防御行动覆盖力特性**。去除重复的关键且易损特性,共18个新增的关键且易损特性。

第五节 敏捷力特性

敏捷性是指作战体系在规定的战场环境和作战任务条件下,快速制定和筛选多种解决方案,并快速实施作战行动的能力。敏捷力是指作战体系所具有的敏捷性能力,是在动态的攻防博弈情况下,作战体系能够及时和灵活应对战场动态变化的能力,是在设计规定的要素和架构框架中作战体系快速和灵敏的反应、运作的能力,是研发、构建和运用作战体系的时间效率、成本效率和打击效率。敏捷力体现的是作战体系的应变能力,体现的是作战体系对战场环境的适应能力,体现的是作战体系在各种对抗条件下完成特定目标任务的能力效率。分析和研究敏捷力的组成要素、关键能力特性和易损能力特性,对于有效打击和毁伤敌方的敏捷力,对于敏捷力的失能毁伤技术发展和作战运用意义重大。

一、敏捷力模型

1. 敏捷力分类

作战体系的敏捷力特点主要表现在灵活性、快速性、协调性、平衡和实力等方面。灵活性是指不受约束的采取一系列行动。快速性是指决策行动和作战行动的迅速程度。协调性是指作战行动和所需作战资源的协调平衡。因此，作战体系的敏捷力主要由灵活性、快速性、协调性组成。下面针对这三种能力，开展相应的目标模型构建研究。

2. 敏捷力模型

灵活性模型。灵活性主要由决策灵活、行动灵活、任务灵活组成。其中，行动灵活是灵活性的核心。灵活性的目标模型如图 6.5.1 所示。

图 6.5.1　灵活性的目标模型

快速性模型。快速性主要由快速调整、快速决策、快速行动组成。其中，快速决策是快速性的核心。快速性的目标模型如图 6.5.2 所示。

图 6.5.2　快速性的目标模型

协调性模型。协调性主要由力量协调、行动协调、资源协调组成。其中，行动协调是协调性的核心。协调性的目标模型如图 6.5.3 所示。

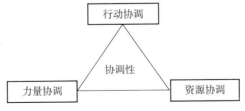

图 6.5.3　协调性的目标模型

二、灵活性关键特性和易损特性

1. 灵活性关键特性

灵活性主要由决策灵活、行动灵活、任务灵活组成。

决策灵活的主要特性包括条件灵活特性、方式灵活特性等。条件灵活特性主要由己方条件特性、敌方条件特性、环境条件特性决定；方式灵活特性主要由指挥员决策特性、计算机辅助决策特性、人机融合决策特性决定。其中，条件灵活特性、方式灵活特性是决策灵活的关键特性。

行动灵活的主要特性包括兵力行动灵活特性、火力行动灵活特性、信息行动灵活特性等。兵力行动灵活特性主要由兵力力量灵活特性、兵力运用灵活特性决定；火力行动灵活特性主要由火力力量灵活特性、火力运用灵活特性决定；信息行动灵活特性主要由信息力量灵活特性、信息运用灵活特性决定。其中，火力行动灵活特性、信息行动灵活特性是行动灵活的关键特性。

任务灵活的主要特性包括任务性质灵活特性、任务类型灵活特性等。任务性质灵活特性主要由战略性任务特性、战役性任务特性、战术性任务特性决定；任务类型灵活特性主要由进攻性任务特性、防御性任务特性、威慑性任务特性决定。其中，任务性质灵活特性、任务类型灵活特性是任务灵活的关键特性。

综上，灵活性的关键特性主要包括条件灵活特性、方式灵活特性、火力行动灵活特性、信息行动灵活特性、任务性质灵活特性、任务类型灵活特性。

2. 灵活性关键且易损特性

在战争中对条件灵活特性的毁伤主要是制造虚假的条件迷惑对方的决策。因此，敌方条件特性是条件灵活特性的关键且易损特性。

在战争中对方式灵活特性的毁伤主要是增加决策的复杂性和困难性。因此，指挥员决策特性是方式灵活特性的关键且易损特性。

在战争中对火力行动灵活特性的毁伤主要是破坏火力在一个主要作战方向上的集中运用。因此，火力运用灵活特性是火力行动灵活特性的关键且易损特性。

在战争中对信息行动灵活特性的毁伤主要是破坏信息力与火力的一体化结合。因此，信息运用灵活特性是信息行动灵活特性的关键且易损特性。

在战争中对任务性质灵活特性的毁伤主要是利用低层性质的作战任务达成高层性质的作战目的。因此，战术性任务特性是任务性质灵活特性的关键且易损特性。

在战争中对任务类型灵活特性的毁伤主要是遏制进攻性作战力量和行动。因此，进攻性任务特性是任务类型灵活特性的关键且易损特性。

综上，灵活性的关键且易损特性主要包括**敌方条件特性、指挥员决策特**

性、火力运用灵活特性、信息运用灵活特性、战术性任务特性、进攻性任务特性**，共 6 个关键且易损特性。

三、快速性关键特性和易损特性

1. 快速性关键特性

快速性主要由快速调整、快速决策、快速行动组成。

快速调整的主要特性包括快速判断特性、快速部署特性等。快速判断特性主要由人机融合的判断特性决定；快速部署特性主要由快速进行兵力和火力部署调整的特性决定。其中，快速部署特性是快速调整的关键特性。

快速决策的主要特性包括快速定下决心特性、快速制订计划特性等。快速定下决心特性主要由快速产生多个作战方案特性决定；快速制订计划特性主要由快速选择作战方案特性决定。其中，快速定下决心特性是快速决策的关键特性。

快速行动的主要特性包括快速响应特性等。快速响应特性主要由计划响应特性、快速行动响应特性决定。其中，快速行动响应特性是快速行动的关键特性。

综上，快速性的关键特性主要包括快速部署特性、快速定下决心特性、快速响应特性。

2. 快速性关键且易损特性

在战争中对快速部署特性的毁伤主要是迟滞兵力和火力调整的速度和时间。因此，快速兵力部署调整的特性、快速火力部署调整的特性是快速部署特性的关键且易损特性。

在战争中对快速定下决心特性的毁伤主要是制造定下决心的复杂性和困难性，迟滞定下决心的速度和时间。因此，快速产生多个作战方案特性是快速定下决心特性的关键且易损特性。

在战争中对快速响应特性的毁伤主要是打击和迟滞行动开始前的集结行动。因此，快速行动响应特性是快速响应特性的关键且易损特性。

综上，快速性的关键且易损特性主要包括**快速兵力部署调整的特性、快速火力部署调整的特性、快速产生多个作战方案特性、快速行动响应特性**，共 4 个关键且易损特性。

四、协调性关键特性和易损特性

1. 协调性关键特性

协调性主要由力量协调、行动协调、资源协调组成。

力量协调的主要特性包括联合作战力量区分特性、联合作战力量部署特性等。联合作战力量区分特性主要由隶属和配属特性、任务和分工特性决定；联合作战力量部署特性主要由力量要素部署特性、网络架构部署特性决定。其中，联合作战力量部署特性是力量协调的关键特性。

行动协调的主要特性包括任务协调特性、时间协调特性等。任务协调特性主要由任务区分特性决定；时间协调特性主要由任务流程特性决定。其中，任务协调特性、时间协调特性是行动协调的关键特性。

资源协调的主要特性包括人员资源特性、装备资源特性等。人员资源特性主要由兵力规模特性、兵力机动代价特性决定；装备资源特性主要由装备种类特性、装备规模特性决定。其中，人员资源特性、装备资源特性是资源协调的关键特性。

综上，协调性的关键特性主要包括联合作战力量部署特性、任务协调特性、时间协调特性、人员资源特性、装备资源特性。

2. 协调性关键且易损特性

在战争中对联合作战力量部署特性的毁伤主要是摧毁关键力量要素，阻断要素间的联系。因此，力量要素部署特性、网络架构部署特性是联合作战力量部署特性的关键且易损特性。

在战争中对任务协调特性的毁伤主要是摧毁承担关键任务的力量要素。因此，任务区分特性是任务协调特性的关键且易损特性。

在战争中对时间协调特性的毁伤主要是中断和迟滞任务的流程。因此，任务流程特性是时间协调特性的关键且易损特性。

在战争中对人员资源特性的毁伤主要是杀伤敌方的有生力量，提高兵力机动的距离和范围。因此，兵力规模特性、兵力机动代价特性是人员资源特性的关键且易损特性。

在战争中对装备资源特性的毁伤主要是压制和摧毁关键种类装备的能力。因此，装备种类特性、装备规模特性是装备资源特性的关键且易损特性。

综上，协调性的关键且易损特性主要包括**力量要素部署特性、网络架构部署特性、任务区分特性、任务流程特性、兵力规模特性、兵力机动代价特性、装备种类特性、装备规模特性**，共 8 个关键且易损特性。

五、敏捷力关键且易损特性

敏捷力的关键且易损特性主要包括**敌方条件特性、指挥员决策特性、火力运用灵活特性、信息运用灵活特性、战术性任务特性、进攻性任务特性、快速兵力部署调整的特性、快速火力部署调整的特性、快速产生多个作战方案特性、快速行动响应特性、力量要素部署特性、网络架构部署特性、任务区分特性、任务流程特性、兵力规模特性、兵力机动代价特性、装备种类特性、装备规模特性**，共 18 个新增的关键且易损特性。

第六节 智能力特性

在作战体系中,智能力是指作战体系所具有的体系智能和人机融合智能能力,是作战体系整体(而不是局部)所呈现的智能水平和能力,是作战体系中的作战人员与人工智能系统交互融合所呈现的智能水平和能力,是人的"算计"能力与机的"计算"能力互补叠加,是通过环境与作战对手进行智能博弈对抗的能力,是人、机、环相互作用的能力。智能力体现的是无人作战体系、有人/无人协同作战体系,对战场态势的深度感知、智能决策和自主行动,体现的是作战体系 OODA 的自主快速闭环能力,体现的是在博弈对抗的条件下作战体系自适应、自组织、自规划、自应变的能力。分析和研究智能力的组成要素、关键能力特性和易损能力特性,对于有效打击和毁伤敌方的智能力,对于智能力的失能毁伤技术发展和作战运用意义重大。

一、智能力模型

1. 智能力分类

作战体系的智能力特点主要表现在学习力、理解力、判断力和行为力等方面。作战体系智能力分为人智力、机智力、人机交互力。因此,智能力主要由人智力、机智力、人机交互力组成。下面针对这三种能力,开展相应的目标模型构建研究。

2. 智能力模型

人智力模型。人智力主要由观察力、记忆力、想象力、判断力、思维力、应变力等组成。其中,判断力、思维力是人智力的核心。人智力的目标模型如图 6.6.1 所示。

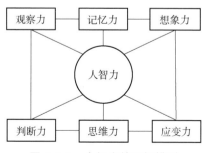

图 6.6.1 人智力的目标模型

机智力模型。机智力主要由算数、算法、算力组成。其中,算数、算力是机智力的核心。机智力的目标模型如图 6.6.2 所示。

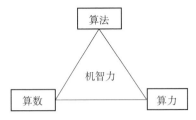

图 6.6.2　机智力的目标模型

人机交互力模型。人机交互力主要由感知交互、认知交互、行为交互组成。其中，认知交互是人机交互力的核心。人机交互力的目标模型如图 6.6.3 所示。

图 6.6.3　人机交互力的目标模型

二、人智力关键特性和易损特性

1. 人智力关键特性

人智力主要由感知力、认知力和行为力等组成。

感知力的主要特性与人的生命力的感知力的主要特性相同，关键特性亦相同，主要包括视网膜特性、内耳特性、电子传感器特性和网络链路特性。

认知力的主要特性与人的生命力的认知力的主要特性相同，关键特性亦相同，主要包括脑器官特性、计算机认知特性。

行为力的主要特性与人的生命力的行为力的主要特性相同，关键特性亦相同，主要包括中枢神经特性、四肢骨骼特性。

综上，人智力的关键特性主要包括视网膜特性、内耳特性、电子传感器特性、网络链路特性、脑器官特性、计算机认知特性、中枢神经特性、四肢骨骼特性。

2. 人智力关键且易损特性

人智力的关键且易损特性与人的生命力的感知力、认知力、行为力的关键且易损特性相同，主要包括视网膜结构特性、内耳结构特性、电子传感器结构特性、抗干扰特性、脑结构特性、算数特性、算力特性、脑特性、脊椎特性、骨骼特性，没有新增的关键且易损特性。

三、机智力关键特性和易损特性

1. 机智力关键特性

机智力主要由算数、算法、算力组成，这与计算机认知特性的关键特性相同，主要包括算数特性、算力特性、算法特性。

2. 机智力关键且易损特性

机智力的关键且易损特性与计算机认知特性的关键且易损特性相同，主要包括算数特性、算力特性，没有新增的关键且易损特性。

四、人机交互力关键特性和易损特性

1. 人机交互力关键特性

人机交互力主要由感知交互、认知交互、行为交互组成。

感知交互的主要特性包括拓展特性等。拓展特性主要由视觉拓展特性、听觉拓展特性、触觉拓展特性、意觉拓展特性决定。其中，拓展特性是感知交互的关键特性。

认知交互的主要特性包括增强特性、加速特性等。增强特性主要由感知增强特性、认知增强特性决定；加速特性主要由感知加速特性、认知加速特性决定。其中，增强特性、加速特性是认知交互的关键特性。

行为交互的主要特性包括人在环路上特性、人在环路外特性等。人在环路上特性主要由遥控特性决定；人在环路外特性主要由信任特性决定。其中，人在环路上特性、人在环路外特性是行为交互的关键特性。

综上，人机交互力的关键特性主要包括拓展特性、增强特性、加速特性、人在环路上特性、人在环路外特性。

2. 人机交互力关键且易损特性

在战争中对拓展特性的毁伤主要是通过对战场态势数据的欺骗和干扰，使人的感知和机的感知产生零拓展或负拓展。因此，视觉拓展特性、听觉拓展特性是拓展特性的关键且易损特性。

在战争中对增强特性的毁伤主要是采取数据造假的手段，使人的感知和认知与机的感知和认知产生零增强或负增强。因此，感知增强特性、认知增强特性是增强特性的关键且易损特性。

在战争中对加速特性的毁伤主要是毁伤和削弱机的计算能力，增加计算的复杂性，使人的感知和认知与机的感知和认知产生零加速或负加速。因此，感知加速特性、认知加速特性是加速特性的关键且易损特性。

在战争中对人在环路上特性的毁伤主要是切断人与机的交互链路。因此，遥控特性是人在环路上特性的关键且易损特性。

在战争中对人在环路外特性的毁伤主要是使机的行为特性产生错误和偏差，偏离人的判断和预设，使人对机不再产生信任和利用。因此，信任特性是人在环路外特性的关键且易损特性。

综上，人机交互力的关键且易损特性主要包括**视觉拓展特性、听觉拓展特性、感知增强特性、认知增强特性、感知加速特性、认知加速特性、遥控特性、信任特性**，共8个关键且易损特性。

五、智能力关键且易损特性

智能力的关键且易损特性主要包括视网膜结构特性、内耳结构特性、电子传感器结构特性、抗干扰特性、脑结构特性、算数特性、算力特性、脑特性、脊椎特性、骨骼特性、算数特性、算力特性、**视觉拓展特性、听觉拓展特性、感知增强特性、认知增强特性、感知加速特性、认知加速特性、遥控特性、信任特性**。去除重复的关键且易损特性，共8个新增的关键且易损特性。

第七节　共性关键且易损能力特性

在前面的分析和研究中，我们从四类目标的12项通用作战能力出发，共得到183项关键且易损的能力特性。在这些能力特性中，有的是重复的能力特性，有的是具有包含关系的能力特性，有的是具有因果关系的能力特性，有的能力属性和特征属性相近或相似，这就为进一步梳理和归纳183项能力特性，进而总结出共性关键且易损能力特性，提供了前提和依据。

一、分类原则与通用能力特性

1. 分类原则

一是为保持目标分类的一致性，按四类目标对能力特性进行归纳和总结。

二是为减少能力特性的细分，将性质和属性相近或相似的能力特性进行归一处理。

三是为便于失能定制毁伤的定位和实施，用实体目标特性归纳和总结能力特性。

四是考虑到四类目标具有向上的包含特性，对四类目标之间重复的能力特性向上归结。

2. 通用能力特性

按照分类原则，可将183个关键且易损能力特性归结为25个通用关键且易损特性，以下简称通用能力特性，如图6.7.1所示。

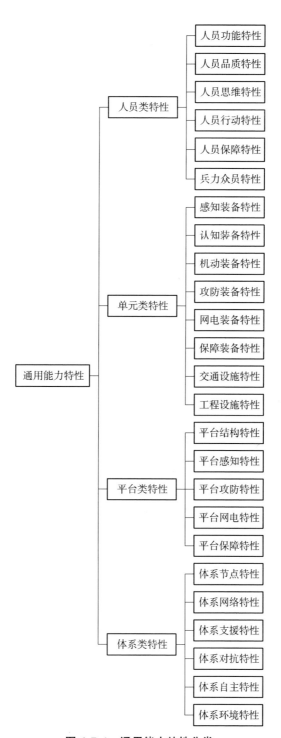

图 6.7.1 通用能力特性分类

二、人员类目标特性

人员类目标特性中，可以归纳 33 个关键且易损特性，合成 6 个通用能力特性。

1. 人员功能特性

人员功能特性主要包括视网膜结构特性、内耳结构特性、视觉拓展特性、听觉拓展特性、感知增强特性、感知加速特性，共 6 个关键且易损特性。

2. 人员品质特性

人员品质特性主要包括政治特性、献身特性、顽强特性、团结特性、组织特性，共 5 个关键且易损特性。

3. 人员思维特性

人员思维特性主要包括脑特性、脑结构特性、指挥员决策特性、舆论战特性、心理战特性、法律战特性、认知增强特性、认知加速特性、遥控特性、信任特性，共 10 个关键且易损特性。

4. 人员行动特性

人员行动特性主要包括脊椎特性、骨骼特性，共 2 个关键且易损特性。

5. 人员保障特性

人员保障特性主要包括被装给养前送特性、药品器材前送特性、前线救治特性、后方救治特性、装填人员特性，共 5 个关键且易损特性。

6. 兵力众员特性

兵力众员特性主要包括人员特性、兵力调整特性、兵力规模特性、兵力机动代价特性、快速进行兵力部署调整的特性，共 5 个关键且易损特性。

三、单元类目标特性

单元类目标特性中，可以归纳 61 个关键且易损特性，合成 8 个通用能力特性。

1. 感知装备特性

感知装备特性主要包括电子传感器结构特性、抗干扰特性、信息感知系统特性、感知传感器特性、传感器的感知特性、传感器的电子特性、引信特性，共 7 个关键且易损特性。

2. 认知装备特性

认知装备特性主要包括算数特性、算力特性、数据造假的识别特性、数据侵入的防护特性、专用芯片的保护特性、分类的全面性和完整性，共 6 个关键且易损特性。

3. 机动装备特性

机动装备特性主要包括操控装置特性、传动装置特性、储能装置特性、装备特性、装备种类特性、装备规模特性，共 6 个关键且易损特性。

4. 攻防装备特性

攻防装备特性主要包括卫星制导特性、末制导特性、弹道控制特性、稳定控制特性，共 4 个关键且易损特性。

5. 网电装备特性

网电装备特性主要包括信息传输系统特性、辐射能传输特性、网络通信特性、控制电磁特性、控制网络特性、信道的质量特性、信息的开放性特性，共 7 个关键且易损特性。

6. 保障装备特性

保障装备特性主要包括后勤保障物资特性、装备保障物资特性、油料物资的物资特性、油料物资前送特性、装备生产特性、装备供应特性、备品备件生产特性、备品备件供应特性、维修装备特性、气象保障装备特性、水文保障装备特性、地理保障装备特性、感知保障系统特性、侦察装备特性、情报装备特性、机要装备特性、通信装备特性、机动维修设施特性、固定维修设施特性、物资仓储特性，共 20 个关键且易损特性。

7. 交通设施特性

交通设施特性主要包括公路基础设施特性、公路交通工具特性、铁路基础设施特性、铁路交通工具特性、水路基础设施特性、水路交通工具特性、航空基础设施特性、航空交通工具特性，共 8 个关键且易损特性。

8. 工程设施特性

工程设施特性主要包括关键设施特性、设施结构特性、战场工程设施特性，共 3 个关键且易损特性。

四、平台类目标特性

平台类目标特性中，可以归纳 27 个关键且易损特性，合成 5 个通用能力特性。

1. 平台结构特性

平台结构特性主要包括防护结构特性、隐身结构特性、电器连接结构特性、防护装甲特性、技术隐身特性，共 5 个关键且易损特性。

2. 平台感知特性

平台感知特性主要包括目标指示特性、跟踪能力特性、引导能力特性，共 3 个关键且易损特性。

3. 平台攻防特性

平台攻防特性主要包括装填装备特性、发射流程特性、发射条件特性、火力抗拦截特性、火力抗干扰特性、引导控制特性、火力调整特性、火力的打击范围特性、示假目标特性、伪装目标特性，共 10 个关键且易损特性。

4. 平台网电特性

平台网电特性主要包括连通特性、互通的质量特性，共 2 个关键且易损特性。

5. 平台保障特性

平台保障特性主要包括联络保障特性、侦察情报保障特性、通信机要保障特性、目标保障实时性、目标保障准确性、目标保障要素齐备性、目标保障要素准确性，共 7 个关键且易损特性。

五、体系类目标特性

体系类目标特性中，可以归纳 62 个关键且易损特性，合成 6 个通用能力特性。

1. 体系节点特性

体系节点特性主要包括要素的短板特性、能力的短板特性、要素补足特性、能力补足特性、要素冗余特性、要素重组特性、要素替代特性、接口通用特性、基本观察要素特性、基本决策要素特性、基本行动要素特性，共 11 个关键且易损特性。

2. 体系网络特性

体系网络特性主要包括体系架构特性、架构冗余特性、架构替代特性、架构重组特性、架构模块特性、联系的范围特性、网络战特性、电磁战特性、网络架构部署特性，共 9 个关键且易损特性。

3. 体系支援特性

体系支援特性主要包括云对端特性、端对端特性、空间定位特性、引导控制覆盖力特性、主动防御行动覆盖力特性、作战决心覆盖力特性、指挥覆盖力特性、多域 OODA 任务链和任务网特性、全域 OODA 任务链和任务网特性，共 9 个关键且易损特性。

4. 体系对抗特性

体系对抗特性主要包括以假乱真情报特性、以真示假情报特性、作战编成样式特性、体系的基本可靠性特性、体系的任务可靠性特性、力量要素部署特性、敌方条件特性、火力运用灵活特性、信息运用灵活特性、战术性任务特性、进攻性任务特性、任务区分特性、任务流程特性，共 13 个关键且易损特性。

5. 体系自主特性

体系自主特性主要包括规定功能定制特性、自主功能定制特性、要素功能数字化定义特性、要素结构数字化定义特性、快速产生多个作战方案特性、快速行动响应特性、趋势判断特性、快速进行火力部署调整特性、斩首特性、造假特性，共 10 个关键且易损特性。

6. 体系环境特性

体系环境特性主要包括地理自然环境特性、水文自然环境特性、气象自然环境特性、海面自然环境特性、水下自然环境特性、海底自然环境特性、云雾雨雪风光等大气环境特性、温度环境特性、辐射环境特性、电视广播电磁环境特性，共 10 个关键且易损特性。

第七章

失能定制毁伤技术途径

有了 25 个通用能力特性，如何才能得到失能定制毁伤的技术途径呢？我们的基本思路是：首先，针对每一个通用能力特性，分析哪一种或哪几种毁伤方式能够适用这种通用能力特性；其次，对每一种适用的毁伤方式，找出最匹配的毁伤能量形态，这种能量形态可以是单一的能量形态，也可以是多种组合的能量形态；第三，从毁伤能量形态与通用能力特性的匹配中，梳理出可能的失能定制毁伤技术途径；最后，对所有可能的技术途径进行梳理和归纳，得到失能定制毁伤技术途径图谱。我们希望这种技术途径图谱，能够像元素周期表那样，对每一种技术途径都可以找到它的定位，对每一种尚待发展的技术途径都可以找到它的方向。

当然，可以通过打击武器自主感知目标的易损部位，如导弹探测到坦克的瞄准镜、炮塔、发动机，进行针对性打击；可以通过体系化的定制毁伤能力，通过多种手段，针对目标的易损特性进行多方式、多维度、系统性的毁伤；可以采取多种组合的毁伤技术途径，对目标实施失能定制毁伤。

第一节 人员类目标失能技术途径

根据人员类目标的 33 个关键且易损特性，我们用 6 个通用能力特性进行了归纳。下面对 6 个通用能力特性的失能定制毁伤技术途径进行逐一分析。

一、人员功能特性的失能技术途径

人员功能特性主要是人的感知器官特性，既包括人自身的感知器官，也包括计算机对人的感知的增强和加速。

1. 失能毁伤方式

对人自身的视听感知器官的毁伤方式，可以采用硬毁伤的毁伤方式，即对感知器官进行物理摧毁，从而造成感知器官功能失效；可以采用软毁伤的毁伤方式，即对视听器官进行致盲和失聪，从而造成感知器官能力丧失；可以采用直接的毁伤方式，即对感知器官进行直接毁伤，从而造成感知器官永久或长久的功能失效；可以采用间接的毁伤方式，即对感知器官进行间接毁伤，从而造成感知器官短时的或暂时的能力丧失；可以采用整体毁伤的方式，即对多个感知器官同时造成毁伤，从而造成感知功能和能力的整体性丧失；可以采用局部毁伤的方式，即对单一感知器官造成毁伤，从而造成感知功能和能力的局部性丧失。

对计算机对人的感知拓展、增强和加速的毁伤方式，既可以通过毁伤人的感知特性实现，也可以通过毁伤机的感知特性实现，还可以通过毁伤人与机之间的联系特性实现。

2. 失能能量形态

利用机械能的能量形态，可以对人的感知器官进行硬毁伤，如破片动能造成失明、冲击波超压造成失聪，也可以进行软毁伤，如爆炸扬起的沙尘进入眼睛造成迷眩、进入耳道造成听觉下降；可以对计算机进行硬毁伤，如破片动能或冲击波超压造成计算机毁坏；可以对计算机与人的联系进行硬毁伤，如破片动能或冲击波超压造成人机交互和人机界面的破坏。

利用热能的能量形态，无论是通过热传导方式还是热辐射方式，都可以灼伤和烧蚀人的感知器官，从而造成人的视听能力降低甚至丧失；可以烧毁计算机装备，或者使计算机在高温下过热损坏，从而降低和破坏计算机的增强和加速能力；热能所造成的烟火和浓烟，可以降低和阻止人机的交互，从而削弱拓展、增强、加速的能力。

利用化学能的能量形态，一方面，战斗部释放的绝大部分机械能和热能都是由化学能转化、转变而来的，化学能是机械能和热能的"母能量"形态或"元能量"形态；另一方面，利用化学能释放的特殊化学物质侵入人的感知器官，使人的视听感知器官失能或失效；利用化学能释放的特殊化学物质，使计算机脆化或熔化失效，使计算机的增强和加速能力失能或失效；利用化学能释放的化学物质，与目标介质相互作用，产生放热和吸氧反应，使人和机的感知和增强能力失能和失效，如云爆弹、温压弹等作用机理；利用特殊材料制成的动能破片，其材料性质与目标能量物质发生作用，使目标能量物质产生爆燃，连带使人和机的感知和增强能力失能或失效。

利用电能/磁能的能量形态，可以产生过压或过流的电能，使计算机产生保护中断，芯片和组件产生击穿烧毁，从而使计算机的增强和加速能力失能或失效；利用强电磁脉冲的能量形态，可以通过"前门"和"后门"的作用，使计算机的增强和加速能力失能或失效，使人机交互的界面和系统失能或失效。

利用辐射能的能量形态，可以产生强光的能量特性，使人的视觉器官受损失能；可以产生高功率微波的能量特性，使计算机增强和加速能力失能或失效，使人机交互的界面和系统产生失能和失效；可以产生窄带或宽带的微波能量特性，对人机交互的界面和系统产生干扰和压制，从而削弱计算机的增强和加速能力。

利用核能的能量形态，可以产生光（热）辐射、核冲击波、核沾染、核电磁脉冲等能量特性，使大范围的人员和计算机的感知和增强能力丧失。

利用信息能的能量形态，可以通过脑机接口作用于人的知识、记忆和思维，从而改变人对客观事物的正确感知；可以通过网络作用于计算机系统，使计算机的增强和加速能力失能或失效；可以通过数据造假、情报造假、目标造假等，使人对战场态势产生错误的感知，从而造成错误的认知和行为；利用舆论战、心理战、法律战，使人对战争的正义性、法理性产生错误感知和认知，从而削弱战争的意志。

3. 失能技术途径

对人的感知器官实施失能定制毁伤，可以包括以下技术途径：①破片云动能失明技术；②冲击波超压失聪技术；③沙尘云迷眩技术；④烟雾云遮断技术；⑤燃烧弹失明失聪技术；⑥化学雾剂失明技术；⑦强光失明技术；⑧脑机接口侵入技术；⑨数据造假、情报造假、目标造假技术；⑩利用舆论战、心理战、法律战技术。

对计算机的增强和加速特性实施失能定制毁伤，可以包括以下技术途径：①破片云动能毁伤芯片技术；②过热毁伤计算机技术；③化学溶剂脆化和熔化技术；④过压和过流毁伤技术；⑤强电磁脉冲毁伤技术；⑥高功率微波毁伤技术；⑦光辐射毁伤技术；⑧核辐射毁伤技术；⑨网络战技术。

对人机交互的界面和系统实施失能定制毁伤，可以包括以下技术途径：①人机交互系统硬毁伤技术；②人机交互系统软毁伤技术；③人机交互阻断和隔离技术；④人机交互干扰和压制技术；⑤人机交互系统网络战技术。

综上，在传统的毁伤技术途径之外，对人的功能特性实施失能定制毁伤的技术途径共有 24 项。

二、人员品质特性的失能技术途径

人员品质特性主要是人的非智力素质特性，既包括人自身的品质特性，也包括组织和团队的品质特性。

1. 失能毁伤方式

对人自身的品质特性的毁伤方式，可以采用硬毁伤的方式，通过惨烈的战场场景和震撼的毁伤力，心理上造成恐惧、震慑；可以采用软毁伤的方式，通过铺天盖地和针锋相对的心理战、舆论战和法律战，削弱战争的意志。可以采用直接毁伤的方式，将对心理的影响力直接施加于作战人员；也可以采取间接毁伤的方式，通过一部分人对另一部分人的影响，削弱战争的意志。可以采用整体毁伤的方式，对所有的参战人员施加心理影响；也可以采取局部毁伤的方式，对重点的、部分的参战人员施加心理影响。

对组织和团队的品质特性的毁伤方式，可以采取硬摧毁的方式，阻断和削弱人员之间的相互沟通和联系，从而造成整体品质的涣散和分离；可以采取点毁伤的方式，通过斩首行动，造成组织和团队群龙无首、惊慌失措；可以采取软毁伤的方式，通过心理战、舆论战和法律战，削弱组织和团队的战争意志。可以采取直接毁伤的方式，将战争的震慑力直接作用于组织和团队成员的心理；也可以采取间接毁伤的方式，通过改变对战争的认知，削弱战争的意志。可以采取整体毁伤的方式，将心理影响力作用于组织和团队的整体成员；也可以采取局部毁伤的方式，将心理影响力作用于组织和团队的部分成员。

2. 失能能量形态

利用机械能的能量形态，通过大威力冲击波超压产生的大规模杀伤效应和震慑力，削弱人和组织的战争意志；通过精准的动能杀伤，对组织的关键人物实施斩首行动，从而削弱人和组织的战争意志。

利用热能的能量形态，通过气象武器的运用，生成局部超热的战场环境，削弱人和组织的战争意志；通过天基太阳能收集和转发装置，向地球局部区域长时间连续辐射太阳能，破坏和干扰人和组织的正常生活和工作状态，削弱人和组织的战争意志。

利用化学能的能量形态，转化生成为机械能和热能的能量形态，削弱人和组织的战争意志；通过化学制剂的吸附和吸入，造成人和组织的精神崩溃，削弱人和组织的战争意志；通过化学能的毁伤作用摧毁宣传舆论机构和设施，使政府和国家的喉舌作用难以发挥，从而削弱人民群众的战争意志。

利用电能/磁能的能量形态，通过过压和过流的电击，使人和组织的精神意志错乱和崩溃，削弱人和组织的战争意志；通过改变局部战场的磁场，在外部信息阻断的情况下，使电罗经和磁罗经失效，使人和组织迷失在战场之中，从而削弱战争意志。

利用辐射能的能量形态，通过强电磁辐射的连续照射，使人和组织的精神和身体机能产生迷幻和崩溃，从而削弱战争意志；通过激光武器的精准杀伤，对组织的关键核心实施斩首，从而削弱组织的战争意志。

利用信息能的能量形态，通过心理战、舆论战、法律战削弱人和组织的战争意志；通过网络战的手段，侵入敌方网络和广播电视系统，用己方的舆论占领敌方的舆论，从而削弱人和组织的战争意志；通过情报造假、数据造假、态势造假，陷敌于汪洋大海之中，从而削弱人和组织的战争意志。

3. 失能技术途径

对人的品质特性实施失能定制毁伤，可以包括以下技术途径：①超大威力战斗部技术；②气象武器毁伤技术；③天基太阳能、微波能、激光能毁伤技术；④"人造天雷"毁伤技术；⑤电击毁伤技术；⑥特种声波毁伤技术；⑦"人造磁场"毁伤技术；⑧心理战、舆论战、法律战毁伤技术；⑨网络战毁伤技术。

对组织的品质特性实施失能定制毁伤，可以包括以下技术途径：①阻滞遮断毁伤技术；②动能斩首毁伤技术；③激光斩首毁伤技术；④精神效应毁伤技术；⑤心理效应毁伤技术；⑥信息造假毁伤技术；⑦数据造假毁伤技术。

综上，在传统的毁伤技术途径之外，对人的品质特性实施失能定制毁伤的技术途径共有16项。

三、人员思维特性的失能技术途径

人员思维特性主要是人的判断决策特性，既包括人的思维器官特性，也包括人的认知决策特性，还包括人机交互的增强特性，提升也包括人的控制和信任特性。其中，人机交互的增强特性在本节前面做过专门的讨论，毁伤技术途径相同，此处不再赘述。

1. 失能毁伤方式

对人的思维器官特性的毁伤方式，可以采取硬毁伤的毁伤方式，造成人脑器官的损伤，削弱和丧失人的思维特性；可以采取软毁伤的毁伤方式，造成人脑器官记忆丧失、逻辑错乱等功能损伤，削弱和丧失人的思维特性。可以采取直接毁伤的毁伤方式，直接造成人脑器官的损伤和错乱；也可以采取间接毁伤的毁伤方式，通过吸入化学气溶胶，间接造成脑器官的损伤和错乱。可以采取整体毁伤的毁伤方式，对人脑器官整体和人脑功能全部实施毁伤；也可以采取局部毁伤的毁伤方式，对人脑器官的局部和人脑功能的部分实施毁伤。对人的思维器官特性的毁伤，是对人的思维特性毁伤的失基毁伤。

对人的认知决策特性的毁伤方式，可以采取软毁伤的毁伤方式，通过输入错误的感知，产生认知偏差和决策错误；通过干扰和欺骗认知过程，产生认知偏差和决策错误；通过对人的思维惯性和固有经验的利用，操控人的认知和决策。可以采取整体毁伤的毁伤方式，通过战略误导和战略诱骗，产生整体性和战略性的认知偏差和决策错误。可以采取间接毁伤的毁伤模式，通过循循善诱的行动和策略，一步一步地使敌陷入认知的盲区和误区。

人与机的交互除了带来人的思维的拓展、增强和加速之外，还会受到人对机的控制方式、人对机的信任程度的影响。对人的控制和信任特性的毁伤方式，人对机的控制主要体现在人机交互的系统和体验方面，对其特性的毁伤前面已做过分析。对人对机的信任程度的毁伤方式，可以采用软毁伤的毁伤方式，使计算机输出的"思维结果"产生迟滞、模糊和错误，削弱和丧失人对计算机的信任；可以采用间接毁伤的毁伤方式，使人的思维与计算机的"思维"产生分离，削弱和丧失人对计算机的信任。

2. 失能能量形态

利用机械能的能量形态，通过产生与人脑结构产生共振的机械波和机械能，毁伤人的思维器官；通过对人脑特定部位和区域的精准打击，毁伤人的记忆力、逻辑力和思维判断力；通过"电磁雾霾"形成人对机的控制链路的阻断和干扰，造成人对机控制能力和信任程度的削弱和丧失；通过含能破片云毁伤计算机温度控制循环，造成计算机热控制的失效和升温，从而造成计算机能力的迟滞和输出"思维成果"的模糊和错误。

利用热能的能量形态，通过高温的持续作用使人中暑昏厥，丧失思维和认识能力；通过热传导和热辐射的方式，造成计算机热控制的失效和升温，从而造成计算机能力的迟滞和输出"思维成果"的模糊和错误。

利用化学能的能量形态，通过将化学能转化为机械能和热能，造成人思维和认知能力的削弱和丧失，造成计算机能力的迟滞和输出"思维成果"的模糊和错误。

利用电能/磁能的能量形态，通过特种方式的电击造成脑瘫式毁伤；通过过压和过流的方式，使计算机系统死机或多次启动，造成计算机能力的迟滞。

利用辐射能的能量形态，通过微波连续辐照，造成脑损伤，造成人思维判断能力的降低；通过强电磁脉冲的"前门"和"后门"作用，使计算机系统死机或多次启动，造成计算机能力的迟滞；通过电磁干扰和压制，造成人对机控制能力的削弱和丧失。

利用信息能的能量形态，通过信息造假和数据造假，使人的思维和计算机的思维产生分歧，削弱和降低人对计算机的信任程度；通过网络战的手段和措施，使计算机的算力降低、算法低效，造成计算机"思维结果"的模糊和错误，削弱和丧失人对计算机的信任。

3. 失能技术途径

对人的思维器官特性实施失能定制毁伤，可以包括以下技术途径：①脑损伤特种毁伤技术；②脑记忆、脑思维毁伤技术；③脑功能区特种毁伤技术；

④脑冲动和情绪冲动毁伤技术；⑤高温环境毁伤技术。

对人的认知决策特性实施失能定制毁伤，可以包括以下技术途径：①信息造假和情报造假毁伤技术；②思维惯性增强毁伤技术；③思维影响和操控毁伤技术；④战略误导和欺骗毁伤技术；⑤连环误导和欺骗毁伤技术。

对人的控制和信任特性实施失能定制毁伤，可以包括以下技术途径：①计算机"死机"毁伤技术；②人机认知交错毁伤技术；③计算机温度效应毁伤技术；④算力降低和算法降效毁伤技术；⑤"电磁雾霾"阻断毁伤技术；⑥控制链路接管毁伤技术。

综上，在传统的毁伤技术途径之外，对人的思维特性实施失能定制毁伤的技术途径共有 16 项。

四、人员行动特性的失能技术途径

人员行动特性主要是人员自身行动的能力特性，既包括人员行动的力量性，又包括人员行动的耐久性，也包括人员行动的敏捷性。

1. 失能毁伤方式

对人员行动的力量性的毁伤方式，可以采取硬毁伤的毁伤方式，通过毁伤骨骼、肌肉和神经，削弱和丧失人员行动的力量性；可以采取软毁伤的毁伤方式，使肌肉和神经麻痹受损，削弱和丧失人员行动的力量性。可以采取直接毁伤的毁伤方式，造成人的行动能力直接受损；可以采取间接毁伤的毁伤方式，破坏和恶化人员行动的环境和条件，造成力量的相对削弱和丧失。可以采取整体毁伤的毁伤方式，对人员全体和人身的整体的行动的力量性实施毁伤；可以采取局部毁伤的毁伤方式，对部分人员和人身的部分肢体实施局部毁伤。

对人员行动的耐久性的毁伤方式，可以采取硬毁伤的毁伤方式，造成人的肌肉耐力削弱和丧失；可以采取软毁伤的毁伤方式，造成人的心血管耐力的削弱和丧失。可以采取直接毁伤的毁伤方式，造成人的行动耐久能力直接受损；可以采取间接毁伤的毁伤方式，破坏和恶化人员行动的环境和条件，造成耐久力的相对削弱和丧失。可以采取整体毁伤的毁伤方式，对人员全体和人身的整体的行动的耐久性实施毁伤；可以采取局部毁伤的毁伤方式，对部分人员和人身的部分肢体的耐久性实施局部毁伤。

对人员行动的敏捷性的毁伤方式，可以采取硬毁伤和软毁伤的毁伤方式，造成神经反应敏捷性和肌肉反应敏捷性的削弱和降低。可以采取直接毁伤的毁伤方式，直接杀伤人的神经系统和肌肉系统；可以采取间接毁伤的毁伤方式，通过化学制剂和气溶胶造成神经麻痹和肌肉麻痹。可以采取整体毁伤的毁伤方式，既造成神经反应敏捷性的毁伤，又造成肌肉反应敏捷性毁伤；可以采用局部毁伤的毁伤方式，对神经反应敏捷性和肌肉反应敏捷性其中的一种进行毁伤。

2. 失能能量形态

利用机械能的能量形态，通过冲击波超压的作用，毁伤人的运动骨骼、肌肉和神经，削弱和丧失人运动的力量性、耐久性和敏捷性；通过破片动能，造成骨骼、肌肉和神经的损伤，削弱和丧失人的运动力量性、耐久性和敏捷性；通过改变人的运动环境和条件，增加人行动的困难和复杂性，削弱和丧失人的力量性、耐久性和敏捷性。

利用热能的能量形态，通过使人升温和失温的技术手段，削弱和丧失人的力量性、耐久性和敏捷性。

利用化学能的能量形态，通过转化为机械能和热能，削弱和丧失人的力量性、耐久性和敏捷性；通过化学制剂麻痹、腐蚀人的运动神经和肌肉，降低人的心血管耐力，削弱和丧失人的力量性、耐久性和敏捷性。

利用电能/磁能的能量形态，通过电击的手段，造成麻痹人的神经和肌肉，削弱和丧失人的力量性、耐久性和敏捷性；通过强电（磁）场的作用，使人失去方向性，削弱和丧失人的力量性、耐久性和敏捷性。

利用辐射能的能量形态，通过强激光的手段，烧穿人的运动肌肉和骨骼，削弱和丧失人的力量性、耐久性和敏捷性；通过强电磁脉冲的作用，毁伤人的运动肌肉和骨骼，削弱和丧失人的力量性、耐久性和敏捷性。

利用信息能的能量形态，通过网络战的手段，接管和操控脑机接口，使人运动的力量性、耐久性和敏捷性消耗于无用或有害的运动之中；通过信息战的手段，在战场上充分地调动敌人，削弱和丧失人的力量性、耐久性和敏捷性；通过数据战的手段，在人机协同行动的统一体中，造成机的行动与人的行动相脱离，削弱和丧失人机协同行动的力量性、耐久性和敏捷性。

3. 失能技术途径

对人员行动的力量性、耐久性、敏捷性实施失能定制毁伤，可以包括以下技术途径：①改变道路环境和条件毁伤技术；②人体升温和失温毁伤技术；③运动神经和肌肉麻痹毁伤技术；④心血管增负毁伤技术；⑤强激光、强电磁脉冲、强电（磁）毁伤技术；⑥脑机接口操控毁伤技术；⑦人机协同行动毁伤技术。

综上，在传统的毁伤技术途径之外，对人的行动特性实施失能定制毁伤的技术途径共有7项。

五、人员保障特性的失能技术途径

人员保障特性主要是保障作战人员遂行作战任务的特性，既包括人的政治保障特性，又包括人的后勤保障特性，也包括人的装备保障特性。

1. 失能毁伤方式

对人的政治保障特性的毁伤方式，与人的品质特性的毁伤方式相同。此前已做过讨论，此处不再赘述。

对人的后勤保障特性和人的装备保障特性的毁伤方式，将在后勤保障特性的毁伤方式和装备保障特性的毁伤方式一节中专门讨论，此处不再赘述。

2. 失能能量形态

对人的政治保障特性的毁伤能量形态，与人的品质特性的毁伤能量形态相同。此前已做过讨论，此处不再赘述。

对人的后勤保障特性和人的装备保障特性的毁伤能量形态，将在后勤保障特性的毁伤能量形态和装备保障特性的毁伤能量形态一节中专门讨论，此处不再赘述。

3. 失能技术途径

对人的政治保障特性的失能定制毁伤技术途径，与人的品质特性的失能定制毁伤技术途径相同。此前已做过讨论，此处不再赘述。

对人的后勤保障特性和人的装备保障特性的失能定制毁伤技术途径，将在后勤保障特性的失能定制毁伤技术途径和装备保障特性的失能定制毁伤技术途径一节中专门讨论，此处不再赘述。

六、兵力众员特性的失能技术途径

兵力众员特性主要是一定规模兵力的集体特性，既包括兵力自身特性，又包括兵力部署特性，也包括兵力行动特性。

1. 失能毁伤方式

对兵力自身特性的毁伤方式，可以采取与人员功能特性、人员思维特性相同的毁伤方式。除此之外，可以采取硬毁伤的毁伤方式，通过分布式杀伤、面杀伤、子母式杀伤的手段，削弱和丧失兵力的功能特性和思维特性；可以采取软毁伤的毁伤方式，通过广域的舆论战、心理战和法律战手段，削弱和丧失兵力的功能特性和思维特性；可以采取局部毁伤的毁伤方式，对兵力中的重点人员，如指挥参谋人员、侦察特战人员、装备操控人员等，实施局部的杀伤，削弱和丧失重点局部兵力的功能特性和思维特性。

对兵力部署特性的毁伤方式，可以采取硬毁伤的毁伤方式，通过分布式杀伤、多点同步杀伤等手段，削弱和丧失分布部署兵力的功能特性和思维特性；可以采取与兵力行动特性相同的毁伤方式，削弱和丧失兵力调整部署的功能特性和思维特性；可以采取间接毁伤的毁伤方式，通过分布式的、各不相同的、互相关联的信息造假和情报造假，使分布式部署的兵力调整失去统一的依据和秩序，削弱和丧失兵力调整部署的功能特性和思维特性。

对兵力行动特性的毁伤方式，可以采取与人员行动特性相同的毁伤方式，削弱和丧失兵力的行动能力。除此之外，可以采取与平台机动特性相同的毁伤方式，通过削弱和丧失投送兵力的平台机动特性，削弱和丧失兵力的行动能力；可以采取与交通设施特性相同的毁伤方式，通过削弱和丧失用于投送兵力的交通设施特性，削弱和丧失兵力行动特性。

2. 失能能量形态

利用机械能的能量形态，通过云爆弹、杀爆弹、温压弹等形成的广域爆燃冲击波和吸氧效应，削弱和丧失兵力能力特性；通过分布式战斗部、子母式战斗部形成的广域动能覆盖，削弱和丧失兵力能力特性；通过协同打击、饱和攻击等形成的广域动能覆盖，削弱和丧失兵力能力特性。

利用热能的能量形态，通过燃烧弹、高温辐射弹等形成的广域传导热和辐射热，削弱和丧失兵力能力特性；通过气象武器形成的局部升温和降温，削弱和丧失兵力能力特性。

利用化学能的能量形态，通过分布式、协同式化学制剂形成广域的兵力麻痹作用，削弱和丧失兵力能力特性；通过化学气溶胶与兵力伪装器材的相互作用，使其丧失伪装能力，削弱和丧失兵力能力特性。

利用辐射能的能量形态，通过基于通信信号的追踪和反辐射打击，摧毁指挥所和指挥参谋人员，使兵力群龙无首，削弱和丧失兵力能力特性；通过广域的电子干扰和压制，使兵力的部署和行动丧失协同和步调一致的能力，削弱和丧失兵力能力特性；通过强电磁脉冲形成的广域毁伤作用，使兵力携带的电子装备失效或功能降低，削弱和丧失兵力能力特性。

利用信息能的能量形态，通过分布式、协同式信息造假和数据造假形成广域关联欺骗干扰，削弱和丧失兵力能力特性；利用网络战阻断广域分布式部署兵力之间的联系，削弱和丧失兵力能力特性。

3. 失能技术途径

对兵力众员特性的失能定制毁伤，可以包括以下技术途径：①云爆弹、杀爆弹、温压弹毁伤技术；②分布式战斗部、子母式战斗部毁伤技术；③协同打击、饱和攻击毁伤技术；④广域燃烧弹、高温辐射弹毁伤技术；⑤战场局部升温和降温毁伤技术；⑥特种化学制剂、特种化学气溶胶伪装毁伤技术；⑦通信反辐射毁伤技术；⑧分布式电子干扰毁伤技术；⑨协同式信息造假毁伤技术；⑩分布式心理战、舆论战、法律战和网络战毁伤技术。

综上，对兵力众员特性实施失能定制毁伤的技术途径共有 10 项。

对人员类目标的失能定制毁伤的技术途径，去除重复的技术途径，去除后续章节研究的技术途径，共有 73 项可供选择的技术途径。

第二节 单元类目标失能技术途径

根据单元类目标的 61 个关键且易损特性，我们用 8 个通用能力特性进行了归纳。下面对 8 个通用能力特性的失能定制毁伤技术途径进行逐一分析。

一、感知装备特性的失能技术途径

感知装备特性主要是感知装备、感知系统和感知体系的相关能力特性，既包括感知结构特性，又包括感知功能特性，还包括感知对抗特性。

1. 失能毁伤方式

对感知结构特性的毁伤方式，可以采取硬毁伤的毁伤方式，对感知传感器、感知装备、感知系统、感知体系的结构实施物理毁伤；可以采取直接毁伤的毁伤方式，将传感器损坏、致盲和致眩；可以采取整体毁伤的毁伤方式，对感知体系的全部感知系统同步协同毁伤。

对感知功能特性的毁伤方式，可以采取软毁伤的毁伤方式，对感知传感器、感知装备、感知系统、感知体系的电磁系统实施网络毁伤、电磁压制和干扰毁伤；可以采取间接毁伤的毁伤方式，通过强激光、强光、强电磁脉冲等使系统失去感知输入；可以采取整体毁伤的毁伤方式，通过网络战、破网断链等使感知体系失去互联、互通、互操作能力。

对感知对抗特性的毁伤方式，可以采取直接毁伤的毁伤方式，通过智能诱饵、分布式诱饵、协同相参诱饵，削弱和丧失敌方感知系统的对抗能力；可以采取间接毁伤的毁伤方式，通过信息造假和数据造假，使敌方感知系统的对抗认知产生错误和偏差。

2. 失能能量形态

利用机械能的能量形态，通过含能破片云毁伤传感器器件、电子器件、冷却电路，削弱和丧失感知装备的传感器特性；通过冲击波超压动能毁伤传感器部件、特别是运动部件，削弱和丧失感知装备的功能特性；通过储能破片云击穿毁伤感知装备的传感器保护罩，削弱和丧失感知装备的功能特性。

利用热能的能量形态，通过在敌方感知系统形成高温和燃烧，削弱和丧失光学和红外传感器的能量特性；通过燃烧弹的燃烧作用，烧毁坚固壳体外布设的传感器，削弱和丧失敌方的感知装备的传感器特性。

利用化学能的能量形态，通过腐蚀性化学制剂的抛撒覆盖，使传感器结构发生残缺，削弱和丧失感知装备的传感器特性；通过阻断性化学制剂的抛撒覆盖，使传感器与介质的匹配特性发生改变，削弱和丧失感知装备的传感器特性。

利用电能/磁能的能量形态，通过强电磁脉冲的"前门"和"后门"作用，削弱和丧失感知装备的传感器特性。

利用辐射能的能量形态，通过反辐射弹毁伤敌方电子对抗装备，削弱和丧失感知装备的对抗特性；通过反辐射弹毁伤敌方感知装备，削弱和丧失感知装备的功能特性；通过强激光致盲和致眩感知装备的光学和红外传感器，削弱和丧失感知装备的传感器特性；通过分布式电子诱饵、协同相参电子诱饵、智能电子诱饵造成感知体系的体系诱偏，削弱和丧失感知体系的功能特性；通过电磁频谱干扰和压制感知装备，削弱和丧失感知装备的功能特性。

利用信息能的能量形态，通过网络战阻滞感知体系的信息交互，削弱和丧失感知体系的功能特性；通过信息造假和数据造假使感知装备的认知发生错误和偏差，削弱和丧失感知装备的功能特性。

3. 失能技术途径

对感知结构特性的失能定制毁伤，可以包括以下技术途径：①传感器云毁伤技术；②传感器保护罩云毁伤技术；③传感器纵燃毁伤技术；④传感器腐蚀毁伤技术；⑤传感器阻断毁伤技术。

对感知功能特性的失能定制毁伤，可以包括以下技术途径：①分布式电子诱饵毁伤技术；②协同相参电子诱饵毁伤技术；③网络破断毁伤技术；④电子干扰毁伤技术；⑤强激光致盲致眩毁伤技术；⑥强光致盲致眩毁伤技术。

对感知对抗特性的失能定制毁伤，可以包括以下技术途径：①电子对抗反辐射毁伤技术；②智能诱饵对抗毁伤技术；③数据造假对抗毁伤技术。

综上，去除与前述重复和后续待分析的技术途径，在传统的毁伤技术途径之外，对感知装备特性实施失能定制毁伤的技术途径共有14项。

二、认知装备特性的失能技术途径

认知装备特性主要是装备的认知能力特性，既包括认知生成特性，又包括认知对抗特性。

1. 失能毁伤方式

对认知生成特性的毁伤方式，可以采取硬毁伤的毁伤方式，通过摧毁装备的计算机系统，削弱和丧失装备的认知生成特性；可以采取软毁伤的毁伤方式，通过网络战和电磁战，迟滞或瘫痪装备的计算机系统，削弱和丧失装备的认知生成特性。可以采取直接毁伤的毁伤方式，摧毁计算机系统算数、算力和算法，削弱和丧失装备的认知生成特性；可以采取间接毁伤的毁伤方式，通过数据造假使计算机生成错误的认知，削弱和丧失装备的生成特性。

对认知对抗特性的毁伤方式，可以采取直接毁伤的毁伤方式，通过对网络入侵和造假数据的有效侵入，削弱和丧失装备的认知对抗特性；可以采取间接毁伤的毁伤方式，通过提升自身的抗网络入侵和造假数据侵入的能力，相对地削弱和丧失装备的认知对抗特性。

2. 失能能量形态

利用机械能的能量形态，通过传统的毁伤手段摧毁计算机系统，削弱和丧失装备的认知生成特性。

利用热能的能量形态，通过毁伤装备的热防护系统，使环境热、气动热烧毁计算机系统，削弱和丧失装备的认知生成特性。

利用辐射能的能量形态，通过强电磁脉冲摧毁或干扰计算机芯片和软件，削弱和丧失装备的认知生成特性。

利用信息能的能量形态，通过网络战迟滞或瘫痪计算机系统，削弱和丧失装备的认知生成特性；通过数据造假，削弱和丧失装备的认知生成特性；通过网络和数据对抗，削弱和丧失装备的认知对抗特性。

3. 失能技术途径

对认知生成特性的失能定制毁伤，可以包括以下技术途径：①热防护系统毁伤技术；②计算机强电磁脉冲毁伤技术。

对认知对抗特性的失能定制毁伤，可以包括以下技术途径：①计算机网络对抗毁伤技术；②计算机数据对抗毁伤技术。

综上，去除与前述重复和后续待分析的技术途径，在传统的毁伤技术途径之外，对认知装备特性实施失能定制毁伤的技术途径共有 4 项。

三、机动装备特性的失能技术途径

机动装备特性主要是装备的机动能力特性，既包括装备动力特性，又包括装备能源特性，还包括装备搭载特性。搭载的装备自身没有机动能力，但其搭载的平台具备机动能力。对搭载的装备的机动特性实施失能定制毁伤，主要是瞄准平台的机动特性展开，这部分内容将在后续进行研究和分析，此处不再赘述。

1. 失能毁伤方式

对装备动力特性的毁伤方式，可以采取硬毁伤的毁伤方式，通过破片动能、冲击波超压等传统的毁伤手段，摧毁装备动力系统的结构完整性和运动协调性，削弱和丧失装备的动力特性；可以采取软毁伤的毁伤方式，通过强电磁脉冲、强激光等新型的毁伤手段，摧毁装备动力系统的控制系统电子设备，通过网络战的手段，侵入装备的内部网络系统，使装备动力系统运动协调性削弱或丧失。可以采取直接毁伤的毁伤方式，直接毁伤装备的动力装置，削弱和丧失装备的动力特性；可以采取间接毁伤的毁伤方式，通过毁伤动力和能量的传动系统，削弱和丧失装备的动力特性。

对装备能源特性的毁伤方式，可以采取硬毁伤的毁伤方式，通过破片动能的作用，使储能和输能装置产生泄漏，削弱和丧失装备的能源特性。可以采取间接毁伤的毁伤方式，通过穿爆燃的破片动能综合作用，使装备的能源物质发生爆燃和爆炸，并利用爆燃和爆炸的能量使装备产生连带毁伤，削弱和丧失装备的能源特性；通过穿变阻的破片动能综合作用，使储能和输能装置里的能量物质产生变性和阻燃作用，削弱和丧失装备的能源特性。

2. 失能能量形态

利用机械能的能量形态，通过破片动能和冲击波超压，削弱和丧失装备的机动特性；通过穿爆燃破片动能，削弱和丧失装备的机动特性；通过穿变阻破片动能，削弱和丧失装备的机动特性。

利用热能的能量形态，通过燃烧弹等产生的局部高温，使机动装备和储能系统结构失稳，并引燃能量物质，削弱和丧失装备的机动特性。

利用化学能的能量形态，通过化学制剂的腐蚀作用，使装备的能源装置产生失稳和泄漏，使特定的传动部件产生腐蚀和失效，削弱和丧失装备的机动特性；利用特种化学气溶胶进入装备动力系统的燃烧机构，在高温作用下气溶胶产生爆燃和爆炸，削弱和丧失装备的机动特性；通过特种化学制剂的粘附作用，改变动力系统的进气特性和装备系统的阻力特性，削弱和丧失装备的机动特性。

利用电能/磁能的能量形态，通过强电和强磁的作用，使装备动力系统能量物质特性发生改变，削弱和丧失装备的机动特性。

利用辐射能的能量形态，通过电磁脉冲和激光的辐射作用，使装备动力系统的电控装置失效，削弱和丧失装备的机动特性；通过强电磁脉冲和强激光的辐射作用，使机动装备的动力系统结构失稳，削弱和丧失装备的机动特性。

利用信息能的能量形态，通过网络战的手段，侵入装备系统的内部网络，破坏动力系统的正常运转，削弱和丧失装备的机动特性；通过改变传感器输入到控制系统的数据和信息，破坏装备动力系统的正常工作，削弱和丧失装备的机动特性。

3. 失能技术途径

对机动装备特性的失能定制毁伤，可以包括以下技术途径：①穿爆燃毁伤技术；②穿变阻毁伤技术；③化学腐蚀毁伤技术；④化学粘附毁伤技术；⑤气溶胶吸入毁伤技术；⑥能量物质改性毁伤技术；⑦隔离网络入侵毁伤技术。

综上，去除与前述重复和后续待分析的技术途径，在传统的毁伤技术途径之外，对机动装备特性实施失能定制毁伤的技术途径共有 7 项。

四、攻防装备特性的失能技术途径

攻防装备特性主要是导弹等精确制导装备的制导和控制特性，既包括装备的制导特性，又包括装备的控制特性，还包括装备的交互特性。

1. 失能毁伤方式

对装备制导特性的毁伤方式，可以采取硬毁伤的毁伤方式，破坏装备初制导的基准，毁伤装备末制导的功能，削弱和丧失装备的制导特性；可以采取软毁伤的毁伤方式，通过干扰和压制，压缩末制导的工作能力，削弱和丧失装备的制导特性。可以采取间接毁伤的毁伤方式，通过态势造假、目标造假、信号造假等手段，使装备产生错误的制导结果，削弱和丧失装备的制导特性。

对装备控制特性的毁伤方式，可以采取硬毁伤的毁伤方式，破坏装备的控制系统硬件设备，削弱和丧失装备的控制特性；可以采取软毁伤的毁伤方式，通过错误的输入使控制系统产生错误的指令输出，削弱和丧失装备的控制特性。可以采取间接毁伤的毁伤方式，通过改变机动装备的外形和机动的环境，使原有的控制规律不能适应当前的机动条件，削弱和丧失装备的控制特性。

对装备交互特性的毁伤方式，可以采取硬毁伤的毁伤方式，通过摧毁平台的指令系统和体系的支援系统，使装备无法得到平台和体系的制导保障，削弱和丧失装备的交互特性；可以采取软毁伤的毁伤方式，通过干扰和压制，迟滞和压缩平台和体系对装备的支援能力，削弱和丧失装备的交互特性；通过网络战的手段，使装备与平台和体系的网络产生破网断链，削弱和丧失装备的交互特性。

2. 失能能量形态

利用机械能的能量形态，通过产生特种振动频率的爆轰波，破坏装备初制导的基准特性；通过含能破片云，破坏末制导的保护罩；通过嵌入动能条块，改变装备的机动外形和阻力，进而改变装备的控制特性。

利用热能的能量形态，通过改变高超声速机动装备的湍流生成热，烧蚀和破坏装备的外形和热结构，改变装备的控制特性，削弱和丧失末制导的透波特性。

利用化学能的能量形态，通过化学制剂的粘附和变性，改变末制导保护罩的透波和力学特性。

利用电能/磁能的能量形态，通过"人造天雷"使导弹装备的制导和控制系统产生高压击穿，削弱和丧失装备的制导和控制特性；通过局部电场和磁场的改变，使基于电场和磁场进行制导的装备失去基准。

利用辐射能的能量形态，通过电磁、光电干扰和压制，削弱和阻断平台对装备、体系对装备的制导支援，压缩末制导的工作能力。

利用信息能的能量形态，通过网络战的手段，破坏导弹装备的控制网络特性，致使导弹失控和坠毁；通过态势造假、目标造假和信号造假等手段，使装备的中制导和末制导产生错误的结果，致使导弹迷失方向和目标。

3. 失能技术途径

对装备制导特性的失能定制毁伤，可以包括以下技术途径：①共振频率爆轰毁伤技术；②末制导保护罩毁伤技术；③电击穿毁伤技术；④电（磁）场再造毁伤技术；⑤制导信号造假毁伤技术。

对装备控制特性的失能定制毁伤，可以包括以下技术途径：①机动外形改变毁伤技术；②机动流场改变毁伤技术；③湍流激发毁伤技术。

对装备交互特性的失能定制毁伤，可以包括以下技术途径：①平台信息阻断毁伤技术；②体系信息阻断毁伤技术；③支援信息造假毁伤技术。

综上，去除与前述重复和后续待分析的技术途径，在传统的毁伤技术途径之外，对机动装备特性实施失能定制毁伤的技术途径共有 11 项。

五、网电装备特性的失能技术途径

网电装备特性主要是装备之间在网络电磁空间的联系特性，既包括网电联系的紧密特性，又包括网电联系的稳定特性，还包括网电联系的攻防特性。对紧密特性的毁伤，重点在于毁伤联系的范围、联系的内容、联系的时效。对稳定特性的毁伤，重点在于毁伤联系的质量、联系的弹性。对攻防特性的毁伤，重点在于毁伤进入网电空间、控制网电空间的能力。

装备的网电特性与后续两节将要研究分析的平台网电特性和体系网电特性性质相似，其毁伤方式、毁伤能量形态和毁伤技术途径相同，这里不再赘述。

六、保障装备特性的失能技术途径

保障装备特性主要是对装备实施保障的保障特性，既包括装备的物资保障特性，又包括装备的设施保障特性，还包括装备的要素保障特性。对物资保障特性的毁伤，重点在于毁伤保障的物资、保障的器材、保障的弹药等。对设施保障特性的毁伤，重点在于毁伤保障的生产设施、保障的供应设施、保障的战场设施，这与第三节中设施类目标的失能毁伤属性相近，技术途径相同，此处不再赘述。对要素保障特性的毁伤，重点在于毁伤水文气象地理保障要素、监视感知保障要素、侦察情报保障要素、机要通信保障要素等，重点在于毁伤要素的产生、要素的传递、要素的利用环节。

1. 失能毁伤方式

对装备物资保障特性的毁伤方式，可以采取硬毁伤的毁伤方式，摧毁各类保障物资，减少物资保障的数量和品种，削弱和丧失装备的物资保障特性。可以采取间接毁伤的毁伤方式，利用保障物资的易变、易燃、易爆等特性，通过毁伤激发保障物资的变质、燃烧和爆炸，降低物资保障的质量，削弱和丧失装备的物资保障特性。

对装备要素保障特性的毁伤方式，可以采取硬毁伤的毁伤方式，摧毁要素产生的装备和能力，削弱和丧失装备的要素保障特性；可以采取软毁伤的毁伤方式，压制和阻断要素传递的条件和环境，削弱和丧失装备的要素保障特性。可以采取间接毁伤的毁伤方式，通过要素造假，造成作战行动实施的困难和迟滞，削弱和丧失装备的要素保障特性。可以采取整体毁伤的毁伤方式，通过对多个保障要素的同步毁伤，通过对保障要素的产生、传递和利用的同时毁伤，削弱和丧失装备的要素保障特性。

2. 失能能量形态

利用机械能的能量形态，通过穿爆燃、穿变阻破片动能的综合作用，使保障物资变质、变燃、变爆；通过破片动能和冲击波超压等综合作用，摧毁保障要素的产生、传递和利用条件。

利用热能的能量形态，通过燃烧弹等的高温作用影响，使保障物资变质、变燃、变爆，使保障要素的产生、传递和利用环境变坏、变差、变缺。

利用化学能的能量形态，通过化学制剂的催化作用，使保障物资变质、变燃、变爆；通过化学制剂的生物作用，改变自然覆盖和伪装覆盖的地理特征，以降低敌人目标的隐蔽性；通过化学制剂的黏性作用，改变机场跑道等特殊地理环境的摩擦力，阻滞飞机的起降能力。

利用电能/磁能的能量形态，通过电场和磁场的综合作用，改变局部地理磁场要素。

利用辐射能的能量形态，通过高能粒子束辐射，使保障物资变质、变燃、变爆；通过电磁压制和干扰，阻断保障要素的传递。

利用信息能的能量形态，通过要素造假的综合作用，使作战行动误入歧途。

3. 失能技术途径

对装备物资保障特性的失能定制毁伤,可以包括以下技术途径:①物资变质毁伤技术;②物资纵燃毁伤技术;③遮蔽失性毁伤技术。

对装备要素保障特性的失能定制毁伤,可以包括以下技术途径:①气象武器毁伤技术;②水文武器毁伤技术;③地理武器毁伤技术;④要素造假毁伤技术。

综上,去除与前述重复和后续待分析的技术途径,对保障装备特性实施失能定制毁伤的技术途径共有7项。

七、交通设施特性的失能技术途径

交通设施特性主要是各种交通的基础设施特性,既包括公路设施特性,又包括铁路设施特性,还包括航海设施特性,也包括航空设施特性;既包括公共的基础设施特性,也包括用于交通运输的交通工具特性。对交通工具特性的失能定制毁伤,其毁伤方式、毁伤能量形态与作战平台的特性相近,其毁伤技术途径相同,将在第三节中具体研究分析,此处不再赘述。

1. 失能毁伤方式

对公路设施特性的毁伤方式,可以采取硬毁伤的毁伤方式,通过传统的毁伤手段,摧毁和阻断主要的公路交通,摧毁车辆集结站、加油站、维修站、补给站等驿站目标,摧毁公路涵洞、公路桥梁、公路指挥等交通关键节点,削弱和丧失公路的设施特性;可以采取软毁伤的毁伤方式,压制和阻断公路交通的指挥控制系统,削弱和丧失公路的设施特性。可以采取间接毁伤的毁伤方式,通过毁伤交通工具堵塞公路交通,削弱和丧失公路的设施特性。可以采取整体毁伤的毁伤方式,对公路设施的航路特性、驿站特性和节点特性实施全面的、整体的同步毁伤,对交通工具实施协同毁伤,削弱和丧失公路的设施特性;可以采取局部毁伤的毁伤方式,对关键和局部的航路特性、驿站特性和节点特性实施毁伤,削弱和丧失公路的设施特性。

对铁路设施特性的毁伤方式,可以采取硬毁伤的毁伤方式,通过传统的毁伤手段,摧毁和阻断主要的铁路交通,摧毁车辆集结站、加油站、维修站、补给站等驿站目标,摧毁铁路涵洞、铁路桥梁、铁路指挥、编组站等交通关键节点,削弱和丧失铁路的设施特性;可以采取软毁伤的毁伤方式,压制和阻断铁路交通的指挥控制系统,削弱和丧失铁路的设施特性。可以采取间接毁伤的毁伤方式,通过毁伤交通工具堵塞铁路交通,削弱和丧失铁路的设施特性。可以采取整体毁伤的毁伤方式,对铁路设施的航路特性、驿站特性和节点特性实施全面的、整体的同步毁伤,对交通工具实施协同毁伤,削弱和丧失铁路的设施特性；可以采取局部毁伤的毁伤方式，对关键和局部的航路特性、驿站特性和节点特性实施毁伤，削弱和丧失铁路的设施特性。

对航海设施特性的毁伤方式，可以采取硬毁伤的毁伤方式，通过传统的毁伤手段，摧毁和阻断主要的海路交通，摧毁码头、修船厂、造船厂、补给基地等驿站目标，摧毁航海指挥控制系统、航海保障系统等交通关键节点，削弱和丧失航海的设施特性；可以采取软毁伤的毁伤方式，压制和阻断航海交通的指挥控制系统，削弱和丧失航海的设施特性。可以采取间接毁伤的毁伤方式，通过毁伤交通工具压制航海交通，通过封锁海上航路阻断海上交通，削弱和丧失航海的设施特性。可以采取整体毁伤的毁伤方式，对航海设施的航路特性、驿站特性和节点特性实施全面的、整体的同步毁伤，对交通工具实施协同毁伤，削弱和丧失航海的设施特性；可以采取局部毁伤的毁伤方式，对关键和局部的航路特性、驿站特性和节点特性实施毁伤，削弱和丧失航海的设施特性。

对航空设施特性的毁伤方式，可以采取硬毁伤的毁伤方式，通过传统的毁伤手段，摧毁和阻断主要的航空交通，摧毁机场跑道、机库、飞机修理厂、油库、飞机建造厂等驿站目标，摧毁航调中心、保障中心等交通关键节点，削弱和丧失航空的设施特性；可以采取软毁伤的毁伤方式，压制和阻断航调指挥控制系统，削弱和丧失航空的设施特性。可以采取间接毁伤的毁伤方式，通过毁伤交通工具压缩航空交通，削弱和丧失航空的设施特性。可以采取整体毁伤的毁伤方式，对航空设施的驿站特性和节点特性实施全面的、整体的同步毁伤，对交通工具实施协同毁伤，削弱和丧失航空的设施特性；可以采取局部毁伤的毁伤方式，对关键和局部的驿站特性和节点特性实施毁伤，削弱和丧失航空的设施特性。

2. 失能能量形态

利用机械能的能量形态，通过即时布撒微型爆胎"冰雹"，使一段公路上的车队产生大规模的爆胎和侧翻，使铁路的铁轨发生变形和局部毁损造成铁路列车出轨。如果这种毁伤发生在涵洞和桥梁等关键驿站和节点上，削弱和丧失交通的设施特性则更加显著。

利用热能的能量形态，通过精准布撒高温铝热剂，使铁路的铁轨发生熔化变形造成铁路列车出轨。

利用化学能的能量形态，通过特种化学制剂的覆盖和作用，使钢结构的桥梁产生熔化和脆化，使钢筋混凝土中的钢结构材料产生熔化和脆化。

利用电能/磁能的能量形态，通过布撒碳纤维，使电气化铁路的输电线路发生短路。

利用辐射能的能量形态，通过压制和干扰，压缩和阻断交通的指挥控制。

利用信息能的能量形态，通过侵入交通的指挥控制系统网络，接管、操控或瘫痪交通的指挥控制系统，制造交通事故和交通混乱。

3. 失能技术途径

对交通设施特性的失能定制毁伤，除了传统的毁伤技术途径外，可以包括以下技术途径：①微型爆破"冰雹"毁伤技术；②高温铝热剂轨道毁伤技术；③钢结构脆化毁伤技术；④电气化铁路碳纤维毁伤技术；⑤交通指挥控制网络战毁伤技术；⑥交通航路封锁/封堵毁伤技术；⑦交通信号干扰压制毁伤技术；⑧交通驿站和节点持续封控毁伤技术。

综上，去除与前述重复和后续待分析的技术途径，在传统的毁伤技术途径之外，对交通设施特性实施失能定制毁伤的技术途径共有 8 项。

八、工程设施特性的失能技术途径

工程设施特性主要是用于和支撑作战的各种固定设施特性，既包括地面建筑类目标的设施特性，又包括地下工事类目标的设施特性，也包括水下工事类目标的设施特性。

1. **失能毁伤方式**

对地面建筑设施特性的毁伤方式，可以采取硬毁伤的毁伤方式，通过毁伤建筑结构，削弱和丧失地面建筑的设施特性；通过毁伤供电、供气、供水等建筑保障设施，削弱和丧失地面建筑的设施特性；通过即时打击、延时毁伤的慑阻效应，使作战人员放弃对地面设施的占领和使用，削弱和丧失地面建筑的设施特性；可以采取软毁伤的毁伤方式，通过切断地面设施与外界的信息联系，通过信息造假，削弱和丧失地面建筑的设施特性。可以采取间接毁伤的毁伤方式，通过毁伤地面设施的人员特性、信息特性、保障特性等，使地面设施难以或不能使用，削弱和丧失地面建筑的设施特性。可以采取局部毁伤的毁伤方式，对地面设施的关键部位、关键功能、关键系统、关键要素实施毁伤，削弱和丧失地面建筑的设施特性。

对地下工事设施特性的毁伤方式，可以采取硬毁伤的毁伤方式，通过穿透和剥除地下工事的自然覆盖、防护覆盖，使地下工事直接暴露于毁伤能量之下，削弱和丧失地下工事的设施特性；通过毁伤建筑结构，削弱和丧失地下工事的设施特性；通过毁伤供电、供气、供水等建筑保障设施，削弱和丧失地下工事的设施特性；通过即时打击、延时毁伤的慑阻效应，使作战人员放弃对地下工事的占领和使用，削弱和丧失地下工事的设施特性；可以采取软毁伤的毁伤方式，通过切断地下工事与外界的信息联系，通过信息造假，削弱和丧失地下工事的设施特性。可以采取间接毁伤的毁伤方式，通过毁伤地下工事的人员特性、信息特性、保障特性等，使地下工事难以或不能使用，削弱和丧失地下工事的设施特性。可以采取局部毁伤的毁伤方式，对地下工事的关键部位、关键功能、关键系统、关键要素实施毁伤，削弱和丧失地下工事的设施特性。

对水下工事设施特性的毁伤方式，可以采取硬毁伤的毁伤方式，通过穿透和剥除水下工事的自然覆盖、防护覆盖，使水下工事直接暴露于毁伤能量之下，削弱和丧失水下工事的设施特性；通过毁伤建筑结构，削弱和丧失水下工事的设施特性；通过毁伤供电、供气、供水等建筑保障设施，削弱和丧失水下工事的设施特性；通过即时打击、延时毁伤的慑阻效应，使作战人员放弃对水下工事的占领和使用，削弱和丧失水下工事的设施特性；可以采取软毁伤的毁伤方式，通过切断水下工事与外界的信息联系，通过信息造假，削弱和丧失水下工事的设施特性。可以采取间接毁伤的毁伤方式，通过毁伤水下工事的人员特性、信息特性、保障特性等，使水下工事难以或不能使用，削弱和丧失水下工事的设施特性。可以采取局部毁伤的毁伤方式，对水下工事的关键部位、关键功能、关键系统、关键要素实施毁伤，削弱和丧失水下工事的设施特性。

2. 失能能量形态

利用机械能的能量形态，通过爆炸动能综合作用，摧毁人员、装备、水、电、气等的进出通道口，摧毁通道口的相关机电设施；通过即时打击、延时毁伤的综合作用，削弱和丧失工程设施特性。

利用热能的能量形态，通过温压弹等高温作用，毁伤建筑工事内部人员、设备等。

利用化学能的能量形态，利用地下和水下工事的通道和相对封闭的效应，释放烟幕弹等特种化学制剂，对人员的感知、认知和行为能力实施杀伤。

利用电能/磁能的能量形态，利用介质的导电和导磁特性，通过强电磁脉冲的穿透作用，毁伤建筑工事内部的电子设备。

利用辐射能的能量形态，通过干扰和压制，压缩和阻断建筑工事与外界的通信联络。

利用信息能的能量形态，通过信息阻断和封锁、信息造假等综合作用，造成工事内人员的感知和认知缺失。

3. 失能技术途径

对工程设施特性的失能定制毁伤，除了传统的毁伤技术途径外，可以包括以下技术途径：①通道结构阻断毁伤技术；②通道设施阻断毁伤技术；③通道爆轰效应毁伤技术；④通道传播效应毁伤技术；⑤工事供电/供水保障毁伤技术；⑥工事换气保障毁伤技术；⑦工事介质击穿毁伤技术；⑧工事信息封锁/造假毁伤技术。

综上，去除与前述重复和后续待分析的技术途径，在传统的毁伤技术途径之外，对工程设施特性实施失能定制毁伤的技术途径共有 8 项。

对单元类目标的失能定制毁伤的技术途径，去除与前述重复和后续待分析的技术途径，在传统的毁伤技术途径之外，共有 59 项可供选择的技术途径。

第三节 平台类目标失能技术途径

根据平台类目标的 27 个关键且易损特性，我们用 5 个通用能力特性进行了归纳。下面对 5 个通用能力特性的失能定制毁伤技术途径进行逐一分析。

一、平台结构特性的失能技术途径

平台结构特性主要是平台机械和力学结构之外的结构特性，既包括防护结构特性，又包括隐身结构特性，还包括连接结构特性。防护结构特性主要包括力防护结构特性、热防护结构特性、电磁防护结构特性，隐身结构特性主要包括雷达隐身结构特性、红外隐身结构特性、背景隐身结构特性，连接结构特性主要包括机械连接结构特性、电器连接结构特性、网络连接结构特性。

1. 失能毁伤方式

对防护结构特性的毁伤方式，可以采取硬毁伤的毁伤方式，通过破壳云杀伤战斗部毁伤平台的热防护结构、力防护结构，削弱和丧失平台的防护结构特性；通过冲击波超压等毁伤动能，扩大和洞开平台的"后门"，削弱和丧失平台的电磁防护结构特性；通过改变平台机动的环境条件，如造风、造浪和造崎岖，削弱和丧失平台的力防护结构特性；可以采取软毁伤的毁伤方式，通过强电磁脉冲，削弱和丧失平台的电磁防护结构特性。可以采取间接毁伤的毁伤方式，对平台的防护结构造成一定的预损伤之后，继续通过平台与环境的相互作用，扩大并产生连带毁伤，削弱和丧失平台的防护结构特性。可以采取局部毁伤的毁伤方式，通过局部热结构、力结构和电磁结构的破坏，连带产生平台整体性的毁伤，削弱和丧失平台的防护结构特性。

对隐身结构特性的毁伤方式，可以采取硬毁伤的毁伤方式，通过嵌入式破片动能和粘附式破片作用，改变平台的隐身外形，削弱和丧失平台的隐身结构特性；通过背景再造毁伤技术，造成平台与其运动背景特性的显著差异，削弱和丧失平台的背景隐身结构特性。可以采取间接毁伤的毁伤方式，对采用吸气式发动机的机动平台，通过吸入含能的气溶胶，使喷出的尾气温度显著提升，削弱和丧失平台的红外隐身结构特性。可以采取局部毁伤的毁伤方式，通过放热型嵌入破片和粘附破片的放热作用，显著提升平台的红外特性，削弱和丧失平台的红外隐身结构特性。

对连接结构特性的毁伤方式，可以采取硬毁伤的毁伤方式，通过爆炸振动作用，造成机械连接结构和电气连接结构产生松动和破坏，削弱和丧失平台的连接结构特性；可以采取软毁伤的毁伤方式，通过强电磁脉冲作用，毁伤电气连接结构的功能特性，削弱和丧失平台的电气连接结构特性。

对网络连接结构的毁伤主要采取破网断链的毁伤方式，此前已做过专题分析和研究，此处不再赘述。

2. 失能能量形态

利用机械能的能量形态，通过含能破片云动能的破壳作用，造成热防护结构和隐身防护结构产生破损，进而通过气动力作用，致使热防护失效、隐身功能丧失；通过冲击波超压等毁伤动能，扩大和洞开平台的"后门"，为强电磁脉冲的毁伤创造条件；通过造风、造浪和造崎岖等，造成平台的机动环境和条件变得更加恶劣，结构防护能力特性降低；通过嵌入式破片动能和粘附式破片作用，改变平台的隐身外形，提高平台雷达反射面积；通过爆炸振动作用，造成机械连接结构和电气连接结构产生松动和破坏。

利用热能的能量形态，通过背景再造毁伤技术，造成平台与其运动背景温度的显著差异，为后续的识别和打击创造条件；通过放热型嵌入破片和粘附破片的放热作用，显著提升平台的红外特性。

利用化学能的能量形态，通过吸气式发动机吸入含能的气溶胶，使发动机喷出的尾气温度显著提升，为后续识别和打击创造条件。

利用电能/磁能的能量形态，通过强电磁脉冲，毁伤电气连接结构的功能特性。

利用辐射能的能量形态，通过高能激光和高功率微波照射，造成热防护结构和隐身防护结构产生破损，造成电器连接结构功能降低。

利用信息能的能量形态，通过态势造假、目标造假和环境造假等手段，使智能化平台产生错误的感知和认知，造成智变的雷达隐身特性和红外隐身特性产生错误的改变，相对地降低了隐身结构特性。

3. 失能技术途径

对平台的防护结构特性的失能定制毁伤，除了传统的毁伤技术途径外，可以包括以下技术途径：①热防护结构毁伤技术；②力防护结构毁伤技术；③电磁防护结构毁伤技术；④破壳式防护结构毁伤技术；⑤粘附式防护结构毁伤技术；⑥嵌入式防护结构毁伤技术；⑦环境增强毁伤技术；⑧"后门"洞开电磁结构毁伤技术；⑨预毁伤防护结构毁伤技术；⑩连带毁伤防护结构毁伤技术。

对平台的隐身结构特性的失能定制毁伤，除了传统的毁伤技术途径外，可以包括以下技术途径：①雷达隐身防护结构毁伤技术；②红外隐身防护结构毁伤技术；③背景隐身防护结构毁伤技术；④破壳式隐身结构毁伤技术；⑤粘附式隐身结构毁伤技术；⑥嵌入式隐身结构毁伤技术；⑦放热式红外隐身特性毁伤技术；⑧吸入式红外隐身特性毁伤技术。

对平台的连接结构特性的失能定制毁伤，除了传统的毁伤技术途径外，可以包括以下技术途径：①机械连接结构毁伤技术；②电气连接结构毁伤技术；③共振式连接结构毁伤技术；④疲劳式连接结构毁伤技术。

综上，去除与前述重复和后续待分析的技术途径，在传统的毁伤技术途径之外，对平台结构特性实施失能定制毁伤的技术途径共有22项。

二、平台感知特性的失能技术途径

平台感知特性主要是装载于平台上的感知装备的感知特性，与第二节中单元类目标的感知装备特性相似，其毁伤方式、毁伤能量形态和毁伤技术途径相同，此处不再赘述。

三、平台攻防特性的失能技术途径

平台攻防特性主要是平台的火力和主动防护力的特性，既包括陆上作战平台的攻防特性，又包括海上作战平台的攻防特性，还包括空中作战平台的攻防特性。作战平台的攻防特性具有三个方面的显著特点：一是基于作战平台的杀伤链的自闭合性；二是作战平台装载火力规模的有限性；三是杀伤链作用范围的局限性。对作战平台的攻防特性实施毁伤，重点在于毁伤这种自闭合性，消耗和削弱有限的火力规模，在敌杀伤链作用范围之外实施打击。

1. 失能毁伤方式

对陆上作战平台攻防特性的毁伤方式，可以采取硬毁伤的毁伤方式，通过摧毁目标指示雷达、目视观察设备、目标数据链等目标发现装备，削弱和丧失陆上作战平台的攻防发现特性；通过摧毁平台内作战人员、指挥控制系统等指挥控制能力，削弱和丧失陆上作战平台的攻防指控特性；通过摧毁装载的火力系统，削弱和丧失陆上作战平台的攻防打击特性；通过拦截发射的导弹火力，削弱和丧失陆上作战平台的攻防任务特性。可以采取软毁伤的毁伤方式，通过压制和干扰平台的目标指示雷达、目视观察设备、目标数据链等目标发现装备，削弱和丧失陆上作战平台的攻防发现特性；通过迟滞平台攻防火力的杀伤链闭环时间，削弱和丧失陆上作战平台的攻防特性；通过干扰和压制导弹末制导、导弹数据链、导弹引信等导弹制导系统，削弱和丧失陆上作战平台的攻防任务特性。可以采取间接毁伤的毁伤方式，通过态势造假、目标造假、信息造假等手段，诱使平台发射和消耗各种火力和弹药，削弱和丧失陆上作战平台的攻防打击特性；通过协同打击、蜂群打击、饱和打击等手段，造成平台防御能力的饱和，造成平台防御火力的消耗，削弱和丧失陆上作战平台的攻防任务特性。

对海上作战平台攻防特性的毁伤方式，可以采取硬毁伤的毁伤方式，通过摧毁目标警戒雷达、目标火控雷达、目标数据链等目标发现装备，削弱和丧失海上作战平台的攻防发现特性；通过摧毁平台内作战人员、指挥控制系统等指挥控制能力，削弱和丧失海上作战平台的攻防指控特性；通过摧毁导弹发射装置，削弱和丧失海上作战平台的攻防打击特性；通过拦截发射的导弹火力，削弱和丧失海上作战平台的攻防任务特性。可以采取软毁伤的毁伤方式，通过压制和干扰平台的目标警戒雷达、目标火控雷达、目标数据链等目标发现装备，削弱和丧失海上作战平台的攻防发现特性；通过迟滞平台攻防火力的杀伤链闭环时间，削弱和丧失海上作战平台的攻防特性；通过干扰和压制导弹末制导、导弹数据链、导弹引信等导弹制导系统，削弱和丧失海上作战平台的攻防任务特性。可以采取间接毁伤的毁伤方式，通过态势造假、目标造假、信息造假等手段，诱使平台发射和消耗各种火力和弹药，削弱和丧失海上作战平台的攻防打击特性；通过协同打击、蜂群打击、饱和打击等手段，造成平台防御能力的饱和，造成平台防御火力的消耗，削弱和丧失海上作战平台的攻防任务特性。

对空中作战平台攻防特性的毁伤方式，可以采取硬毁伤的毁伤方式，通过摧毁机载雷达、机载告警系统、目标数据链等目标发现装备，削弱和丧失空中作战平台的攻防发现特性；通过摧毁平台内作战人员、指挥控制系统等指挥控制能力，削弱和丧失空中作战平台的攻防指控特性；通过拦截发射的导弹火力，削弱和丧失空中作战平台的攻防任务特性。可以采取软毁伤的毁伤方式，通过压制和干扰平台的机载雷达、机载告警系统、目标数据链等目标发现装备，削弱和丧失空中作战平台的攻防发现特性；通过迟滞平台攻防火力的杀伤链闭环时间，削弱和丧失空中作战平台的攻防特性；通过干扰和压制导弹末制导、导弹数据链、导弹引信等导弹制导系统，削弱和丧失空中作战平台的攻防任务特性。可以采取间接毁伤的毁伤方式，通过态势造假、目标造假、信息造假等手段，诱使平台发射和消耗各种火力和弹药，削弱和丧失空中作战平台的攻防打击特性；通过协同打击、蜂群打击、饱和打击等手段，造成平台防御能力的饱和，造成平台防御火力的消耗，削弱和丧失空中作战平台的攻防任务特性。

2. 失能能量形态

利用机械能的能量形态，通过穿爆燃破片云动能的综合作用，摧毁平台的雷达天线、光学/红外传感器和数据链传感器，造成火力打击目标丢失，打击通垂发射系统，造成发射装置失效并激发弹药殉爆；通过动能块动能作用，毁伤身管武器发射管内壁，造成弹道偏差；通过低频爆轰波的综合作用，破坏平台的惯性基准和传递，造成发射条件的迟滞和缺失；通过储能破片云的综合作用，毁伤所有导弹的雷达罩或光学罩，使导弹丧失"眼睛"和稳定飞行能力，形成通用的导弹拦截能力；通过分离式、子母式、碎片式的伴随综合作用，造成多目标和群目标的打击态势，致使防御能力饱和、防御火力消耗。

利用热能的能量形态，通过红外诱饵的释放，干扰红外制导的导弹，造成红外告警系统的虚警和饱和；利用燃烧形成的热和浓烟，干扰采取景象匹配的导弹制导。

利用化学能的能量形态，通过特种化学制剂的综合作用，熔毁雷达的天馈系统和各类光学玻璃、光学/红外传感器；通过特种化学气溶胶的分布作用，形成电磁雾霾，遮蔽和压缩雷达的探测能力。

利用辐射能的能量形态，通过干扰和压制，迟滞和阻断杀伤链的闭环，压缩导弹末制导的探测能力，阻断平台与火力之间的沟通联系；通过反辐射导弹毁伤舰载雷达系统，使水面舰艇失去发现能力。

利用信息能的能量形态，通过态势造假、目标造假、信息造假等手段，诱使平台发射和消耗各种火力和弹药；通过网络战的综合作用，侵入平台作战网络和导弹控制网络，阻止导弹的发射和正常飞行。

3. 失能技术途径

对平台攻防特性的失能定制毁伤，除了传统的毁伤技术途径外，可以包括以下技术途径：①平台传感器破片云毁伤技术；②平台传感器化学熔毁毁伤技术；③平台传感器雾霾遮蔽毁伤技术；④平台传感器干扰压制毁伤技术；⑤平台传感器目标造假毁伤技术；⑥发射装置殉爆毁伤技术；⑦平台惯导基准毁伤技术；⑧杀伤链闭环迟滞毁伤技术；⑨基于末制导罩的通用拦截毁伤技术；⑩伴随式多目标打击毁伤技术；⑪烟火式景象匹配毁伤技术；⑫遮蔽式反辐射毁伤技术。

综上，去除与前述重复和后续待分析的技术途径，在传统的毁伤技术途径之外，对平台攻防特性实施失能定制毁伤的技术途径共有12项。

四、平台网电特性的失能技术途径

平台网电特性主要是平台之间、平台与导弹之间、平台与体系之间在网络电磁空间的联系特性，既包括网电联系的紧密特性，又包括网电联系的稳定特性，还包括网电联系的攻防特性。对紧密特性的毁伤，重点在于毁伤联系的范围、联系的内容、联系的时效。对稳定特性的毁伤，重点在于毁伤联系的质量、联系的弹性。对攻防特性的毁伤，重点在于毁伤进入网电空间、控制网电空间的能力。

平台的网电特性与第四节将要研究分析的体系网电特性性质相似,其毁伤方式、毁伤能量形态和毁伤技术途径相同,这里不再赘述。

五、平台保障特性的失能技术途径

平台保障特性主要是平台的作战保障特性,既包括体系支撑平台的保障要素特性,又包括平台生成的保障要素特性。联络保障特性、侦察情报保障特性等与保障装备要素特性相近,其毁伤方式、毁伤能量形态和毁伤技术途径相同,这里不再赘述。目标保障特性是平台保障特性的重中之重,是平台火力的基础和前提。失去目标保障特性,作战平台将丧失攻防作战的能力。在这里我们重点研究目标保障特性的失能技术途径。

目标保障特性主要是平台的目标指示特性和目标跟踪引导特性,既包括目标保障实时性,又包括目标保障准确性,还包括目标保障要素齐备性,也包括目标保障要素准确性。

1. 失能毁伤方式

对目标保障实时性、准确性的毁伤方式,可以采取硬毁伤的毁伤方式,摧毁预警侦察体系中天基、空基、海基和陆基目标发现系统和装备,摧毁目标信息传递和利用的环节,削弱和丧失目标保障的实时性、准确性;可以采取软毁伤的毁伤方式,通过干扰和压制,迟滞目标发现系统和装备的目标保障要素的生成,迟滞目标保障信息的传递和利用,削弱和丧失目标保障的实时性、准确性。可以采取间接毁伤的毁伤方式,通过目标造假,实现对真实目标的覆盖和迷惑,削弱和丧失目标保障的实时性、准确性。可以采取局部毁伤的毁伤方式,毕其功于一役,集中毁伤侦察预警体系的某一环节,削弱和丧失目标保障的实时性、准确性。

对目标保障要素齐备性、准确性的毁伤方式,可以采取变的方式,通过变部署、变外形、变特征、变特性,削弱和丧失目标保障要素的齐备性、准确性;可以采取藏的方式,在平时隐藏全部或部分的目标特征和特性,在战时启用真实的特征和特性,削弱和丧失目标保障要素的齐备性、准确性;可以采取假的方式,通过假目标、假部署、假外形、假特征、假特性,隐真示假,削弱和丧失目标保障要素的齐备性、准确性。

2. 失能能量形态

对目标保障实时性、准确性的毁伤,与感知装备特性和认知装备特性相近,其毁伤能量形态和毁伤技术途径相同,这里不再赘述。

对目标保障要素的齐备性、准确性的毁伤,主要采取"变""藏""假"

的毁伤形态。

3. 失能技术途径

对平台保障特性的失能定制毁伤，除了传统的毁伤技术途径外，可以包括以下技术途径：①目标变特性毁伤技术；②目标藏特性毁伤技术；③目标假特性毁伤技术。

综上，去除与前述重复和后续待分析的技术途径，在传统的毁伤技术途径之外，对平台保障特性实施失能定制毁伤的技术途径共有 3 项。

对平台类目标的失能定制毁伤的技术途径，去除与前述重复和后续待分析的技术途径，在传统的毁伤技术途径之外，共有 47 项可供选择的技术途径。

第四节 体系类目标失能技术途径

根据体系类目标的 62 个关键且易损特性，我们用 6 个通用能力特性进行了归纳。下面对 6 个通用能力特性的失能定制毁伤技术途径进行逐一分析。

一、体系节点特性的失能技术途径

体系节点特性主要是关键且重要的体系要素特性，既包括体系要素稀有特性，又包括体系能力短板特性，还包括体系替代通用特性。稀有要素是体系中那些唯一且重要的要素（如指挥中心）、昂贵且稀少的要素（如天基卫星）、联系广泛且密切的要素（如信息中心），能力短板是体系中那些能力瓶颈的要素（如侦察预警）、制约整体的要素（如网络通信）、弹性不足的要素（如攻防火力），替代通用是体系中那些冗余要素（如网络化架构）、替代要素（如软件定义）、通用要素（如标准接口）。

1. 失能毁伤方式

对体系要素稀有特性的毁伤方式，可以采取硬毁伤的毁伤方式，通过传统毁伤的手段，摧毁体系的中心要素，削弱和丧失体系要素的稀有特性；通过无人自主打击和精准毁伤手段，实施体系的斩首行动，削弱和丧失体系要素的稀有特性；通过轨道战的手段，压制和袭扰天基卫星及其传感器，削弱和丧失体系要素的稀有特性。可以采取软毁伤的毁伤方式，通过压制和干扰，进一步压缩昂贵且稀少体系要素的能力，削弱和丧失体系要素的稀有特性。

对体系能力短板特性的毁伤方式，可以采取硬毁伤的毁伤方式，通过摧毁能力瓶颈要素、制约要素、弹性要素，使体系的能力短板更短，削弱和丧失体系能力的短板特性。可以采取局部毁伤的毁伤方式，通过摧毁体系的边缘要素，使体系的能力覆盖压缩，削弱和丧失体系能力的短板特性。

对体系替代通用特性的毁伤方式，可以采取软毁伤的毁伤方式，通过破网断链，摧毁体系的网络化架构，削弱和丧失体系的替代通用特性；通过网络入侵的手段，破坏体系的软件定义能力，削弱和丧失体系的替代通用特性；利用接口的通用化和标准化特性，通过网络入侵的手段，造成体系的共模失效和瘫痪，削弱和丧失体系的替代通用特性。

2. 失能能量形态

体系的节点包含人员类目标、单元类目标、平台类目标，毁伤三类目标的毁伤能量形态与毁伤体系节点的毁伤能量形态相同，这里不再赘述。

3. 失能技术途径

体系的节点包含人员类目标、单元类目标、平台类目标，毁伤三类目标的毁伤技术途径与毁伤体系节点的毁伤技术途径相同，这里不再赘述。但作为体系中相互联系的节点目标，特别是对于资源稀缺的天基目标，其毁伤技术途径还具有特殊性。

对体系节点特性的失能定制毁伤，除了传统的毁伤技术途径外，还可以包括以下技术途径：①天基伴飞干扰毁伤技术；②天基网络攻防毁伤技术；③天基对接脱轨毁伤技术；④天基动能毁伤技术；⑤天基寄生毁伤技术；⑥天基轨道操控毁伤技术；⑦天基碎片操控毁伤技术。

综上，去除与前述重复和后续待分析的技术途径，在传统的毁伤技术途径之外，对体系节点特性实施失能定制毁伤的技术途径共有7项。

二、体系网络特性的失能技术途径

体系网络特性主要是体系的网络空间特性，既包括体系网络架构特性，又包括体系网络进攻特性，还包括体系网络防御特性。对体系网络特性的毁伤，主要是运用网络战的技术和手段。

1. 失能毁伤方式

对体系网络架构特性的毁伤方式，可以采取硬毁伤的毁伤方式，通过摧毁网络的重要节点要素，削弱网络要素之间的联系，降低网络架构的弹性，提升网络通信的时间代价；可以采取软毁伤的毁伤方式，对网络架构的物理层、数据链路层、网络层、传输层、会话层、表示层、应用层，进行一层或多层的阻塞断链，破坏层间的有机联系，削弱和丧失体系的网络架构特性。

对体系网络进攻特性的毁伤方式，可以采取软毁伤的毁伤方式，通过口令入侵、木马病毒、WWW欺骗、电子邮件、节点攻击、网络监听、黑客软件、安全漏洞、端口扫描等手段，削弱和丧失敌方体系的网络防御特性。

对体系网络防御特性的毁伤方式，可以采取软毁伤的毁伤方式，通过提高安全意识、防火墙软件、代理服务器、定时更新防毒软件、特定日期提高警惕、资料备份等手段，削弱和丧失敌方体系的网络进攻特性。

2. 失能能量形态

对体系网络的毁伤，主要利用信息能的能量形态。其中，对网络架构特性的毁伤与网络节点特性的毁伤相似，其毁伤能量形态和毁伤技术途径相同。

3. 失能技术途径

对体系网络特性的失能定制毁伤，除了传统的毁伤技术途径外，可以包括以下技术途径：①利用系统漏洞毁伤技术；②电脑木马毁伤技术；③嗅探器毁伤技术；④物理介质传播毁伤技术；⑤网络防火墙毁伤技术；⑥网络加密毁伤技术；⑦入侵检测毁伤技术；⑧网络安全扫描毁伤技术。

综上，去除与前述重复和后续待分析的技术途径，在传统的毁伤技术途径之外，对体系网络特性实施失能定制毁伤的技术途径共有 8 项。

三、体系支援特性的失能技术途径

体系支援特性主要是体系对人员、单元和平台执行 OODA 任务的赋能和增强特性，既包括体系的"眼睛"赋能特性，又包括体系的"大脑"赋能特性，还包括体系的"僚机"赋能特性。体系的"眼睛"赋能是指体系将感知到的态势信息、目标信息、导航信息实时传递给三类目标，体系的"大脑"赋能是指体系持续地为三类目标改变任务规划、引导规避威胁、组织协同打击、辅助生存突防等，体系的"僚机"赋能是指体系为三类目标压制削弱敌方体系、释放烟幕制造假象、收集传递战场数据、实施攻防快速转换。

实现有效赋能需要同时满足三个条件：一是体系对战场态势的感知和认知能力；二是体系对三类目标的把握控制能力；三是体系与三类目标之间的信息交互能力。毁伤体系的赋能，只需要打破任一条件即可。

体系"眼睛"赋能特性包括体系的感知特性、体系对三类目标位置的掌控特性、体系与三类目标的信息交互特性。体系感知特性主要是体系内感知装备和平台的感知特性，与第二节中单元类目标的感知装备特性和第三节中平台类目标的平台感知特性相似，其毁伤方式、毁伤能量形态和毁伤技术途径相同，此处不再赘述。体系与三类目标的信息交互特性与体系网络特性相似，其毁伤方式、毁伤能量形态和毁伤技术途径相同，此处不再赘述。

体系"大脑"赋能特性包括体系的认知特性、体系对三类目标的控制特性、体系与三类目标的信息交互特性。体系的认知特性与后续将要研究分析的体系自主特性相似，其毁伤方式、毁伤能量形态和毁伤技术途径相同，此处不再赘述。体系与三类目标的信息交互特性与体系网络特性相似，其毁伤方式、毁伤能量形态和毁伤技术途径相同，此处不再赘述。

体系"僚机"赋能特性主要是体系的对抗特性，将在本节后面内容中详细阐述。

四、体系对抗特性的失能技术途径

体系对抗特性主要是作战体系之间相互博弈和对抗的特性，相互博弈对抗的目的和结果是在保存己方作战体系能力的前提下，削弱和限制敌方作战体系的能力。体系的对抗特性，既包括体系任务特性，又包括体系运用特性，还包括体系通用保障特性。

1. 失能毁伤方式

对体系任务特性的毁伤方式，可以采取硬毁伤的毁伤方式，通过摧毁任务体系的关键要素，削弱和丧失体系的任务特性；可以采取软毁伤的毁伤方式，通过干扰和压制体系 OODA 任务链，削弱和丧失体系的任务特性。可以采取整体毁伤的毁伤方式，通过对多个体系任务要素和任务链的毁伤，削弱和丧失体系的整体、多域和全域任务特性；可以采取局部毁伤的毁伤方式，通过毁伤单一作战域、单一作战任务、单一任务链，削弱和丧失体系的局部和单域任务特性。可以采取直接毁伤的毁伤方式，通过直接摧毁体系任务要素和任务链，削弱和丧失体系的任务特性；可以采取间接毁伤的毁伤方式，通过干扰和欺骗的手段，使体系的任务失去规定的目标和效能，削弱和丧失体系的任务特性。

对体系运用特性的毁伤方式，可以采取硬毁伤的毁伤方式，毁伤体系的保障要素和运用条件，削弱和丧失体系的运用特性；可以采取软毁伤的毁伤方式，通过改变体系任务的流程、迟滞体系运用的闭环时间，削弱和丧失体系的运用特性。

对体系通用保障特性的毁伤方式，可以采取硬毁伤和软毁伤的毁伤方式，破坏体系的可靠性、维修性、保障性、测试性、安全性和环境适应性，削弱和丧失体系的通用保障特性。

2. 失能技术途径

对体系任务特性的失能定制毁伤，除了传统的毁伤技术途径外，可以采取的技术途径与单元类目标、杀伤链特性的毁伤技术途径相同，此处不再赘述。

对体系运用特性的失能定制毁伤，除了传统的毁伤技术途径外，包括以下技术途径：①运用条件毁伤技术；②运用流程毁伤技术；③运用周期毁伤技术。

对体系通用保障特性的失能定制毁伤，除了传统的毁伤技术途径外，包括以下技术途径：①可靠性毁伤技术；②维修性毁伤技术；③保障性毁伤技术；

④测试性毁伤技术；⑤安全性毁伤技术；⑥环境适应性毁伤技术。

综上，去除与前述重复和后续待分析的技术途径，在传统的毁伤技术途径之外，对体系对抗特性实施失能定制毁伤的技术途径共有 9 项。

五、体系自主特性的失能技术途径

体系自主特性主要是体系的自主智能特性，既包括体系的自主定义特性，又包括体系的自主规划特性，还包括体系的自主响应特性。体系自主特性主要由体系的智能特性所决定，体系的智能特性主要由体系的认知特性所决定，体系的认知特性主要由体系的算数特性、算力特性、算法特性所决定。体系的算数特性、算力特性、算法特性与人的认知力中脑机接口的计算机认知特性相似，其毁伤方式、毁伤能量形态和毁伤技术途径相同，此处不再赘述。

体系是一个广域的体系、多域的体系和分布的体系，对体系自主特性的毁伤技术途径还应当包括：①广域体系自主特性毁伤技术；②多域体系自主特性毁伤技术；③分布体系自主特性毁伤技术。

综上，去除与前述重复和后续待分析的技术途径，在传统的毁伤技术途径之外，对体系自主特性实施失能定制毁伤的技术途径共有 3 项。

六、体系环境特性的失能技术途径

体系环境特性主要是体系部署和运用所面临的自然和社会环境特性，既包括体系自然环境特性，又包括体系社会环境特性。体系的环境特性与人员类目标的环境特性、单元类目标的环境特性和平台类目标的环境特性相似，其毁伤方式、毁伤能量形态和毁伤技术途径相同，此处不再赘述。

体系是一个广域的体系、多域的体系和分布的体系，对体系环境特性的毁伤技术途径还应当包括：①广域体系环境毁伤技术；②多域体系环境毁伤技术；③分布体系环境毁伤技术。

综上，去除与前述重复和后续待分析的技术途径，在传统的毁伤技术途径之外，对体系环境特性实施失能定制毁伤的技术途径共有 3 项。

对体系类目标的失能定制毁伤的技术途径，去除与前述重复的技术途径，在传统的毁伤技术途径之外，共有 30 项可供选择的技术途径。

第五节　失能定制毁伤技术图谱

从四类目标出发，我们分析得到了 12 项通用作战能力，由此分析得到了目标的 25 项共性能力特性，进而分析得到了 216 项失能定制毁伤技术。将这些技术一一对应地罗列和表示出来，就可以得到失能定制毁伤的技术图谱。

一、技术图谱

从本章前四节的分析中，我们共得到209项失能定制毁伤技术。剔除重复的毁伤技术，拆解含有多项技术的毁伤技术表述，合并得到216项失能定制毁伤技术。

我们按照四层绘制失能定制毁伤技术图谱。第一层为失能层，作为技术图谱的"主树干"；第二层为目标和能力层，列出四类目标和12种通用能力，作为技术图谱的"主枝干"；第三层为通用能力特性层，列出25项共性能力特性，作为技术图谱的"次枝干"；第四层为技术层，列出216项失能定制毁伤技术，作为技术图谱的"末枝叶"。为表征方便，我们用五张图绘制从"主树干"到"末枝叶"的技术图谱。图7.5.1所示为"主树干""主枝干"和"次枝干"，图7.5.2~图7.5.5分别所示为四类目标的"次枝干"和"末枝叶"。将五张图拼装起来，就是一张完整的失能定制毁伤技术图谱。

二、有关说明

技术图谱并非包罗万象。我们试图从目标及能力特性出发，能够得到所有可能的失能定制毁伤技术。但囿于能力和水平的限制，以及当前技术的发展现状，216项毁伤技术还是基于当前的认知，一定会存在程度不同的疏漏。而且随着毁伤技术的不断发展进步，随着目标类型和种类的翻新演进，一定会出现更多的失能定制毁伤技术。因此，所谓技术图谱是相对的和暂时的，仍然具有拓展和完善的空间。

技术图谱是毁伤发展的"指南针"。目前列出的216项毁伤技术，更像是216种技术途径，它没有更深入的技术具象，更多的是指出一种毁伤的可能性，一种毁伤的技术途径。它的意义在于开拓失能定制毁伤的思路，丰富失能定制毁伤的途径，创造失能定制毁伤的可能性，为未来毁伤技术的发展开辟新的方向和路径。

有些技术是已经采用过的，更多的技术是面向创新和未来的。这种创新源于我们对毁伤本质的理解和认知，源于我们对定制毁伤的认识和把握，源于我们对未来目标的发展和把握，源于我们对打赢战争的坚定信念。不是所有的技术途径和可能都会转化为现实的毁伤能力，不是所有的技术途径都会生产出累累硕果。只要我们沿着"指南针"所开辟的新方向和新路径不断探索，就一定会进入毁伤的新境界和新高地，就一定会抵达定制毁伤的彼岸。

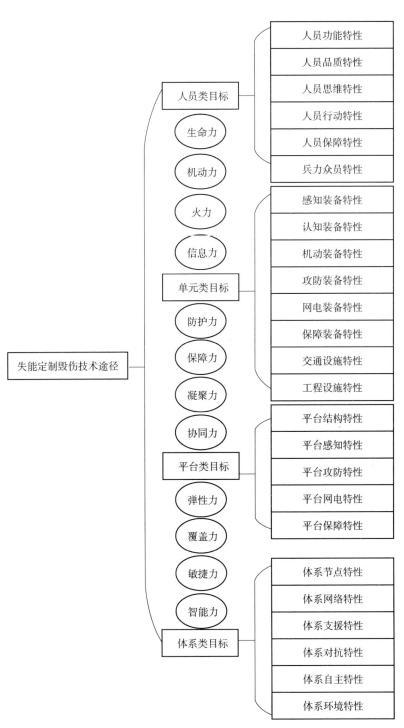

图 7.5.1 失能定制毁伤技术途径图谱(一)

失能定制毁伤

人员功能特性毁伤技术途径	破片云动能失明毁伤技术	冲击波超压失聪毁伤技术	沙尘云迷眩毁伤技术
	烟雾云遮断毁伤技术	燃烧弹失明失聪毁伤技术	化学雾剂失明毁伤技术
	强光失明毁伤技术	脑机接口侵入毁伤技术	数据造假毁伤技术
	情报造假毁伤技术	目标造假毁伤技术	利用舆论战毁伤技术
	利用心理战毁伤技术	利用法律战毁伤技术	破片云动能毁伤芯片技术
	过热毁伤计算机技术	化学溶剂脆化和融化技术	过压和过流毁伤技术
	强电磁脉冲毁伤技术	高功率微波毁伤技术	光辐射毁伤技术
	核辐射毁伤技术	网络战毁伤技术	人机交互系统硬毁伤技术
	人机交互系统软毁伤技术	人机交互阻隔毁伤技术	人机交互干扰压制毁伤技术
	人机交互系统网络毁伤技术		
人员品质特性毁伤技术途径	超大威力战斗部技术	气象武器毁伤技术	天基太阳能毁伤技术
	天基微波能毁伤技术	天基激光能毁伤技术	"人造天雷"毁伤技术
	电击毁伤技术	特种声波毁伤技术	"人造磁场"毁伤技术
	阻滞遮断毁伤技术	动能斩首毁伤技术	激光斩首毁伤技术
	精神效应毁伤技术	心理效应毁伤技术	信息造假毁伤技术
人员思维特性毁伤技术途径	脑损伤特种毁伤技术	脑记忆毁伤技术	脑思维毁伤技术
	脑功能区特种毁伤技术	脑冲动和情绪冲动毁伤技术	高温环境毁伤技术
	思维惯性增强毁伤技术	思维影响和操控毁伤技术	战略误导和欺骗毁伤技术
	连环误导和欺骗毁伤技术	计算机"死机"毁伤技术	人机认知交错毁伤技术
	计算机温度效应毁伤技术	算力降低毁伤技术	算法降效毁伤技术
	"电磁雾霾"阻断毁伤技术	控制链路接管毁伤技术	
人员行动特性毁伤技术途径	改变道路环境条件毁伤技术	人体升温和失温毁伤技术	运动神经肌肉麻痹毁伤技术
	心血管增负毁伤技术	强激光毁伤技术	强电(磁)毁伤技术
	人机协同行动毁伤技术	脑机接口操控毁伤技术	
兵力众员特性毁伤技术途径	云爆弹毁伤技术	杀爆弹毁伤技术	温压弹毁伤技术
	分布式战斗部毁伤技术	子母式战斗部毁伤技术	协同打击毁伤技术
	饱和攻击毁伤技术	广域燃烧弹毁伤技术	高温辐射弹毁伤技术
	战场局部升温降温毁伤技术	特种化学制剂伪装毁伤技术	特种气溶胶伪装毁伤技术
	通信反辐射毁伤技术	分布式电子干扰毁伤技术	协同式信息造假毁伤技术
	分布式心理战毁伤技术	分布式舆论战毁伤技术	分布式法律战毁伤技术
	分布式网络战毁伤技术		
人员保障特性毁伤技术途径	与人员品质特性和保障装备特性毁伤技术相同		

图 7.5.2 失能定制毁伤技术途径图谱(二)

第七章 失能定制毁伤技术途径

感知装备特性毁伤技术途径	传感器云毁伤技术	传感器保护罩云毁伤技术
	传感器腐蚀毁伤技术	传感器阻断毁伤技术
	协同相参电子诱饵毁伤技术	网络破断毁伤技术
	强激光致盲致眩毁伤技术	强光致盲致眩毁伤技术
	智能诱饵对抗毁伤技术	数据造假对抗毁伤技术
	传感器纵燃毁伤技术	分布式电子诱饵毁伤技术
	电子干扰毁伤技术	电子对抗反辐射毁伤技术

认知装备特性毁伤技术途径	热防护系统毁伤技术	计算机强电磁脉冲毁伤技术
	计算机数据对抗毁伤技术	计算机网络对抗毁伤技术

机动装备特性毁伤技术途径	穿爆燃毁伤技术	穿变阻毁伤技术
	化学腐蚀毁伤技术	气溶胶吸入毁伤技术
	化学粘附毁伤技术	能量物质改性毁伤技术
	隔离网络入侵毁伤技术	

攻防装备特性毁伤技术途径	共振频率爆轰毁伤技术	末制导保护罩毁伤技术
	电击穿毁伤技术	电（磁）场再造毁伤技术
	制导信号造假毁伤技术	机动外形改变毁伤技术
	机动流场改变毁伤技术	湍流激发毁伤技术
	平台信息阻断毁伤技术	体系信息阻断毁伤技术
	支援信息造假毁伤技术	

保障装备特性毁伤技术途径	物资变质毁伤技术	物资纵燃毁伤技术
	遮蔽失效毁伤技术	气象武器毁伤技术
	水文武器毁伤技术	地理武器毁伤技术
	要素造假毁伤技术	

交通设施特性毁伤技术途径	微型爆破"冰雹"毁伤技术	高温铝热剂轨道毁伤技术
	钢结构脆化毁伤技术	电气化铁路碳纤维毁伤技术
	交通指挥控制网络毁伤技术	交通航路封锁封堵毁伤技术
	交通信号干扰压制毁伤技术	交通驿站持续封控毁伤技术
	交通节点持续封控毁伤技术	

工程设施特性毁伤技术途径	通道结构阻断毁伤技术	通道设施阻断毁伤技术
	通道爆轰效应毁伤技术	通道传播效应毁伤技术
	工事供电保障毁伤技术	工事供水保障毁伤技术
	工事换气保障毁伤技术	工事介质击穿毁伤技术
	工事信息封锁毁伤技术	工事信息造假毁伤技术

网电装备特性毁伤技术途径	与体系网络特性毁伤技术相同

图 7.5.3 失能定制毁伤技术途径图谱（三）

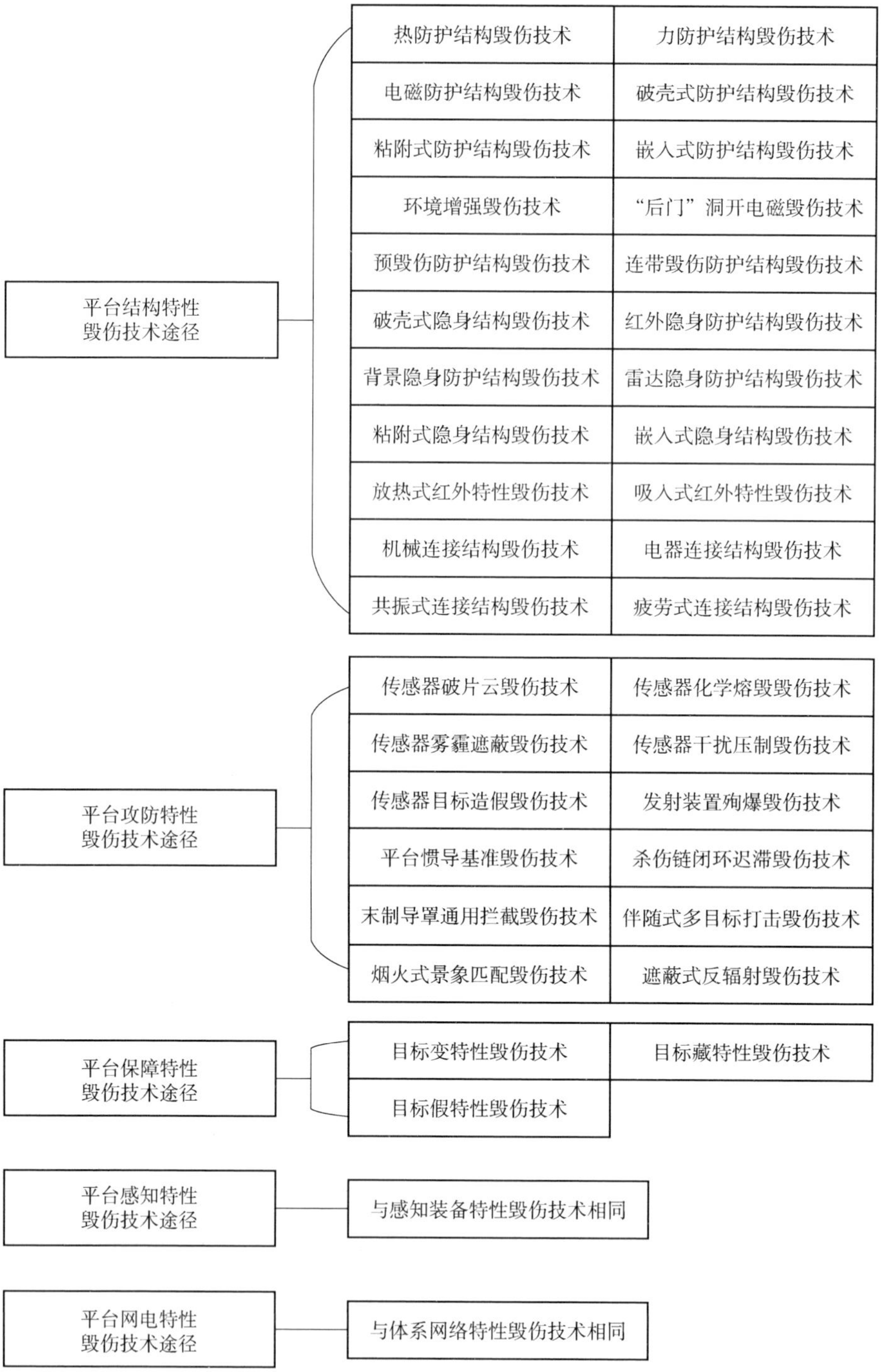

失能定制毁伤

平台结构特性毁伤技术途径	热防护结构毁伤技术	力防护结构毁伤技术
	电磁防护结构毁伤技术	破壳式防护结构毁伤技术
	粘附式防护结构毁伤技术	嵌入式防护结构毁伤技术
	环境增强毁伤技术	"后门"洞开电磁毁伤技术
	预毁伤防护结构毁伤技术	连带毁伤防护结构毁伤技术
	破壳式隐身结构毁伤技术	红外隐身防护结构毁伤技术
	背景隐身防护结构毁伤技术	雷达隐身防护结构毁伤技术
	粘附式隐身结构毁伤技术	嵌入式隐身结构毁伤技术
	放热式红外特性毁伤技术	吸入式红外特性毁伤技术
	机械连接结构毁伤技术	电器连接结构毁伤技术
	共振式连接结构毁伤技术	疲劳式连接结构毁伤技术

平台攻防特性毁伤技术途径	传感器破片云毁伤技术	传感器化学熔毁伤技术
	传感器雾霾遮蔽毁伤技术	传感器干扰压制毁伤技术
	传感器目标造假毁伤技术	发射装置殉爆毁伤技术
	平台惯导基准毁伤技术	杀伤链闭环迟滞毁伤技术
	末制导罩通用拦截毁伤技术	伴随式多目标打击毁伤技术
	烟火式景象匹配毁伤技术	遮蔽式反辐射毁伤技术

平台保障特性毁伤技术途径	目标变特性毁伤技术	目标藏特性毁伤技术
	目标假特性毁伤技术	

平台感知特性毁伤技术途径	与感知装备特性毁伤技术相同

平台网电特性毁伤技术途径	与体系网络特性毁伤技术相同

图 7.5.4　失能定制毁伤技术途径图谱（四）

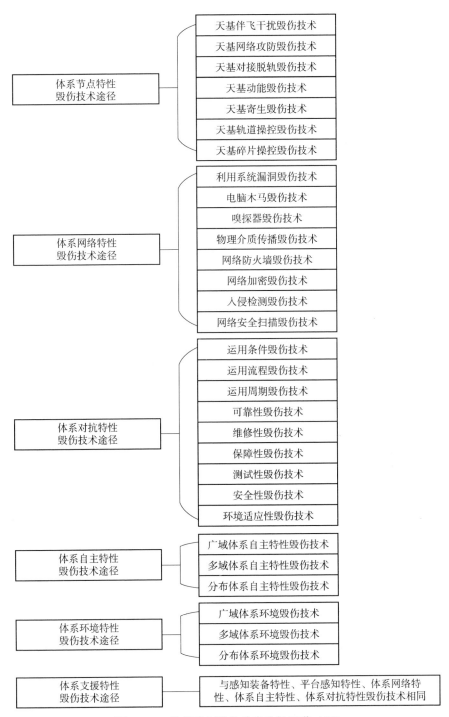

图 7.5.5　失能定制毁伤技术途径图谱（五）

第八章
失能定制毁伤运用

在未来战争中,参与战争的实体无论是体系类目标、平台类目标、单元类目标还是人员类目标,所具有的基本作战能力不外乎所列出的 12 种,分别为生命力、机动力、火力、信息力、防护力、保障力、凝聚力、协同力、弹性力、覆盖力、敏捷力、智能力。这些能力涵盖了所有目标的功能和能力表现。因此,失能定制毁伤的本质是在目标的能力属性中,选择关键且易损的能力属性,实施定制毁伤,从而使目标丧失关键的或整体的作战能力。失能定制毁伤的样式,就是对目标关键且易损特性的选择过程,就是对目标实施定制毁伤的导弹杀伤链闭合过程。沿导弹杀伤链开展定制毁伤的样式研究,对于了解和掌握失能定制毁伤的作战应用及作战方式,具有重要的意义。

第一节 机动力失能毁伤运用

1993 年,时任美国总统比尔·克林顿说过这样一句话:每当华盛顿关于危机的流言沸沸扬扬时,美国人脱口而出的第一句话就是"Where is the nearest carrier(我们最近的航空母舰在哪儿)?"航空母舰是典型的平台类目标,航母自身的机动力和舰载机所具有的机动力,是航母作战平台及其编队体系的核心能力。航母一旦失去机动力,其"移动的飞机场"和在全球进行力量投送的能力将会大打折扣。在战时,航母失去机动力,就意味着航母退出或部分退出作战序列,这对于交战双方力量的对比,将产生极大的影响。

一、作战背景

A 国与 B 国摩擦日益加剧,两国对 C 岛的归属问题争执不休。X 日,B 国出现大动作。A 国侦察卫星上发现,一个距离 C 岛约 3 000 km 的 B 国航母编队正在全速向 C 岛行驶,存在武力控制区域海域的企图。按航母行驶速度 56 km/h(30 节),预计 54 h 即可到达 C 岛附近。若让其顺利抵达,将对 A 国在 C 岛海域正常执法维权、维护国家权益带来重大不利影响。一旦 C 岛被 B

国占领，并部署军事力量，由于 C 岛距离 A 国海岸线仅 350 km，A 国沿海城市也将处于 B 国火力打击射程之内，这将使 A 国处于被动局面。但是，由于 A 国、B 国尚未全面开战，且 B 国此时处于公海航行，在法律上无法立即对敌方航母编队进行直接打击。

C 岛的战场态势如图 8.1.1 所示。

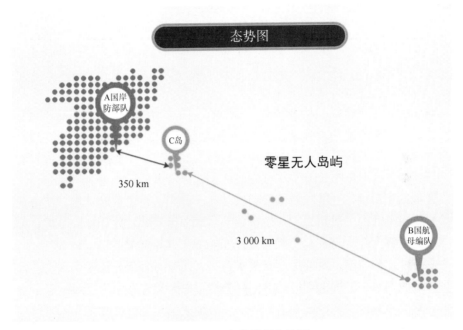

图 8.1.1 C 岛的战场态势图

二、作战筹划

1. 作战决心

针对 B 国军队的异常调动，A 国高层立即对 C 岛采取控制和封锁措施，坚决阻止 B 国对 C 岛的武装占领。考虑到控制和封锁措施需要一定的时间，A 国高层命令 A 军采取一切技战术办法和措施，在尽可能不引起武装冲突升级的情况下，将 B 国航空母舰抵达 C 岛的时间延长至 100 h 以上。

2. 作战设计

A 军针对高层的决心，对迟滞 B 国航空母舰抵达 C 岛，拟采用在直达航路上设置障碍，逼迫其改变航路绕行或降低航速，必要时对其进行警示性火力打击，慢止其进入 C 岛海域。据此，A 军 E 战区司令部在技术性、战术性两个层面，进行了 4 个方面的作战设计。

一是广泛进行舆论战。揭露 B 国企图，表明 A 国立场，争取各国支持。

二是设置导弹演习落区。在航母航路上，宣布设置导弹落区，逼其改变航路。

三是布设智能微型潜航器。毁伤航母螺旋桨，降低其机动力。

四是反舰导弹警示打击。拒止 B 国航母进入 C 岛海域。

3. 作战计划

A 军 E 战区司令部制订了 3 个阶段作战计划。

第一阶段实施导弹演习。公开宣布在 B 国航母行进航线上，距离 C 岛约 2 000 km 海域内的一个宽度百余千米的海域，为远程反舰导弹演习的落区。为迫使航母绕路，宣布试验落区会根据演习需要动态调整。警告 B 国航母编队在内的所有船队，不要从此区域穿行。

第二阶段布设智能微型潜航器。若第一阶段行动没有生效，则利用远程隐身飞机，向航母航路附近的无人岛礁（距离 C 岛约 2 000 km）投放特战队员和智能微型潜航器投放装置。待航母抵近无人岛礁前，由特战队员投放智能微型潜航器蜂群，对航母螺旋桨实施定制毁伤，降低其机动能力。

智能微型潜航器选择螺旋桨作为机动力失能毁伤对象。航母水下部分的螺旋桨提供航母前进的主动力，是航母机动力的关键要素。航母螺旋桨的主要材料一般为青铜合金，通常单片桨叶直径 5~6 m。螺旋桨桨叶要求较高，一是桨叶要求有一定的曲度，对外形形状要求苛刻；二是对表面光洁度要求高，需要达到微米级别水平，即达到像玻璃一样平滑；三是桨叶在水下需要承受巨大的压力，对桨叶强度存在一定要求。外形、表面光洁度、强度的变化都会影响航母的行进。针对航母螺旋桨的严格要求，结合其材料特征，利用智能微型潜航器对其进行失能定制毁伤。智能微型潜航器被投放水中后，可以自动识别、跟踪舰船尾流，沿舰船尾流高速抵近螺旋桨。通过战斗部引爆，释放其中包含的吸附物质，在青铜合金桨叶上形成吸附物，利用海水的电解，对螺旋桨进行腐蚀，破坏螺旋桨桨叶曲度、表面光洁度和桨叶强度，达到使航母机动力损失的目的。智能微型潜航器具有不易发现、延时生效的特征，可以较好地控制作战规模。

第三阶段实施反舰导弹警示性打击。如果第二阶段作战行动没有达到预期效果，B 国航母编队继续行进至距 C 岛 1 500 km 海域，则发射远程反舰导弹，对航母编队实施警示性打击，拒止航母编队的继续抵近。作战计划示意图如图 8.1.2 所示。

4. 作战推演

A 军 E 战区司令部利用仿真系统和作战推演系统，对上述作战计划进行了推演仿真。结果表明，第一阶段作战行动会以 60% 的概率，迫使 B 国航母编队采取绕行措施；还有 40% 的概率，航母编队无视警告，继续穿行。

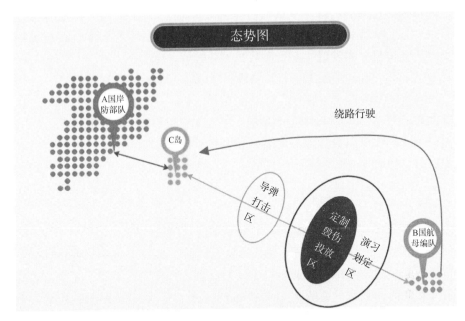

图 8.1.2 作战计划示意图

第二阶段作战行动,会以 80% 的概率,毁伤航母螺旋桨,使其机动速度降低为 10 节以下;仍有 20% 的概率,对航母机动力没有造成影响。

第三阶段作战行动,会以 90% 以上的概率,将航母编队拒止在距离 C 岛 1 500 km 以外海域。

综合三个作战行动,实现高层决心、迟滞航母抵近的概率达到 99% 以上。据此 A 军高层批准 E 战区司令部作战计划。

三、作战过程

三个阶段的作战行动就是三个 OODA 作战任务环,每个作战阶段均可划分为观察、调整、决策、行动环节的闭环。作战行动的任务过程,就是每个作战行动任务链的闭合过程。

1. 第一阶段

观察环节。A 国侦察卫星实时不间断地监视 B 国航母编队的行进路线及其动向,为采取第一阶段行动提供了准确的、及时的战场态势信息。

调整环节。当航母距 C 岛 3 000 km 时,A 军 E 战区参加导弹演习的部队进入演习阵位;A 国外交部宣布导弹演习落区及其范围。

决策环节。当航母距离 C 岛 2 500 km 时,A 军 E 战区司令部决策实施导弹演习,开始不定时、大范围向预定海域发射远程反舰导弹。

行动环节。在进行首轮 5 发导弹演习发射之后，根据卫星侦察的航母态势，E 战区不断调整落区范围，按每次 5 发导弹发射的波次密度，在航母航线的前方实施袭扰，共发射 4 个波次共 20 发导弹。

评估环节：4 轮发射之后，E 战区司令部对演习效果进行评估。评估认为，B 国航母编队为避免演习发射对其造成的威胁，在演习区域外部实施躲避机动和等待演习发射间隔时机的措施，有效造成航母编队延迟抵达 C 岛 10 h。该航母编队认为演习只是虚张声势，A 军不可能对其实施实质性打击，在加强了编队的反导防卫布势之后，继续向 C 岛高速挺进。据此，E 战区司令部决定实施第二阶段作战行动。

2. 第二阶段

观察环节。A 国卫星继续密切监视 B 国航母编队动向。

调整环节。A 国 E 战区司令部命令隐身飞机、特战部队及智能微型潜航器投放装置开始向无人岛礁投放。

决策环节。当航母编队距 C 岛 2 000 km 时，E 战区司令部命令特战部队向航母前进方向的三个区域，共投放 100 枚智能微型潜航器，形成梯次的失能毁伤态势。

行动环节。三个梯次的 100 枚智能微型潜航器中，有 10 枚发现并进攻了航母螺旋桨，没有对航母的机动能力产生实质性影响，其他 90 枚智能微型潜航器，分别命中两艘护航舰艇的螺旋桨，造成其机动速度降低 50%。

评估环节。E 战区司令部评估认为，由于智能微型潜航器威力有限，而且护航舰艇起到了"趟雷"的作用，第二阶段作战行动没有对航母机动力造成有效毁伤，但由于两艘护航舰艇机动能力下降，使航母编队的总体机动速度降为 15 节左右，可使航母编队抵达 C 岛的时间延长 36 h。据此 E 战区司令部决定实施第三阶段作战行动。

3. 第三阶段

观察环节。A 国侦察卫星发现，B 国航母编队有甩开两艘受损护航舰艇的动向。

调整环节。A 军 E 战区司令部指示参加演习的远程反舰作战部队，立即转入作战部署。

决策环节。当航母编队距 C 岛 1 500 km 时，E 战区司令部命令反舰作战部队，对航母编队实施导弹发射，每次发射导弹 10 枚，共发射 5 个波次。为避免直接命中航母造成冲突升级，打击目标避开航母，聚焦在护航舰艇。

行动环节。5 个波次的导弹发射，有 40 枚导弹遭到拦截和干扰，没有命中目标，有 10 枚导弹命中两艘护卫舰艇，造成 1 艘沉没、1 艘重创。

评估环节。E 战区司令部评估认为，由于航母编队连续损失 4 艘护航舰艇，已失去编队作战能力。从侦察卫星的情报反映，B 军已开始对毁伤的舰艇实施救援，航母停止继续抵近 C 岛，开始返航。三个阶段的作战行动达到了预期目的，实现了高层的决心意图。

第二节　火力失能毁伤运用

坦克是现代陆战的主要武器之一，是典型的平台类目标。坦克一般装备一门中口径或大口径火炮，火力是坦克与对方坦克作战、压制反坦克武器、摧毁工事、歼灭敌方陆上力量的核心能力。坦克一旦失去火力，其"陆战之王"的作战能力将大打折扣。在战场上，坦克失去火力，就意味着变为战场上移动的"靶子"，将直接影响作战的胜负结局。

一、作战背景

A 国与 B 国长期处于敌对关系，目前已经进入全面地面战争阶段。X 日，A 国发现 B 国的一个坦克集群编队正在向 A 国 C 城行进，企图夺取 C 城。C 城是 A 国的战略重镇，也是 A 国重要的武器研究所所在地，丢失 C 城将使 A 国陷入战争被动局面。据情报显示，本次来袭的 B 国坦克数量约 600 辆，A 国在 C 城的守备部队拥有坦克 360 辆，与 B 国的战力比 3∶5，在传统兵力上处于劣势。

C 城的战场态势如图 8.2.1 所示。

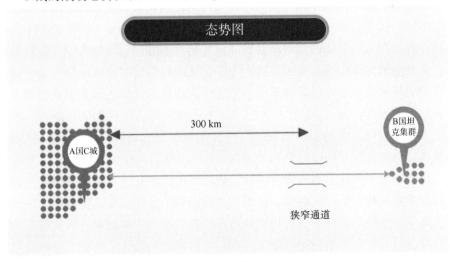

图 8.2.1　C 城战场态势图

二、作战筹划

1. 作战决心

考虑到 C 城的重要战略地位，A 国高层一方面调集附近其他军事力量驰援 C 城，另一方面命令 A 军调动 C 城内的一切可利用资源，采取一切技战术办法和措施，依托地形优势，完成对 C 城的守卫，消灭 B 国来犯坦克集群编队。

2. 作战设计

A 军 C 城守备司令部针对高层的作战决心，拟采用第一阶段火力失能打击、第二阶段地面部队正面对抗的方式，完成本次作战任务。A 军将 C 城内武器研究所中尚处于试验阶段的 30 枚火力失能巡航弹提前用于实战，依托 B 国坦克编队行进路线上距离 C 城 300 km 处的狭窄通道，最大限度发挥火力失能效果。为最大限度发挥火力失能巡航弹效能，30 枚火力失能巡航弹分 5 个波次，每个波次 6 枚，对通过狭窄通道的 B 国坦克集群实施持续封锁打击。

3. 作战计划

A 军 C 城守备司令部制订了 2 个阶段作战计划。

第一阶段火力失能打击。利用无人侦察机观察 B 国坦克集群位置和前进速度，C 城守备司令部判断 B 国坦克编队通过狭窄通道的时间，分波次发射火力失能巡航弹。火力失能巡航弹在距离 B 国坦克集群一定高度时，在空中释放子弹丸，子弹丸迅速分离，在大范围空域内释放含能动能块。若 B 国坦克集群被不明弹药袭击后选择后撤，则无须进行下一步常规作战，本次防守任务完成，若 B 国坦克继续前进，则准备出动地面部队。

火力失能巡航弹选择坦克主炮作为火力失能毁伤对象。坦克主炮一般由炮身、炮闩、摇架、反后坐装置、高低机、方向机、发射装置、防危板和平衡机组成。炮身在火药气体的作用下，赋予弹丸初速和方向。坦克主炮在发射炮弹时，需要炮膛内部完整、膛线清晰，才能保证炮弹的发射初速和精度。针对坦克主炮炮管的火力失能巡航弹采用分离子母战斗部，导弹在飞至坦克集群上方时，战斗部起爆分离出 20 个子弹丸，20 个子弹丸在空中均匀散开后，二次释放出大量动能块，这些动能块可以均匀覆盖 100 m×10 m×10 m 空间，且动能块密度可以保证该空间内的 B 国坦克 120 mm 火炮口径中，至少落入 2 枚动能块。动能块落入坦克主炮炮管内部后，除对主炮内部会造成动能毁伤外，动能块内的含能材料也会二次起爆，造成对主炮炮管的二次损伤，使得炮管内部光洁度降低、膛线变形，从而达到影响炮弹顺利出膛、影响初速、影响精度的效果。没有落入坦克主炮内的动能块，有一定概率毁伤坦克的外置天线、观察镜等设置，附带造成信息力失能毁伤。

第二阶段为地面部队正面对抗。A 国 360 辆坦克部署在距离 C 城 120 km 处，待 B 国坦克集群接近后开始攻击。先期使用小型作战部队对 B 国坦克集群战斗力进行试探，评估第一阶段火力失能效果。若第一阶段火力失能效果未达到预取目标，则调整后续作战目标，采用小股游斗的方式，拖延 B 国坦克编队的行进速度，等待友军驰援；若发现 B 国坦克战斗力确实被削弱，第一阶段作战达到预期目标，则出动主力部队与其进行正面对抗。由于敌方大部分坦克主炮受损，部分坦克外置天线和观察镜被破坏，B 国坦克集群火力和信息力均被大幅削弱，发射炮弹时，炮弹初速和发射精度均无法保证。作战计划示意图如图 8.2.2 所示。

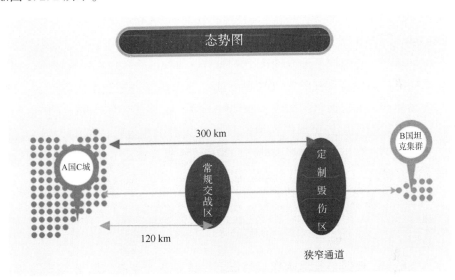

图 8.2.2　作战计划示意图

4. 作战推演

A 军 C 城守备司令部利用仿真系统和作战推演系统，对上述作战计划进行了推演仿真。结果表明，通过失能火力打击，会使 B 国坦克编队中 70% 的坦克火炮受损，在第二阶段地面部队正面对抗中，A、B 两军的战力比由原来的 3∶5 提升为 2∶1，A 军获胜概率将达到 75%。据此 A 军高层批准 C 城守备司令部的作战计划。

三、作战过程

两个阶段的作战行动就是两个 OODA 作战任务环，每个作战阶段均可划分为观察、调整、决策、行动环节的闭环。作战行动的任务过程，就是每个作战行动任务链的闭合过程。

1. 第一阶段

观察环节。A国侦察无人机通过不间断监视B国坦克编队的行进路线及动向，将侦察数据实时回传C城守备司令部，作为发射火力失能巡航弹的依据。

调整环节。当B国坦克编队先头部队距离狭窄通道40 km时，C城守备司令部命令巡航导弹部队进入战备状态，准备分波次发射30枚火力失能巡航弹。

决策环节。当B国坦克编队先头部队距离狭窄通道5 km时，C城守备司令部决策采用一个波次齐射6枚巡航弹的方式，实施导弹攻击。

行动环节。6枚火力失能巡航弹按纵队飞行，飞至位于狭窄通道的B国坦克群上空释放子母战斗部，按狭窄通道的前区、中区和后区，形成3个动能块毁伤云区，对B国坦克编队炮管内壁实施毁伤。

评估环节：经过5个波次的火力失能巡航弹打击后，分析约有90%的坦克遭到了动能块的覆盖，其中有70%坦克的火力和信息力遭到不同程度的损毁。另据现场侦察无人机回传的图像，遭到打击后，B国坦克编队进行了短暂的停留，检查了坦克外观，未意识到本次打击是针对坦克炮管内部的火力失能打击，未意识到部分坦克的炮管内部已经受损，短暂检查后B国坦克编队继续向C城前进。据此，C城守备司令部决定实施第二阶段作战行动。

2. 第二阶段

观察环节。A国派出小股坦克编队对B国坦克编队进行试探性袭击，进一步判断第一阶段作战效果。

调整环节。根据小股部队作战情况，C城守备司令部判断B国坦克编队中，70%以上的坦克火炮被第一阶段火力失能巡航弹破坏。

决策环节。C城守备司令部命令A军C城全部坦克出击参加作战，展开与B国坦克编队的正面作战。

行动环节。B国坦克编队中，仅剩余约180辆坦克能够正常作战，其余420辆坦克无法发射炮弹或发射出来的炮弹初速偏低及射向精度偏差，无法对A国坦克造成实质威胁。A国360辆坦克先放对己方威胁不大的受损坦克，集中优势火力和兵力对完好的180辆正常坦克进行围歼。清除B国作战力量后，对B国其他失去火力的坦克进行击毁或俘虏。

评估环节。C城守备司令部评估认为，B国本次来犯的坦克集群编队，已在A军C城守备力量火力失能和地面部队正面对抗两个阶段的打击中，丧失了战斗能力。两个阶段的作战行动达到了预期目的，实现了消灭来犯之敌的战斗意图。

第三节 信息力失能毁伤运用

雷达是地面防空系统最主要的信息来源,是典型的单元类目标。雷达通过无线电波,可以实现发现目标、跟踪目标的功能。信息力是雷达制导防空导弹飞行的核心能力。雷达一旦失去信息力,将导致整个地面防空系统 OODA 环断裂,从而失去对来袭目标早期发现、跟踪能力。战场上雷达失去信息力,地面防空系统将变为"瞎子",成为敌方战机眼中的"待宰羔羊"。

一、作战背景

A 国已对 B 国进行了持续多大的空袭行动。A 国依靠机载反辐射导弹对 B 国地面雷达的打压,成功轰炸了 B 国多个重要据点。X 日,A 国发现 B 国地面防空部队配属了新式防空导弹武器,已有多架 A 国飞机被 B 国的新式防空导弹击落。根据 A 国的战报评估,B 国新式防空导弹武器的拦截距离至少比原防空导弹武器提升 50% 以上,能够在 A 国机载反辐射导弹的射程之外击落 A 国战机,致使 A 国依靠机载反辐射导弹压制 B 国地面防空导弹武器的战术失效。

A、B 两国攻防态势如图 8.3.1 所示。

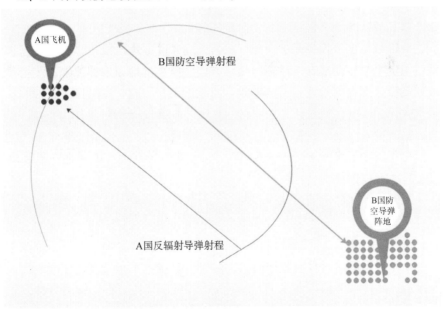

图 8.3.1　A、B 两国攻防态势

二、作战筹划

1. 作战决心

为快速扭转不利局面，A 国高层命令 A 军利用现有的武器装备，采用一切技战术办法和措施，抵消 B 国新式防空导弹武器的威胁，确保后续 A 国对 B 国空袭行动的顺利进行。

2. 作战设计

A 军 E 战区司令部针对高层的决心，为抵消 B 国新型防空导弹的射程优势，瞄准防空导弹武器系统对制导信息强依赖这一特征，拟采用第一阶段伴飞干扰弹掩护、第二阶段反辐射导弹打击的方式，完成本次作战任务。据此，A 军 E 战区司令部，在技术性、战术性两个层面，进行了 3 个方面的作战设计。

一是任务目标和防空阵地目标灵活切换。A 国战机可根据自身被地面雷达锁定的情况，自主切换打击目标。

二是定向突防与机动突防相结合。A 国战机利用伴飞干扰弹掩护，实施特定的飞行航迹，增加突防概率。

三是失能毁伤与传统毁伤配合打击。距离较远时，利用伴飞干扰弹，造成 B 国地面雷达短时间失效；进入反辐射导弹射程后，对 B 国防空雷达进行传统毁伤，彻底解除该阵地对战机的威胁。

3. 作战计划

A 军 E 战区司令部制订了 2 个阶段作战计划。

第一阶段伴飞干扰弹掩护突防。A 国战机通过雷达告警系统发现自己被地面雷达锁定跟踪后，根据雷达辐射信号方向，反算出地面雷达位置。飞行员立即改变航线，沿飞机与地面雷达连线方向抵近飞行，同时发射伴飞干扰弹，伴飞干扰弹先于飞机，朝雷达方向飞行。伴飞干扰弹以飞行距离作为判据，当 B 国地面雷达进入主动干扰范围后，开启主动干扰，形成对 B 国地面雷达的压制。战机在伴飞干扰弹掩护下，进行定向+机动抵近突防，抵消 B 国新型防空导弹武器的射程优势。

伴飞干扰弹选择地面雷达作为信息力失能毁伤对象。地面雷达检测空中目标需要一个较为"干净"的环境背景，若在雷达与真实目标的连线方向上存在干扰，将会使雷达无法探测该目标。利用此原理，A 国战机装载数枚伴飞干扰弹，干扰弹与飞机之间存在数据通信，可以实时接收飞机位置、B 国地面雷达位置信息，并使自己保持在飞机与地面雷达连线上飞行，并向雷达方向发射干扰。由于干扰方位明确，伴飞干扰弹的干扰波束较窄，可以在较小的体积质量范围内实现较强的干扰能量。

第二阶段为反辐射导弹打击。当地面雷达进入飞机传统毁伤反辐射导弹的有效射程，飞机发射传统毁伤反辐射导弹，发射完成后，飞机立即进行半滚倒扣机动逃逸，背离雷达连线。同时根据反辐射导弹回传数据及雷达告警信号综合判断反辐射导弹毁伤结果，当反辐射导弹信号消失且雷达告警信号解除，表明 B 国雷达已被摧毁，完成对 B 国防空导弹武器系统的破袭任务。作战计划示意图如图 8.3.2 所示。

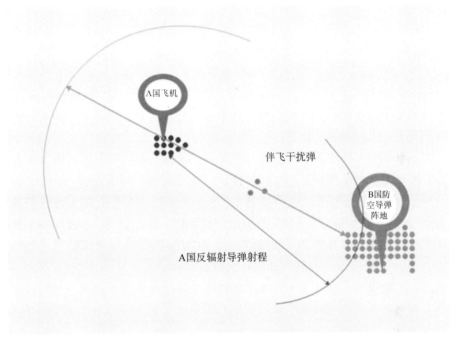

图 8.3.2　作战计划示意图

4. 作战推演

A 军 E 战区司令部利用仿真系统和作战推演系统，对上述作战计划进行了推演仿真。结果表明，通过失能信息力打击，第一阶段作战行动会以 75% 的概率成功实施对 B 国地面雷达的干扰，掩护 A 国战机成功突防；还有 25% 的概率未对 B 国地面雷达产生干扰，此种情况下，A 国战机被 B 国防空导弹击中的概率为 60%。

在第一阶段作战行动成功前提下，第二阶段作战行动成功实施的概率为 90%；还有 10% 的概率反辐射导弹未能摧毁 B 国地面雷达。

综合两个作战行动，实现高层决心、破袭 B 国新型防空导弹武器的概率达到 67.5%，同时伴有 15% 的战机被击中风险，风险收益比可以接受。据此 A

军高层批准 E 战区司令部作战计划。

三、作战过程

两个阶段的作战行动就是两个 OODA 作战任务环，每个作战阶段均可划分为观察、调整、决策、行动环节的闭环。作战行动的任务过程，就是每个作战行动任务链的闭合过程。

1. 第一阶段

观察环节。A 国战机飞行员通过机载雷达告警系统，依靠 B 国雷达的照射信息，确定 B 国雷达所在的方向和距离。

调整环节。当 A 国战机飞行员确定 B 国雷达的位置后，改变原有攻击对象，以 B 国雷达为新的打击对象，调整飞行航线，向 B 国雷达位置抵近飞行。

决策环节。A 国战机飞行员调整飞机姿态后，向 B 国雷达方向发射 3 枚伴飞干扰弹。

行动环节。3 枚伴飞干扰弹按一定编队，沿战机编队与雷达连线飞向 B 国雷达，A 国战机编队利用伴飞干扰弹掩护，快速抵近 B 国雷达。

评估环节：3 枚伴飞干扰弹发射之后，A 国战机飞行员根据雷达告警系统告警信号，对 B 国地面雷达被干扰情况进行评估。评估认为，3 枚伴飞干扰弹的干扰信号已经成功压制 B 国地面雷达，A 国战机雷达告警信号变为间断信号，表明 A 国战机成功脱离了 B 国地面雷达的锁定。从 B 国部队的反应来看，B 国部队未能成功识别伴飞干扰弹，发射防空导弹对伴飞干扰弹进行拦截，从伴飞干扰弹的回传数据分析，B 国利用防空导弹，拦截击毁 1 枚伴飞干扰弹，另外 2 枚伴飞干扰弹未被击中。

2. 第二阶段

观察环节。A 国飞行员根据前期锁定的 B 国地面雷达位置，判断战机与 B 国地面雷达距离，作为发射传统毁伤反辐射导弹的依据。

调整环节。根据伴飞干扰弹被拦截情况，实时调整剩余伴飞干扰弹飞行队形及飞行轨迹、调整战机的突防航迹，按实时最优的突防路线进行突防。

决策环节。当前期锁定的 B 国地面雷达进入 A 国战机机载反辐射导弹射程后，发射 2 枚机载反辐射导弹对 B 国地面雷达进行打击。

行动环节。2 枚反辐射导弹沿雷达波束，飞向 B 国地面雷达并对其进行毁伤。发射反辐射导弹后，A 国战机进行倒扣逃逸机动，迅速脱离战场。

评估环节。A 军 E 战区司令部评估认为，B 国新型防空系统的地面雷达，已在 A 国战机反辐射导弹打击下彻底损毁。通过伴飞干扰弹掩护突防和反辐射导弹打击两个阶段的作战行动，达到了抵消 B 国新式防空导弹武器威胁、彻底摧毁 B 国防空阵地的预期目的，为 A 国后续空袭行动的顺利进行扫清了障碍。

第四节　防护力失能毁伤运用

隐身飞机是现代空战的重要装备，甚至号称"永不被击落的战机"。隐身飞机是典型的平台类目标，其隐身防护力是相比普通第三代战机难以被击落的核心能力。隐身飞机一旦失去了隐身防护力，其作战能力将回到第三代战机的水平。在战时，隐身飞机失去防护力，就意味着可以被敌方地面防空系统轻松发现、拦截，彻底丧失作战优势。

一、作战背景

A 国与 B 国的空袭、反空袭作战已持续数日，A 国依靠其地面防空系统多次成功拦截 B 国战机，对 B 国的空袭力量造成较大消耗。X 日，A 国发现在近期多次防空作战中，B 国战机在雷达上显示的信号强度较以往明显下降，雷达跟踪信号时断时续，发射防空导弹后由于制导信息品质下降，导弹的拦截脱靶量超过了战斗部爆炸杀伤范围，未对 B 国战机实现有效拦截。A 国已有多个防空阵地因此遭受损失，经过综合推断，判断 B 国出动了隐身战机参加战斗，致使 A 国防空导弹在低品质制导信息下，无法对 B 国隐身战机进行有效拦截。

二、作战筹划

1. 作战决心

若没有有效的应对办法，B 国隐身飞机将会逐渐撕破 A 国的地面防空网，最终导致 A 国丧失制空权。A 国高层命令 A 军利用现有的武器装备，采用一切技战术办法和措施，抵消 B 国隐身战机的威胁，确保 A 国领空安全。

2. 作战设计

拦截 B 国隐身战机，依靠 A 国现有传统装备，无法一蹴而就。A 军 E 战区司令部针对高层的决心，利用隐身战机对隐身防护力强依赖这一特征，拟采用多发防空导弹序贯拦截、失能与传统接力毁伤的模式，完成本次作战任务。第一阶段为"降维打击"，利用防护力失能防空弹适应较低的制导精度，破坏敌机隐身性能；第二阶段为常规打击，利用传统毁伤防空弹配合较高的制导精度，击落敌机。

3. 作战计划

A 军 E 战区司令部制订了 2 个阶段作战计划。

第一阶段为"降维打击"。通过地面雷达观察空袭目标的雷达反射强度，若反射强度较弱，则判定来袭目标为隐身战机，发射 2 枚防护力失能防空弹。导弹发射后，在地面雷达低精度制导信息的制导下，飞向目标。在适应大脱靶量引战配合算法的控制下，引信适时起爆"金属箔条战斗部"，并将起爆信号通过弹地数据链回传地面指控系统。

防护力失能防空弹选择隐身防护力作为失能毁伤对象。隐身飞机想要保持隐身性能，飞机表面需要完整的隐身涂层。隐身涂层通常为非金属材料，起到吸收雷达电磁波的作用。若在隐身飞机外表附着一定量的金属箔条，由于金属箔条对雷达电磁波的反射能力较强，会极大增加隐身飞机的雷达散射面积，为地面雷达探测提供便利。利用此原理，可对传统毁伤防空弹战斗部进行模块化替换，在原战斗部位置装填大量细长的金属箔条，改造的"金属箔条战斗部"在爆炸后可以将金属箔条均匀散布在一个较为广阔的空域，从而弥补制导精度变差带来的脱靶量变大问题。金属箔条的设计上仿生鬼针草种子结构，具有较强的粘附性，当隐身飞机接触箔条带，大量金属箔条会粘附在隐身飞机表面，形成强散射点，从而达到破坏隐身飞机隐身特性的目的。

第二阶段为常规打击。通过地面雷达反射强度判断第一阶段作战效果，当地面雷达反射强度增大后，判定空袭战机失去了隐身防护力。利用常规防空导弹武器系统，发现并锁定目标，并发射 2 枚传统毁伤防空弹，其拦截过程与拦截普通战机相同。

4. 作战推演

A 军 E 战区司令部利用仿真系统和作战推演系统，对上述作战计划进行了推演仿真。结果表明，在第一阶段作战行动中，单枚防护力失能防空弹会以 70%的概率，使 B 国隐身战机的雷达反射面积增大 40 dB 以上，达到普通战机的水平。若发射 2 枚，则第一阶段行动的成功概率将达到 91%。

第二阶段作战行动中，在隐身战机失去防护力的情况下，利用单枚传统毁伤防空弹，击落敌机的概率为 80%，若发射 2 枚，则第二阶段行动的成功概率将达到 96%。

综合两个阶段的作战行动，实现高层决心，两个阶段各发射两枚拦截弹击落 B 国隐身战机的概率将达到 87%以上。据此 A 军高层批准 E 战区司令部作战计划。

三、作战过程

两个阶段的作战行动就是两个 OODA 作战任务环，每个作战阶段均可划分为观察、调整、决策、行动环节的闭环。作战行动的任务过程，就是每个作战行动任务链的闭合过程。

1. 第一阶段

观察环节。A国地面防空部队通过地面反隐身预警雷达探测的信号强度，判别来袭战机类型，作为后续发射导弹类型的依据。

调整环节。当A国地面防空部队确定来袭战机为隐身飞机后，选择防护力失能防空弹作为待发射导弹，并根据来袭战机的位置、速度，不断调整导弹发射时机。

决策环节。A国地面防空部队根据来袭战机位置、速度的变化，适时发射2枚防护力失能防空弹。

行动环节。2枚防护力失能防空弹飞向来袭战机，按大脱靶量引战配合算法，在B国隐身战机附近，适时起爆"金属箔条战斗部"，金属箔条粘附在隐身战机表面，增大其雷达散射面积。

评估环节：2枚防护力失能防空弹起爆后，A国地面防空部队根据雷达信号反射强度，对B国隐身战机防护力失能情况进行评估。评估认为，2枚防护力失能防空弹已成功破坏B国隐身战机隐身性能，使B国隐身战机的雷达反射面积增大约45 dB。从B国战机动作来看，B国战机飞行员未发现"金属箔条战斗部"对战机隐身性能的影响，误判为普通防空导弹的脱靶自毁，未进行机动逃逸动作。A国地面防空部队判断可以进行第二阶段作战行动。

2. 第二阶段

观察环节。A国地面防空部队通过雷达探测信息，对B国战机进行探测跟踪，作为发射传统毁伤防空弹的依据。

调整环节。根据B国战机的飞行轨迹和飞行速度，不断调整传统毁伤防空弹发射时机。

决策环节。A国地面防空部队根据来袭飞机位置、速度的变化，适时发射2枚传统毁伤防空弹。

行动环节。2枚传统毁伤防空弹按制导雷达信息制导，飞向B国战机，起爆战斗部，将其击落。

评估环节。A军E战区司令部评估认为，B国隐身飞机已在A国防空导弹的拦截下被成功击落。通过防护力失能和常规打击两个阶段的作战，达到了抵消B国隐身战机威胁的预期目的，为确保A国领空安全提供了有力的支撑。

第五节　保障力失能毁伤运用

"兵马未动，粮草先行"，后勤保障在战争中始终扮演着重要角色。补给舰是一种典型的保障装备，在航母编队深远海任务中扮演重要角色，为航母编队提供燃油补给、弹药补给和生活补给。与普通战斗舰船相比，补给舰体积较大、自身防护能力较弱。航母编队中的补给舰一旦遭到打击，就意味着整个航母编队无法持续作战，其机动作战能力将大打折扣。

一、作战背景

A、B两国处于战争状态。X日，A、B两国刚刚在A国近海进行水面交战，B国海军依靠其强大的航母编队作战能力，成功摧毁了A国海军的一支驱护舰艇编队。完成攻击后，担心A国海军主力舰队报复，B国海军撤离A国海岸，准备进行物资补给，进而继续返回B国海军基地。A国高层计划调派本国海军主力舰队追击B国航母编队，但远水不解近渴，于是在调派本国海军主力舰队的同时，计划利用岸基反舰导弹对B国海军航母编队进行报复性打击，但B国航母编队的撤离位置已经逃出A国岸基反舰导弹的最大射程，利用现有反舰导弹无法对B国航母编队造成杀伤。

二、作战筹划

1. 作战决心

若没有有效的应对办法，B国航母编队将在完成物资补给后，撤回海军基地，A国则无法再对其进行报复性打击，对A国在国际社会上的形象和在国内民众中的威望都会造成不利影响。A国高层一方面命令A国海军主力舰队全速前进赶往出事地点，另一方面命令A军利用现有的武器装备，采用一切技战术方法和措施，快速实现对B国航母编队的打击，延迟其逃离时间。

2. 作战设计

A军E战区司令部针对高层的决心，阻止B国航母编队逃离，洞悉到B国补给舰给航母加油这一薄弱环节，拟采用打击B国航母编队保障力的方式，完成本次作战任务。A军对原有反舰导弹换装保障力失能毁伤战斗部，在B国补给舰给航母加油这段时间，利用该战斗部对燃油具有引燃引爆功能这一特性，毁伤补给船、航母的供油管路和加油管路，迫使航母编队暂时无法返回B国海军基地，以等待主力舰队到来。同时，换装的失能毁伤战斗部相比原传统毁伤战斗部，质量更轻，可有效提升导弹射程，能够覆盖到B国航母编队补给位置。据此，A 军 E 战区司令部，在技术性、战术性两个层面，进行了 3 个方面的作战设计。

一是采用保障力失能反舰导弹集火攻击。增加 B 国航母编队的拦截难度，提升导弹突防概率。

二是反舰导弹采用压低弹道设计。最大限度压缩 B 国航母编队作战反应时间，使得 B 国航母没有足够的时间解除加油状态。

三是迅速调集 A 国海军主力作战舰队。利用传统毁伤方式，对 B 国航母编队进行打击。

3. 作战计划

A 军 E 战区司令部制订了 2 个阶段作战计划。

第一阶段为输油管道打击。利用侦察卫星监测 B 国航母编队补给舰的工作状态，若发现补给舰与航母之间连接输油管道开始加油，则立即将信息传递给 A 军 E 战区司令部，司令部命令 E 战区岸防部队齐射 10 枚改装后的保障力失能反舰导弹。通常航母加油需要数个小时的时间，这段时间足够反舰导弹完成发射准备、发射实施和导弹飞行。

保障力失能反舰导弹选择补给舰与航母间的输油管道作为失能毁伤对象。保障力失能反舰导弹在传统反舰导弹上改进而来：一是将传统毁伤战斗部换装为对燃油具有引燃引爆功能的失能毁伤战斗部，为了保证导弹的射程增加，换装的战斗部质量只有原传统毁伤战斗部质量的二分之一，失能毁伤战斗部中携带足够的带有引燃功能的金属材料，利用战斗部爆炸产生大量的引燃碎片，引燃碎片一旦击穿输油管路，就会引燃引爆输油管路中的燃油，从而彻底破坏补给舰的输油系统和航母的加油系统；二是将反舰导弹的末制导识别目标由舰船本身更改为两个大型目标几何中心；三是将反舰导弹的引信起爆方式由触发式改为近炸式。

第二阶段为常规打击。调集 A 国海军主力舰队立即出发追赶 B 国航母编队，若发现第一阶段保障力失能毁伤效果没有达到预期，则通知 A 国海军主力舰队停止追赶，终止第二阶段；若第一阶段取得预期效果，B 国航母编队短时间内无法移动，A 国海军主力舰队可以赶到后对其进行围捕、攻击。

4. 作战推演

A 军 E 战区司令部利用仿真系统和作战推演系统，对上述作战计划进行了推演仿真。结果表明，在第一阶段作战行动中，在 B 国航母编队的防护下，单枚保障力失能反舰弹能够击中输油管道的概率为 25%，10 枚导弹集火打击下，第一阶段行动的成功概率将达到 94% 以上。

第二阶段作战行动中，一旦输油管道被反舰导弹击中，对输油管道破坏的概率和 B 国航母编队无法移动的概率将达到 90% 以上。

综合两个阶段的作战行动，实现高层决心、延迟 B 国航母编队逃离时间的概率将达到 84% 以上。据此 A 军高层批准 E 战区司令部作战计划。

三、作战过程

两个阶段的作战行动就是两个 OODA 作战任务环，每个作战阶段均可划分为观察、调整、决策、行动环节的闭环。作战行动的任务过程，就是每个作战行动任务链的闭合过程。

1. 第一阶段

观察环节。A 军 E 战区司令部通过侦察卫星的回传信息判断补给舰是否处于给航母加油的状态，作为发射反舰导弹的依据。

调整环节。A 军 E 战区司令部通过侦察卫星给出的补给舰和航母的位置信息，调整保障力失能反舰导弹的发射参数。

决策环节。A 军 E 战区司令部根据观察到的信息，命令 E 战区反舰导弹部队发射 10 枚保障力失能反舰导弹。

行动环节。10 枚保障力失能反舰导弹按掠海飞行弹道飞向 B 国航母编队，压缩 B 国航母编队发现时间，在飞行末端跃起爬升，按俯冲形式向输油管道发起攻击。战斗部起爆后，战斗部内装载的大量带有引燃功能的金属材料与管道内燃油融合，造成管道内燃油的燃烧或爆炸。

评估环节：10 枚保障力失能反舰导弹起爆后，A 军 E 战区司令部根据侦察卫星的回传信息，对保障力毁伤效果进行评估。评估认为，B 国航母编队在发现反舰导弹攻击后立即采取拦截行动，但由于准备时间过短，仅成功拦截 5 枚反舰导弹，剩余 5 枚导弹中的 2 枚由于干扰原因未能准确击中供油管路，3 枚导弹准确飞行至供油管路附近并起爆，成功引燃了管内燃油。由于燃油的二次燃烧和爆炸，补给舰和航母的数套供油、加油系统在短时间内无法修复。同时从回传信息上看出，在发现反舰导弹攻击后，B 国补给舰曾试图提前结束加油作业，但由于剩余时间过短、事前对应急情况的演练较少，在导弹爆炸前，未能成功断开供油管道。供油管路被摧毁后，B 国航母编队立即向其海军基地方向行进了一段距离后，驻留在距离 A 国海岸线 1 852 km，表明其燃油已经耗尽，第一阶段作战行动取得预期效果。

2. 第二阶段

观察环节。A 军 E 战区司令部通过侦察卫星的回传信息判断第一阶段作战效果，同时继续跟踪 B 国航母编队位置，并指挥 A 国海军主力舰队前进。

调整环节。A 军 E 战区司令部通过输油管道被毁后 B 国航母编队的逃窜路线，调整 A 国海军主力舰队前进方向。

决策环节。A 军 E 战区司令部命令 A 国海军主力舰队向 B 国航母编队发起攻击。

行动环节。A 国海军主力舰队向 B 国航母编队发射传统毁伤反舰导弹，并派遣舰载机对 B 国航母编队空中目标进行打击。共击沉 B 国航母编队护卫舰艇 3 艘，击毁舰载机 23 架，重创 B 国航母。

评估环节。A 军 E 战区司令部评估认为，通过保障力失能打击，成功延迟了 B 国航母编队的逃离时间，A 国海军主力舰队成功击溃 B 国航母编队。在侦察卫星上发现，B 国另一支航母编队正全速向战场驶来，考虑到战略目标已经达到，A 军 E 战区司令部命令 A 国海军主力舰队即刻脱离战场，返回 A 国海军基地，等待后续命令。

第六节　智能力失能毁伤运用

现代战争中，智能化自动化水平越来越高，智能力正在成为战争准备的重要因素，被各国所重视。智能力包括对对手装备本体特性、运动特性、对抗特性的了解程度。地面防空导弹武器系统不同发射时机会极大影响到对目标的拦截概率，而发射时机的决策需要对目标运动特性的先验认知。对目标运动特性的先验认知一旦错误，将造成防空导弹预测遭遇点的偏差过大，从而造成拦截概率大幅降低。

一、作战背景

A 国对 B 国的空袭打击作战已进入白热化阶段，随着战争的深入，A 国决定对 B 国政府首脑设施进行弹道导弹打击。根据前期获取的信息，B 国的防空导弹武器系统具备拦截弹道导弹的能力，在前期 B 国国内的飞行试验中取得了不错的战果。A 国评估按目前弹道导弹的突防水平，能够顺利突破 B 国防空导弹武器系统拦截的概率较低。

二、作战筹划

1. 作战决心

若无法快速有效提升 A 国弹道导弹突防效率，A 国将无法按预期实施对 B 国的弹道导弹打击计划，从而将严重拖延整个战争进程。A 国高层命令 A 军采用一切技战术方法和措施，快速提升 A 国弹道导弹突防能力，实现对 B 国政府首脑设施进行弹道导弹打击的战略目的。

2. 作战设计

短时间内大幅提升 A 国弹道导弹实质突防能力并不现实。A 军 E 战区司令部针对高层的决心，洞悉到 B 国防空导弹发射时机对目标弹道预测强依赖的特征，拟针对 B 国防空导弹武器系统指挥员智能力进行攻击，向 B 国释放大量虚假数据，造成防空导弹武器系统指挥员对发射时机的误判。

3. 作战计划

A 军 E 战区司令部制订了 2 个阶段作战计划。

第一阶段为认知欺骗阶段。通过学术交流、工业部门宣传、国防力量展示等多种手段，向外界释放 A 国弹道导弹采用标准弹道飞行的信息。在 A 国国内组织弹道导弹飞行试验，解除对 B 国侦察卫星的封锁，向外界释放 A 国弹道导弹采用标准弹道的实际飞行数据。同时，A 军要求工业部门开发其他类型突防弹道，为实际的突防形式提供更多选择。

A 国对外宣称的弹道形式为标准弹道。采用标准弹道，弹道的最大飞行高度、弹道再入高度、弹道再入速度、弹道再入倾角相对固定，容易被 B 国地面防空系统识别。A 国工业部门通过对弹道导弹飞行控制算法的快速改进，形成多种突防弹道，可由 A 国指挥员在发射前选定，使 B 国地面防空指挥员的原有认识偏离真实情况。新型突防弹道的验证可以通过数字化手段，通过数字仿真验证新型突防弹道的有效性，不必经过真实飞行试验验证，提升弹道突防的隐蔽性；新型突防弹道通过重新烧写弹道导弹飞行控制软件即可实现，可以在短时间内形成作战能力。

第二阶段为实施打击阶段。同时发射 5 发弹道导弹对 B 国政府首脑设施进行打击。在实施弹道导弹发射前，由 A 国弹道导弹部队指挥员选定 5 种不同的突防弹道形式，通过装定参数上传到弹上。同时，A 国利用侦察卫星，观测 B 国防空导弹的发射时机和 A 国弹道导弹的突防结果，评估第一阶段的认知欺骗效果。

4. 作战推演

A 军 E 战区司令部利用仿真系统和作战推演系统，对上述作战计划进行了推演仿真。结果表明，在第一阶段作战行动中，通过大量的虚假信息攻击，B 国防空导弹武器系统指挥员认定 A 国弹道导弹采用标准弹道突防的概率将达到 80%，还有 20% 的概率 B 国防空导弹武器系统指挥员未被欺骗。

在第二阶段作战行动中，若 B 国指挥员被欺骗，则 B 国对弹道导弹拦截成功的概率仅为 10%，若 B 国指挥员未被欺骗，将对不同遭遇点发射多发拦截导弹，成功对弹道导弹拦截的概率为 50%。

综合两个阶段的作战行动，实现高层决心、实施弹道导弹对 B 国政府首脑设施成功打击的概率将达到82%。据此A军高层批准E战区司令部作战计划。

三、作战过程

两个阶段的作战行动就是两个OODA作战任务环，每个作战阶段均可划分为观察、调整、决策、行动环节的闭环。作战行动的任务过程，就是每个作战行动任务链的闭合过程。

1. 第一阶段

观察环节。A军E战区司令部命令E战区情报部门，收集B国防空导弹以往拦截弹道导弹情况、B国指挥官指挥风格、B国防空导弹部队作战准则，为后续虚假信息的发布提供依据。

调整环节。A军E战区司令部对收集到的情报进行集中整理，调整虚假信息的释放时机、释放范围、释放方式、释放途径。

决策环节。根据A国弹道导弹打击时间，决定虚假信息的发布时机。

行动环节。命令E战区情报部门举办一系列学术交流、工业部门宣传、国防力量展示等活动，释放A国弹道导弹采用标准弹道的突防方案。适时在A国国内组织弹道导弹飞行试验，加深B国的错误认知。

评估环节。完成一系列虚假情报释放活动后，A军E战区司令部对参照试验组的被欺骗程度进行评估。参照试验组依托A军蓝军部队组建，用于模拟B国的各种反应行为。评估认为，在没有其他情报信息情况下，B国防空导弹武器系统指挥员在面对A国弹道导弹来袭时，会按照标准弹道制订拦截方案。

2. 第二阶段

观察环节。A军E战区司令部通过侦察卫星，根据上级指示，确定攻击目标的坐标位置。

调整环节。A军E战区司令部将B国防空导弹武器系统指挥员的认知情况下发给弹道导弹部队指挥员，用于调整突防弹道选择。

决策环节。A军E战区司令部命令A国弹道导弹部队，向B国政府首脑设施，按约定的突防弹道形式，按集火攻击模式，发射5枚弹道导弹。

行动环节。5枚弹道导弹按装定的弹道策略飞行，突破地面防空导弹拦截，完成对目标的毁伤。

评估环节。A军E战区司令部评估认为，通过智能力失能打击，成功欺骗了B国防空导弹武器系统指挥员对A国弹道导弹突防弹道的认知，使其选择了错误的拦截时机，从而造成拦截失败。同时，A国弹道导弹的多种弹道形式对B国的防御系统造成了巨大困扰，使其利用预测命中点进行拦截的策略几近失效。

第七节　生命力失能毁伤运用

视觉是人类感知力的重要组成部分。在战场上，视觉的暂时缺失，会造成战斗人员对周围环境误判，继而造成心理恐慌，中断当下行为。飞行员是典型的人员类目标。飞行员在飞行过程中一旦视力被短暂致盲，将无法做出正确操作，尤其在双方战机进行近距离缠斗过程中，短暂致盲将直接造成飞行员落入下风，甚至有可能被对方直接击落。

一、作战背景

A、B 两国处于战争状态。A 国在与 B 国的空战中，处于下风。由于 B 国飞行员战斗能力普遍较强，在两国飞行员近距离缠斗中，B 国飞行员总能对 A 国战机实施绕后，利用目视追击 A 国战机。A 国飞行员无法在短时间内摆脱 B 国飞行员的追击。已有多名 A 国战机被击落。

二、作战筹划

1. 作战决心

短时间内提升飞行员整体战斗能力显然不太现实。针对 A 国飞行员的能力短板，A 国高层命令 A 军快速对战机进行针对性升级，采用一切技战术方法和措施，提升 A 国战机在近距离缠斗中的战斗能力。

2. 作战设计

A 军 E 战区司令部针对高层的作战命令，提升 A 国战机在近距离缠斗中的作战能力，拟采用打击 B 国飞行员生命力中的视觉感知力的方式，完成本次任务。A 军将参战飞机上所携带的后射电磁干扰弹部分改装为后射强光弹，通过暂时致盲 B 国飞行员，使 A 国飞行员摆脱 B 国飞行员的追击，快速占据攻击位置，形成对 B 国战机的反杀。通过对近几次 A、B 两国空战战例的分析，A 国战机大多携带近距格斗弹，携带雷达导引头的中远距空空导弹装备较少，减少部分电磁干扰弹的数量不会削弱 A 国战机的防御力。

3. 作战计划

A 军 E 战区司令部制订了 2 个阶段作战计划。

第一阶段为致盲敌方飞行员。A、B 两国战机在空中缠斗。A 国飞行员通过战机后视系统发现 B 国追击战机，首先通过主动机动，脱离被追击位置。当发现自身主动机动无法逃离追击时，根据 B 国战机相对自己的距离和方位，调整自己的飞行姿态和路线，当 B 国战机进入强光致盲弹照射范围后，向后顺次发射 6 枚强光致盲弹，同时准备进行大机动侧向调转拉升。强光致盲弹空中爆炸，对 B 国飞行员实施短暂致盲。A 国飞行员利用致盲时机，实施大机动侧向调转拉升，脱离被追击位置。

强光致盲弹选择 B 国飞行员视力作为生命力失能毁伤对象。目视力是战机近距离缠斗中，飞行员的重要依托。利用目视对敌方战机的锁定，相比雷达更具快速性和可靠性优势。同时，战机飞行过程中，飞行员也需利用目视，确保自身飞行环境安全，飞行姿态正确。鉴于视力在战机近距离缠斗中的重要作用，利用大范围强光照射致盲的原理，在后射电磁干扰弹的基础上，将原电磁干扰装置换装为强光发射器，将战机上部分后射电磁干扰弹装载架位，换装强光致盲弹，可使 A 国战机快速形成新的作战能力。强光致盲弹可在后射方向上实现 90°以上强光照射，光强远超前方背景，即便 B 国飞行员佩戴飞行头盔，也可实现暂时致盲。强光致盲弹持续产生约 1 s 的强光照射，连续发射多枚，可延长致盲时间。利用这段时间，A 国飞行员可以快速机动，脱离 B 国战机追击，占据攻击位置，对 B 国战机进行传统毁伤打击。

强光致盲弹除对 B 国飞行员实施短暂致盲外，还可对 B 国近距空空导弹导引头实施"致盲"。近距空空导弹导引头为红外体制，可以实现架上截获目标。在强光致盲弹干扰下，B 国近距空空导弹将无法持续截获 A 国战机，从而进一步确保 A 国战机的飞行安全。

第二阶段为攻击敌机。A 国飞行员侧向拉升，逃离 B 国战机追击位置的同时，快速占据攻击位置，向 B 国战机发射近程空空导弹。发射近程空空导弹后，A 国飞行员观察空空导弹毁伤效果，若击落 B 国战机，则结束本次战斗；若未击落 B 国战机，则与 B 国战机进入新一轮缠斗。

4. 作战推演

A 军 E 战区司令部利用仿真系统和作战推演系统，对上述作战计划进行了推演仿真。结果表明，在第一阶段作战行动中，连续发射 6 枚强光致盲弹对 B 国飞行员致盲时间超过 5 s 的概率为 80%。在 B 国飞行员被致盲时间 5 s 情况下，A 国飞行员脱离被追击位置、占据攻击位置的概率为 90%；在 B 国飞行员被致盲时间小于 5 s 情况下，A 国飞行员脱离被追击位置、占据攻击位置的概率为 20%。

第二阶段作战行动中，A 国飞行员处于攻击位置时，利用近程空空导弹击落 B 国战机的概率为 80%。

综合两个阶段的作战行动，使 A 国飞行员能够脱离 B 国战机追击的概率为 92%；A 国战机能够一次性击落 B 国战机的概率为 73%。据此 A 军高层批准 E 战区司令部作战计划。

三、作战过程

两个阶段的作战行动就是两个 OODA 作战任务环,每个作战阶段均可划分为观察、调整、决策、行动环节的闭环。作战行动的任务过程,就是每个作战行动任务链的闭合过程。

1. 第一阶段

观察环节。A 国战机飞行员通过战机后视系统,根据两国战机的相对位置,确定发射强光致盲弹的时机。

调整环节。A 国战机飞行员根据两国战机的相对位置,调整 A 国战机的姿态和航线,为发射强光致盲弹创造较好的初始条件。

决策环节。A 国战机飞行员根据观察结果,次序发射 6 枚强光致盲弹。

行动环节。6 枚强光致盲弹空中起爆致盲 B 国飞行员,持续时间达 5 s 以上。同时 A 国飞行员利用致盲时机,快速逃离被追击位置。

评估环节。6 枚强光致盲弹空中起爆后,A 军 E 战区司令部根据 A 国战机后视系统的回传数据,对生命力毁伤效果进行评估。评估认为,B 国战机飞行员在发现前方 A 国战机释放强光致盲弹后,未能意识到该弹药会对其视力造成影响,未能做出针对性的躲避。在被致盲后,B 国飞行员采取了保持战机飞行姿态和飞行航线不变的操作,未能对 A 国战机大机动侧向调转拉升做出反应,使得 A 国战机顺利占据攻击位置。同时强光致盲弹空中起爆后,对 B 国近程空空导弹实现致盲,保证了 A 国战机大机动拉升时的安全。第一阶段作战行动取得预期效果。

2. 第二阶段

观察环节。A 国战机飞行员根据目视观察,锁定 B 国飞机位置。

调整环节。A 国战机飞行员根据 B 国战机相对位置,调整自身飞行航线,使自身携带的近程空空导弹处于良好的攻击初始位置。

决策环节。A 国战机飞行员根据 B 国战机的相对距离,发射近程空空导弹。

行动环节。A 国发射一枚近程空空导弹,由于 B 国战机的机动躲避,未将其击毁。A 国飞行员继续发射第二枚近程空空导弹,成功击落 B 国战机。

评估环节。A 军 E 战区司令部评估认为,通过生命力失能打击,使 A 国战机从被追击位置转换至攻击有利位置,成功将 B 国战机击落,弥补了 A 国飞行员在近距离缠斗中的战斗能力不足短板,达到了预期目的,完成了高层下达的作战任务。

第八节　凝聚力失能毁伤运用

指挥官是一支军队凝聚力的核心。在一场战役中，指挥官不能正常履职，会造成军队的凝聚力下降，各部队无法做到统一指挥和统一行动。防空导弹作战体系是典型的体系类目标，在防空导弹作战体系中，防空指挥官是凝聚各作战单元的核心，一旦防空指挥官无法履行指挥职能，将使体系内各作战单元各自为战，大大降低体系效能，甚至带来体系崩溃的风险。

一、作战背景

A、B 两国处于战争状态。A 国计划通过战机空袭，夺取战场制空权。B 国防空导弹作战体系在其防空指挥官的统一指挥下，雷达部队、导弹部队、保障部队、支援部队配合完美，在与 A 国的防空作战中，表现出较高的凝聚力，击落了多架 A 国战机，严重影响了 A 国的空袭计划。

二、作战筹划

1. 作战决心

针对 B 国防空导弹武器的体系作战能力，A 国高层命令 A 军尽快找到 B 国体系弱点，采用一切技战术方法和措施，破袭 B 国防空导弹作战体系，确保 A 国空袭计划能够顺利实施。

2. 作战设计

A 军 E 战区司令部针对高层的作战命令，经过情报部门调查发现，B 国防空指挥官对防空导弹体系作战经验丰富，主要依靠其个人能力和威望凝聚 B 国各防空部队，B 国军内寻找不到第二人可以接替，若对 B 国防空指挥官实施"斩首"，使其无法履行指挥官职责，接替者由于能力和威望不够，难以形成对防空导弹体系的凝聚力。因此，A 国拟利用"斩首"弹对 B 国指挥官实施"斩首"行动的办法，通过使 B 国防空体系丧失凝聚力，完成破袭 B 国防空体系的任务。

3. 作战计划

A 军 E 战区司令部制订了 2 个阶段作战计划。

第一阶段为对 B 国指挥官实施"斩首"。通过向 B 国国内派遣数名特战人员，侦察归纳 B 国防空指挥官的日常行动规律，同时在 B 国国内，接应"斩首"弹、侦察评估弹及其发射集装箱。"斩首"弹、侦察评估弹及其发射集装箱以零件形式偷渡至 B 国境内，潜伏在 B 国的特战人员得到这些零件后，对其进行组装。同时在 B 国国内租用民用货车，作为发射集装箱运输和发射平台。根据 A 国对 B 国空袭的大计划，确定对 B 国防空指挥官实施"斩首"的时间段。特战人员根据大计划时间节点，制订具体的"斩首"计划。

行动当日，根据 B 国防空指挥官的行动规律，在 B 国防空指挥官出行路线 5 km 内寻找无人荒地，将装载发射集装箱的民用货车行驶至此，作为"斩首"弹的发射地点。"斩首"行动执行时，留有两名特战人员利用遥控设备，进行导弹发射和操控，1 名特战人员在 B 国防空指挥官行进路线附近，报告其经过位置。当 B 国防空指挥官车队进入"斩首"弹打击范围后，以齐射方式发射一个集装箱全部 50 枚"斩首"弹和 10 枚侦察评估巡飞弹，导弹在空中形成攻击编队，利用自身携带的光学导引头，搜索目标车辆，回传图像至地面遥控设备，经 2 名操控人员确认，对指挥官车队的所有车辆进行无差别打击。打击完成后，通过侦察评估巡飞弹的回传图像，确认打击效果，并把行动结果和现场图像报告 A 军 E 战区司令部。

"斩首"弹选择 B 国防空指挥官作为凝聚力失能毁伤对象。指挥官在一场战役中，是各部队凝聚力的核心所在。通过指挥官的统一指挥，确保战场物质流、能量流、信息流、控制流在各参战部队间正常流转。同时，指挥官的战场素养，是各部队作战信心的基石。一个优秀的指挥官，是作战体系超水平发挥的重要保障。针对指挥官对作战体系凝聚力的重要作用，对其进行"斩首"。"斩首"弹利用 A 国已有巡飞弹，对其进行改进：一是改进发射方式，改为集装箱式发射，实现高密度发射的可能，同时便于利用民用货车运输和发射，增加隐蔽性；二是改进动力方式，在原巡飞弹螺旋桨动力的基础上，增加小型固体火箭助推，提高发射效率和发射速度，"斩首"弹的有效飞行距离约 5 km，同时具有空中悬停的功能；三是改进战斗部毁伤装置，改为金属射流穿甲+破片杀伤复合战斗部，针对 B 国指挥官乘坐车辆的装甲防护，进行针对性打击；四是改进作战方式，将单枚作战改为群作战，多枚"斩首"弹同时打击，降低被拦截风险，提高成功概率；五是"斩首"弹与侦察评估巡飞弹配合工作，侦察评估巡飞弹不安装战斗部，具备事后评估的功能，可与"斩首"弹共箱发射。

第二阶段为对 B 国实施空袭。确认 B 国指挥官被"斩首"后，A 国迅速对 B 国重点目标实施空袭，重点打击 B 国暴露的防空导弹阵地。由于指挥官遭遇不测，B 国短时间内难以找到合适接替人选，防空导弹作战体系凝聚力崩塌，各防空导弹作战单元各自为战，防空效果大打折扣。

4. 作战推演

A 军 E 战区司令部利用仿真系统和作战推演系统，对上述作战计划进行了推演仿真。结果表明，在第一阶段作战行动中，特战人员将"斩首"弹发射装置顺利运送至指定发射位置的概率为80%；到达指定位置后，50枚"斩首"弹对B国指挥官"斩首"的成功概率为95%。

第二阶段作战行动中，在没有B国指挥官的统一指挥下，A国对B国防空导弹作战体系实施空袭的成功概率为90%。

综合两个阶段的作战行动，打破B国防空导弹作战体系的概率为68%。据此A军高层批准E战区司令部作战计划。

三、作战过程

两个阶段的作战行动就是两个OODA作战任务环，每个作战阶段均可划分为观察、调整、决策、行动环节的闭环。作战行动的任务过程，就是每个作战行动任务链的闭合过程。

1. 第一阶段

观察环节。A国特战人员通过侦察归纳B国指挥官的日常行动规律，为"斩首"行动实施地点的确定提供依据。

调整环节。根据A国特战人员的观察信息，调整"斩首"行动实施地点的选择。

决策环节。结合A国对B国空袭的大计划时间节点，确定"斩首"行动的实施时机。

行动环节。根据沿途特战人员提供的情报信息，发射50枚"斩首"弹和10枚侦察评估巡飞弹，对B国指挥官实施"斩首"。侦察评估巡飞弹将"斩首"图像实时回传遥控操作人员，遥控操作人员确认行动结果后将行动结果及现场图像上报A军E战区司令部。

评估环节：50枚"斩首"弹完成对B国指挥官所在车队攻击后，A军E战区司令部根据回传数据，对凝聚力毁伤效果进行评估。评估认为，50枚"斩首"弹完成了对B国指挥官所在车队的覆盖打击，对B国指挥官的"斩首"行动顺利完成。A国特战人员能够顺利潜入B国，并能够顺利接近B国防空指挥官，表明B国对该国防空导弹作战体系指挥官的安保级别与其在战场上发挥的价值并不匹配，B国尚未意识到凝聚力对体系作战的重要意义。第一阶段作战行动取得预期效果。

2. 第二阶段

观察环节。A军E战区司令部通过"斩首"现场回传的结果和图像，判断第一阶段"斩首"行动的效果。

调整环节。A军E战区司令部通过第一阶段"斩首"行动的效果，调整对 B 国的空袭计划。

决策环节。A 军 E 战区司令部向空军部队下达对 B 国的空袭时间和空袭目标，并授权若发现 B 国地面防空火力，可进行自由攻击。

行动环节。E 战区空军按命令，对 B 国执行空袭。由于没有信息流的互相支持，B 国各防空阵地各自为战，地面雷达大面积开机，遭到了 A 军空军反辐射导弹的严重打击，各防空阵地损失严重。A 国在很短时间内，完成了对 B 国地面防空力量的清除。后续空袭计划得以顺利开展。

评估环节。A 军 E 战区司令部评估认为，通过凝聚力失能打击，使 B 国防空导弹作战体系防御能力大打折扣，在面对 A 军空袭时不堪一击。A 军完成了打破 B 国防空导弹作战体系的任务，达到了预期目的。

第九节　覆盖力失能毁伤运用

水下空间作为海战的一个新兴作战域，具有作战纵深大、隐蔽性强的特征，逐渐被越来越多国家重视。在未来攻防对抗中，谁获取了制水下权，谁就多了一条打败对手的通道。岛屿防御体系是典型的体系类目标，包括空中防御、水面防御、水下防御等多个战场空间，任何一个战场失守，都会为敌方提供入侵机会，从而带来整个防御体系的失效。

一、作战背景

A、B 两国处于战争状态。A 国计划对 B 国近海的 C 岛实施占领，以支持其下一步作战计划。目前 B 国对 C 岛的岛屿防御体系已经构筑完成，构建了完整的防空系统、岸基反舰系统、水下防御系统，覆盖了完整的各类登岛作战域。A 国尝试了多种进攻手段，包括巡航导弹打击、隐身飞机突防、舰艇编队突进、水下渗透等，均收效甚微，无功而返，严重影响了 A 国对 C 岛占领计划的实施。

二、作战筹划

1. 作战决心

针对 B 国对 C 岛的完整防御，A 国高层命令 A 军尽快找到 C 岛岛屿防御体系弱点，采用一切技战术方法和措施，先重点突破 C 岛某个作战域的防御，由点及面，逐步完成对 C 岛防御体系的全面打击。确保 A 国登岛计划能够顺利实施。

2. 作战设计

A 军 E 战区司令部针对高层的作战命令，经过战斗复盘，发现空中、水面、水下三个作战域中，C 岛的水下防御系统最为薄弱。C 岛水下防御系统利用声呐作为预警、探测传感器，声呐的探测信息通过水下光纤传输至岸边基地。经探查，A 国发现 B 国用于水下通信的光纤及光纤中继器为普通光纤产品，未加特殊防护，且水下光纤为水下与岸边的唯一通信手段，若将水下光纤及光纤中继器破坏，则可彻底瘫痪 B 国水下防御系统，为 A 国的登岛作战任务提供一条通道。

3. 作战计划

A 军 E 战区司令部制订了 2 个阶段作战计划。

第一阶段为破坏 C 岛水下通信。根据 A 国登岛作战大计划，确定对 C 岛水下通信系统瘫痪的时间段。通过母舰，提前在 C 岛岸基反舰系统防御圈外投放 100 枚智能水下机器人，水下机器人的任务为破坏 B 国水下通信系统。100 枚智能机器人分为 10 个工作小组开展行动，各自负责不同水域。每组包括探查机器人 4 枚、破坏机器人 3 枚、通信机器人 2 枚、指挥机器人 1 枚。机器人在水下可通过水下声波进行信息通信，每个工作小组通过通信机器人与母舰进行通信。

母舰不间断接收 10 个工作小组回传的已探查路径和探测到的光纤及其中继器位置，不断更新母舰上的探查地图，并根据每个工作小组的当前位置，为其规划后续探查路径。随着探查信息的不断增多，探查海域逐渐明朗，已探查到的光纤及其中继器位置逐渐连接形成一条条的水下通信链路。在探查海域完全明朗后，向 E 战区司令部报告，配合大部队作战计划，制定切断水下通信系统的时间，并将确定的切断水下通信系统时间传输给各水下机器人小组。到达指定时间后，各水下机器人小组同时破坏水下光纤及光纤中继器，使 C 岛水下防御系统瞬时瘫痪，从而达到毁伤水下防御系统的覆盖力的目的。完成光纤破坏后，各水下机器人上浮，由指挥机器人向母舰发送结果确认信号，并归航。

智能水下机器人选择 C 岛水下防御系统通信光纤及其中继器作为覆盖力失能毁伤对象。水下光纤通信系统是 C 岛水下防御系统与岸基指挥系统的唯一信息通道，且防护力不高，易于毁伤。针对水下光纤通信系统关键且易损的特性，A 国采用智能水下机器人对 C 岛水下光纤及其中继器进行毁伤。智能水下机器人由母舰投放，通过分工协作，组成智能团体，提升工作效率。探查机器人自带探测传感器，通过人工智能算法训练，可对水下光纤及其中继器进行智能图像识别，并标记其位置；破坏机器人携带破坏装置，在得到破坏指令后，可迅速将光纤及其中继器破坏；通信机器人可与母舰进行数据交互，回传已探查水域、探测到的光纤及其中继器位置等信息，同时接收母舰更新的后续探查范围；指挥机器人负责响应母舰发出的指令，向组内机器人发出指令，并负责与其他小组的指挥机器人协同工作。

第二阶段为水下渗透登岛。在得到水下通信系统破坏确认后，母舰将结果第一时间发送 A 军 E 战区司令部，司令部立即派出小股特战部队，乘坐水下潜航运输艇，从水下向 C 岛渗透，在确认第一波登岛部队完成登岛后，能够证明 B 国水下防御系统确实失效，向 C 岛继续派出登岛作战部队，乘坐大型水下潜航运输艇，完成登岛。作战部队登岛后，A 国对 C 岛进行巡航导弹打击，迫使 B 国开启防空导弹系统进行拦截，从而暴露防空导弹阵地位置。登岛作战部队根据 B 国防空导弹阵地位置，对其进行破坏，从而进一步占据登岛作战制空权。

4. 作战推演

A 军 E 战区司令部利用仿真系统和作战推演系统，对上述作战计划进行了推演仿真。结果表明，在第一阶段作战行动中，智能水下机器人能够破坏 C 岛水下 80% 的通信链路，即 A 国利用水下通道运输登岛部队的成功概率为 80%。

在第二阶段作战行动中，A 国登岛部队对 C 岛上的防空阵地进行突袭的成功概率为 90%。

综合两个阶段的作战行动，完成对 C 岛防御体系全面打击的成功概率为 72%。据此 A 军高层批准 E 战区司令部作战计划。

三、作战过程

两个阶段的作战行动就是两个 OODA 作战任务环，每个作战阶段均可划分为观察、调整、决策、行动环节的闭环。作战行动的任务过程，就是每个作战行动任务链的闭合过程。

1. 第一阶段

观察环节。智能水下机器人被母舰释放到水中后，按装定的探查路径搜寻水下光纤及光纤中继器，并记录自己的探查轨迹回传母舰。

调整环节。母舰根据各水下机器人回传的探查结果，不断调整优化各水下机器人的后续探查轨迹。

决策环节。母舰通过各水下机器人回传的探查信息，确定已完成对 C 岛近海海域的全部探查，与 E 战区司令部共同确定破坏 B 国水下光纤通信系统的时间，并将其下发给各水下机器人。

行动环节。各水下机器人按照约定时间，破坏 B 国水下光纤通信系统，并将确认结果回传母舰。

评估环节。100 枚智能水下机器人完成对 C 岛水下通信系统破坏后，A 军 E 战区司令部根据回传数据，对覆盖力毁伤效果进行评估。评估认为，100 枚智能水下机器人完成了对 C 岛水下通信系统破坏，C 岛水下防御系统中声呐探测到的信息无法传输给岸上指挥系统，C 岛水下通道被打开，C 岛岛屿防御体系覆盖力出现缺失。第一阶段作战行动取得预期效果。

2. 第二阶段

观察环节。A 军 E 战区司令部通过水下机器人回传的结果，判断第一阶段破坏水下通信系统的行动效果。

调整环节。A 军 E 战区司令部命令 E 战区海军，向 C 岛派出小股登岛特战部队，进一步确认第一阶段毁伤效果。

决策环节。A 军 E 战区司令部命令 E 战区海军，向 C 岛派出后续登岛作战部队，扩大登岛人数。

行动环节。A 军 E 战区司令部命令 E 战区海军舰艇编队，向 C 岛发射巡航导弹，迫使 C 岛上的防空火力开火拦截，登岛作战部队对 C 岛上各个防空阵地实施突袭，破坏防空系统，实现由点及面，扩大破袭岛屿防御体系的战果。

评估环节。A 军 E 战区司令部评估认为，通过覆盖力失能打击，在成功破坏 B 国水下通信系统后，使 B 国岛屿防御体系出现漏洞，A 军成功利用这一漏洞，完成了对 C 岛防御体系的全面打击的任务，达到了预期目的。

第十节　敏捷力失能毁伤运用

反导作战具有目标速度快、反应时间短的特点，要求反导防御体系能够根据目标的来袭情况，迅速调动体系内各单元的工作状态。反导防御体系是典型的体系类目标，一旦反导防御体系敏捷力遭到破坏，将带来失去发射窗口、拦截精度降低等问题，从而导致整个反导拦截作战失败。

一、作战背景

A、B 两国处于战争状态。A 国计划对 B 国本土实施弹道导弹打击，以摧毁 B 国国内重要军事目标。B 国已经建立起了完备的反导防御体系，A 国对 B 国国内重要目标发射的几枚弹道导弹，均被 B 国反导防御体系有效拦截，B 国反导防御体系在实战中表现出反应迅速、运作流畅、行动敏捷等特点，严重影响了 A 国对 B 国的弹道导弹打击计划。

二、作战筹划

1. 作战决心

针对 B 国反导防御体系的优异表现，A 国高层命令 A 军尽快找到 B 国反导防御体系弱点，采用一切技战术方法和措施，破坏 B 国反导防御体系，确保 A 国弹道导弹打击计划能够顺利实施。

2. 作战设计

A 军 E 战区司令部针对高层的作战命令，经过战斗复盘，发现 B 国反导防御体系包含的单元数量多、各单元分布距离广，且各单元之间均采用无线通信进行信息流转，网络通信链路相对繁杂，存在被侵入的可能。A 军决定利用此特点，攻击 B 国反导防御体系内各单元的网络通信系统，增加信息在各单元间的流转延时，降低 B 国反导防御体系的敏捷力。

3. 作战计划

A 军 E 战区司令部制订了作战计划，为在弹道导弹上加装智能终端模拟器。

智能终端模拟器选择 B 国反导防御系统各单元间的通信效率作为敏捷力失能毁伤对象。B 国反导防御系统各单元间的通信方式均为无线通信，存在通过暴力破解方法，对其实施入侵的可能。智能终端模拟器具有以下特点：一是可以侦测到微弱的无线通信信号，根据侦测到的无线通信信号，模拟生成可以接入该无线通信网络的模拟终端；二是可以同时生成不限数量的模拟终端，将这些不限数量的模拟终端同时接入到该无线通信网络，会造成该无线通信网络的信道堵塞，类似多个手机接入一个 Wi-Fi 网络，该网络速度就会大幅变慢；三是可以加装到弹道导弹上，随弹道导弹飞行时工作，该设备体积小、质量轻，可以直接装载在弹道导弹上，不会对弹道导弹射程产生影响。

智能终端模拟器随弹道导弹发射后，由弹道导弹根据飞行射程控制其开机，当弹道导弹判断已经进入 B 国反导防御体系范围内后，控制智能终端模拟器开机，侦测可能的无线网络通信信号。若反导防御体系各地面单元设备距离弹道导弹飞行轨迹较远时，由于可侦测到的网络通信信号较弱，低于智能终端模拟器的灵敏度，则无法对该通信网络进行迟滞。一定存在一路无线通信网络会被侦测到，就是制导雷达与拦截导弹间的通信数据链，拦截导弹若想实施拦截，一定会不断接近弹道导弹，当拦截导弹接近到一定程度，其与制导雷达间的数据通信网络就会被侦测到，智能终端模拟器开始不断生成大量模拟终端，造成制导雷达与拦截导弹间的通信网络阻塞，拦截导弹接收制导雷达上传的目标信息更新滞后，降低了拦截导弹的制导精度。反导作战，对制导精度的要求极高，制导精度的下降意味着拦截失败。

4. 作战推演

A 军 E 战区司令部利用仿真系统和作战推演系统，对上述作战计划进行了推演仿真。结果表明，智能终端模拟器能够造成 B 国反导防御体系无线通信网络延迟达到 500 ms 以上的概率为 85%。当反导防御体系无线通信延迟达到 500 ms 以上时，反导拦截的成功率将下降至 10%。综合评估，当在弹道导弹上加装智能终端模拟器，弹道导弹突破反导防御体系的概率将达到 76% 以上。据此 A 军高层批准 E 战区司令部作战计划。

三、作战过程

作战行动就是 OODA 作战任务环，可划分为观察、调整、决策、行动环节的闭环。

观察环节。智能终端模拟器开机后，在弹道导弹飞行全过程，不断侦测周围的无线网络通信信号。智能终端模拟器可以同时侦测多个无线网络通信信号。

调整环节。智能终端模拟器侦测到无线网络通信信号后，调整生成虚拟终端。智能终端模拟器可以同时生成多组不同无线网络通信信号的虚拟终端。

决策环节。智能终端模拟器向外辐射虚拟终端信号。智能终端模拟器可以同时向外辐射多组不同无线网络通信信号的虚拟终端信号。

行动环节。智能终端模拟器向外辐射的虚拟终端信号进入 B 国反导防御体系的无线通信网络，造成无线通信网络堵塞。

评估环节。A 军 E 战区司令部评估认为，通过敏捷力失能打击，在智能终端模拟器入侵到 B 国反导防御体系无线网络后，造成了反导体系无线通信网络拥堵、通信延迟加剧，作战信息无法及时在体系中运转，最终造成 B 国拦截精度下降和拦截失败。A 军成功实现了对 B 国反导防御体系破袭，保证了 A 国弹道导弹打击计划的顺利实施，达到了预期目的。

第十一节　协同力失能毁伤运用

航母编队包含多种作战单元，如航空母舰、驱逐舰、护卫舰、预警机、战斗机、直升机、防空导弹、反舰导弹等，各作战单元精准协同、分工明确，共同形成航母作战体系。航母作战体系内各作战单元的精准协同，是在预警机的统一指挥下完成的。一旦预警机无法正常工作，航母作战编队将由于缺失统一指挥而丧失协同力，从而使作战能力大打折扣。

一、作战背景

B 国对 A 国正式宣战。X 日，B 国航母编队正在向 A 国海岸线方向前进，企图对 A 国某沿海城市进行打击。A 国已向 B 国航母编队发射多枚反舰导弹，均被 B 国航母作战体系利用预警机+舰载雷达+防空导弹的协同防空模式成功拦截。B 国首先利用预警机升空探测的方式，对低空掠海飞行的反舰导弹进行探测，解决了舰载雷达对低空目标发现距离近的防御短板，并利用预警机的探测信息，将探测到的目标信息发送给舰载火控系统，控制导弹发射、制导导弹飞行。通过预警机与舰载防空系统的精准协同，大大提高了防空导弹对低空掠海反舰弹的拦截距离，增加了可拦截次数，提高了拦截概率。

二、作战筹划

1. 作战决心

针对 B 国航母编队在预警机统一指挥下表现出来的精准协同，A 国高层命令 A 军尽快找到航母编队体系弱点，采用一切技战术方法和措施，重点打击航母编队的协同能力，进而实现对 B 国航母编队的全面打击，击退 B 国航母编队。

2. 作战设计

A 军 E 战区司令部针对高层的作战命令，经过战斗复盘，发现预警机是整个航母编队协同力的核心，若能对预警机产生有效毁伤，则可彻底瘫痪 B 国航母编队的协同作战能力。预警机通常靠后指挥，所处位置超出传统防空导弹拦截射程。预警机作为航母编队的核心信息节点，机身表面布满各种天线，洞察到此特征，A 军拟采用电磁脉冲弹对预警机进行打击，利用电磁脉冲弹爆炸时产生的强大电磁波，通过预警机天线耦合进入预警机内部，可击穿预警机内部电子器件。

3. 作战计划

A 军 E 战区司令部制订了 2 个阶段作战计划。

第一阶段为电磁脉冲弹打击。A 军利用侦察卫星及前出战机，观察 B 国航母编队预警机起飞状态。若发现 B 国预警机正在空中执行任务，则通过侦察卫星及前出战机，测算其距离 A 军岸防部队距离。当 B 国预警机进入 A 国电磁脉冲弹射程后，E 战区司令部命令岸防部队，发射 1 枚电磁脉冲弹。电磁脉冲弹飞至 B 国预警机附近时起爆。电磁脉冲战斗部起爆形成的电磁波，通过预警机机身天线，进入预警机内部，造成其内部电子器件损伤。

电磁脉冲弹选择预警机作为协同力失能毁伤对象。预警机机身布满了各个频段的天线，电磁脉冲弹在其附近起爆后，形成的强电磁波可以通过天线进入预警机内部，击穿其内部器件。电磁脉冲弹爆炸后，其电磁波的作用范围很大，因此无须考虑导弹拦截精度的问题，可选择远程反舰导弹作为电磁脉冲弹的改装平台，以解决防空导弹射程不足的问题。

第二阶段为反舰导弹打击。B国预警机丧失作战能力后，A军E战区司令部命令岸防部队，以集火齐射的方式，向B国航母编队发射50枚反舰导弹。反舰导弹采用前期低空掠海飞行，末端跃起俯冲攻击的飞行弹道。前期由于反舰导弹飞行高度较低，超出了舰载雷达的探测范围，在没有预警机空中信息支援的情况下，单利用舰载防空系统，对此类低空掠海目标的探测距离有限，为防空系统留下的拦截反应时间很短，有利于实现突防。

4. 作战推演

A军E战区司令部利用仿真系统和作战推演系统，对上述作战计划进行了推演仿真。结果表明，在第一阶段作战行动中，电磁脉冲弹能够毁伤B国预警机的概率为80%，还有20%的概率未能毁伤。

在第二阶段作战行动中，若B国预警机不能正常工作，50枚反舰导弹中有40枚以上击中B国航母编队的概率为90%；若B国预警机在第一阶段未受损伤，还可正常工作，50枚反舰导弹中有40枚以上击中B国航母编队的概率为30%；E战区司令部评估认为，若有40枚以上反舰导弹击中B国航母编队，B国航母编队指挥官会选择撤退。

综合两个阶段的作战行动，成功击退B国航母编队的概率为78%。据此A军高层批准E战区司令部作战计划。

三、作战过程

两个阶段的作战行动就是两个OODA作战任务环，每个作战阶段均可划分为观察、调整、决策、行动环节的闭环。作战行动的任务过程，就是每个作战行动任务链的闭合过程。

1. 第一阶段

观察环节。A军E战区司令部利用侦察卫星和前出飞机，观察B国预警机飞行状态，作为发射电磁脉冲弹的依据。

调整环节。A军E战区司令部根据B国预警机飞行状态，实时调整电磁脉冲弹的发射时机和发射角度。

决策环节。A军E战区司令部命令E战区岸防部队，发射电磁脉冲弹。

行动环节。电磁脉冲弹飞向B国预警机，在预警机附近爆炸，对预警机内部电子器件造成损伤。

评估环节。A军E战区司令部利用侦察卫星和前出飞机，观察B国预警机在电磁脉冲弹起爆后的变化。若电磁脉冲弹起爆后一段时间，B国预警机降落回航母，表明其受到电磁脉冲弹的损伤；若电磁脉冲弹起爆后，B国预警机还能长时间继续飞行，表明其还在执行作战任务，未受到实质性损伤。

2. 第二阶段

观察环节。A军E战区司令部通过侦察卫星和前出飞机，观察B国预警机飞行状态，确定第一阶段毁伤效果。

调整环节。A军E战区司令部根据第一阶段毁伤效果，命令岸防部队调整50枚反舰导弹的发射参数。

决策环节。A军E战区司令部命令岸防部队，向B国航母编队，发射50枚反舰导弹。

行动环节。50枚反舰导弹按低空掠海弹道飞向B国航母编队。有42枚成功击中B国航母编队内部舰船，有5枚被B国航母编队击落，有3枚由于可靠性原因，未能全程正常飞行。

评估环节。A军E战区司令部评估认为，通过协同力失能打击，在成功毁伤B国航母编队预警机后，使B国航母编队协同能力大幅下降，航母内各个作战单元只能独立作战，彼此之间没有信息流动。A军成功利用这一漏洞，完成了对B国航母编队的全面打击任务，击退了B国航母编队，达到了预期目的。

第十二节　弹性力失能毁伤运用

陆战体系包含多种作战单元，如坦克、火炮、无人机、直升机、火箭弹、巡航导弹、各种轻武器等。地面战场相比其他作战域，其消耗是最大的，包括对弹药的消耗、车辆的战损、人员的伤亡等。因此，陆战体系对体系弹性力的需求更为突出，是决定其能够持久作战的关键，具体表现为弹药的快速补给、车辆的快速维修、兵员的快速增补等。陆战体系一旦失去弹性力，将会被对手逐渐消耗，最终失去作战能力。

一、作战背景

A、B两国处于战争状态，并已进入地面战争阶段。A国计划对B国C城实施占领，以支持其下一步作战计划。为争夺C城，A、B两国已经进行了多日的消耗战，双方均损失巨大。但A国发现，B国经过几次消耗战，其战争资源并没有发生明显的变化，火力和装备的充盈程度与开战初期相比没有大的区别。这让 A 国指挥官很担心，随着战斗的继续，局势将朝对 A 国不利的方向发展。

二、作战筹划

1. 作战决心

针对 B 国的快速恢复能力，A 国高层命令 A 军尽快找到 B 国守城部队的弱点，采用一切技战术方法和措施，逐渐消耗 B 国守城部队的战斗资源，最终击溃 B 国守城部队，占领 C 城。

2. 作战设计

A 军攻城司令部针对高层的作战命令，向 C 城内部派出侦察部队。经过侦察，发现 B 国军队每次战斗后能够快速恢复的原因在于 C 城城内有 2 座军事维修厂，正日夜不停地为 B 国军队维修战车、补给弹药，使得 B 国每次战斗后，军力都能得到快速的补充。为打击 B 国陆战体系的弹性力，A 国决定向 C 城内的 2 座军事维修厂发射导弹，瘫痪其补给能力。

3. 作战计划

A 军攻城司令部制订了 2 个阶段作战计划。

第一阶段为打击军事维修厂。通过小型侦察无人机潜入 C 城，对 2 座军事维修厂进行俯视图拍照，用于巡航导弹图像匹配制导。派遣特战人员潜入 C 城，潜伏在 2 座军事维修厂附近，等待观察巡航导弹毁伤效果。发射 4 枚导弹，分别对 2 座军事维修厂进行打击，破坏其补给能力。

第二阶段为持续地面进攻。确认 C 城内 2 座军事维修厂失去补给能力后，A 军命令地面攻城部队继续发起地面进攻，双方再一次进入新一轮消耗战，由于没有资源补给，B 国守城部队作战资源逐渐消耗殆尽，开始做撤退转移准备。

4. 作战推演

A 军攻城司令部利用仿真系统和作战推演系统，对上述作战计划进行了推演仿真。结果表明，在第一阶段作战行动中，4 枚巡航导弹对 2 座军事维修厂的摧毁概率为 95%。

在第二阶段作战行动中，在没有军事补给情况下，B 国守城部队持续作战时间不超过 5 天的概率为 90%。

综合两个阶段的作战行动，A 军攻城部队在 5 天内击溃 B 国守城部队、占领 C 城的概率高达 85% 以上。据此 A 军高层批准攻城司令部的作战计划。

三、作战过程

两个阶段的作战行动就是两个 OODA 作战任务环，每个作战阶段均可划分为观察、调整、决策、行动环节的闭环。作战行动的任务过程，就是每个作战行动任务链的闭合过程。

1. 第一阶段

观察环节。A 军攻城部队派出小型侦察无人机潜入 C 城，对 2 座军事维修厂进行定位和拍照，用于巡航导弹制导飞行。

调整环节。A 军攻城司令部根据小型侦察无人机的回传信息，获得 2 座军事维修厂的位置、防护程度等信息，调整打击弹药的类型。

决策环节。A 军攻城司令部命令 A 军巡航导弹部队，按小型侦察无人机探测的位置和图像，发射 4 枚巡航导弹，分别打击 2 座军事维修厂。

行动环节。4 枚巡航导弹按制导信息，对 2 座军事维修厂进行打击，破坏其生产维修能力。

评估环节。4 枚巡航导弹爆炸后，潜伏在 2 座军事维修厂附近的特战人员将现场图像传回 A 军攻城司令部。评估认为，4 枚巡航导弹成功击毁了 2 座军事维修厂的主要设施，使其丧失了生产、维修能力。小型侦察无人机、特战人员前期能够顺利进入 C 城获取 2 座军事维修厂的信息，4 枚巡航导弹能够轻松摧毁军事维修厂，表明 B 国对军事维修厂的保护等级与其在战场上发挥的价值并不匹配，B 国守城部队未意识到弹性力对体系作战的重要意义。第一阶段作战行动取得预期效果。

2. 第二阶段

观察环节。A 军攻城司令部通过回传的 2 座军事维修厂损毁情况，判断 B 国守城部队后续军事补给能力。

调整环节。根据对 B 国守城部队后续军事补给能力的判断，A 军攻城司令部调整下一步攻城计划和持续时间。

决策环节。A 军攻城司令部命令攻城部队，向 B 国守城部队发起新一轮消耗战。

行动环节。A 军攻城部队向 B 国守城部队发起进攻。

评估环节。A 军攻城司令部评估认为，通过弹性力失能打击，在成功破坏 B 国守城部队补给能力后，使 B 国守城部队无法承受长期消耗战，A 军成功利用这一漏洞，击溃了 B 国守城部队，占领了 C 城，达到了预期目的。

附　　表

附表 1：

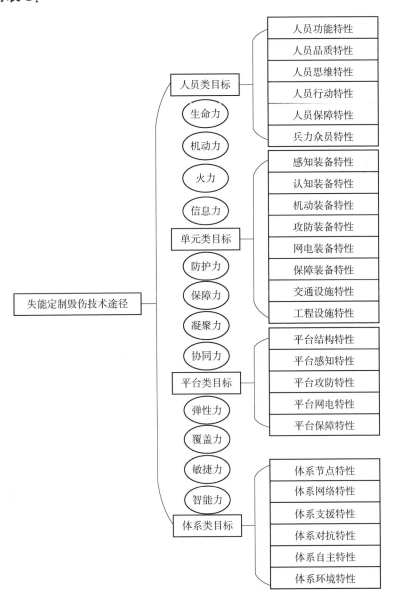

附表 2：

途径	毁伤技术		
人员功能特性毁伤技术途径	破片云动能失明毁伤技术	冲击波超压失聪毁伤技术	沙尘云迷眩毁伤技术
	烟雾云遮断毁伤技术	燃烧弹失明毁伤技术	化学雾剂失明毁伤技术
	强光失明毁伤技术	脑机接口侵入毁伤技术	数据造假毁伤技术
	情报造假毁伤技术	目标造假毁伤技术	利用舆论战毁伤技术
	利用心理战毁伤技术	利用法律战毁伤技术	破片云动能毁伤芯片技术
	过热毁伤计算机技术	化学溶剂脆化和融化技术	过压和过流毁伤技术
	强电磁脉冲毁伤技术	高功率微波毁伤技术	光辐射毁伤技术
	核辐射毁伤技术	网络战毁伤技术	人机交互系统硬毁伤技术
	人机交互系统软毁伤技术	人机交互阻隔毁伤技术	人机交互干扰压制毁伤技术
	人机交互系统网络毁伤技术		
人员品质特性毁伤技术途径	超大威力战斗部技术	气象武器毁伤技术	天基太阳能毁伤技术
	天基微波能毁伤技术	天基激光能毁伤技术	"人造天雷"毁伤技术
	电击毁伤技术	特种声波毁伤技术	"人造磁场"毁伤技术
	阻滞遮断毁伤技术	动能斩首毁伤技术	激光斩首毁伤技术
	精神效应毁伤技术	心理效应毁伤技术	信息造假毁伤技术
人员思维特性毁伤技术途径	脑损伤特种毁伤技术	脑记忆毁伤技术	脑思维毁伤技术
	脑功能区特种毁伤技术	脑冲动和情绪冲动毁伤技术	高温环境毁伤技术
	思维惯性增强毁伤技术	思维影响和操控毁伤技术	战略误导和欺骗毁伤技术
	连环误导和欺骗毁伤技术	计算机"死机"毁伤技术	人机认知交错毁伤技术
	计算机温度效应毁伤技术	算力降低毁伤技术	算法降效毁伤技术
	"电磁雾霾"阻断毁伤技术	控制链路接管毁伤技术	
人员行动特性毁伤技术途径	改变道路环境条件毁伤技术	人体升温和失温毁伤技术	运动神经肌肉麻痹毁伤技术
	心血管增负毁伤技术	强激光毁伤技术	强电（磁）毁伤技术
	人机协同行动毁伤技术	脑机接口操控毁伤技术	
兵力众员特性毁伤技术途径	云爆弹毁伤技术	杀爆弹毁伤技术	温压弹毁伤技术
	分布式战斗部毁伤技术	子母式战斗部毁伤技术	协同打击毁伤技术
	饱和攻击毁伤技术	广域燃烧弹毁伤技术	高温辐射弹毁伤技术
	战场局部升温降温毁伤技术	特种化学制剂伪装毁伤技术	特种气溶胶伪装毁伤技术
	通信反辐射毁伤技术	分布式电子干扰毁伤技术	协同式信息造假毁伤技术
	分布式心理战毁伤技术	分布式舆论战毁伤技术	分布式法律战毁伤技术
	分布式网络战毁伤技术		
人员保障特性毁伤技术途径	与人员品质特性和保障装备特性毁伤技术相同		

附表 3：

类别	毁伤技术	
感知装备特性毁伤技术途径	传感器云毁伤技术	传感器保护罩云毁伤技术
	传感器腐蚀毁伤技术	传感器阻断毁伤技术
	协同相参电子诱饵毁伤技术	网络破断毁伤技术
	强激光致盲致眩毁伤技术	强光致盲致眩毁伤技术
	智能诱饵对抗毁伤技术	数据造假对抗毁伤技术
	传感器纵燃毁伤技术	分布式电子诱饵毁伤技术
	电子干扰毁伤技术	电子对抗反辐射毁伤技术
认知装备特性毁伤技术途径	热防护系统毁伤技术	计算机强电磁脉冲毁伤技术
	计算机数据对抗毁伤技术	计算机网络对抗毁伤技术
机动装备特性毁伤技术途径	穿爆燃毁伤技术	穿变阻毁伤技术
	化学腐蚀毁伤技术	气溶胶吸入毁伤技术
	化学粘附毁伤技术	能量物质改性毁伤技术
	隔离网络入侵毁伤技术	
攻防装备特性毁伤技术途径	共振频率爆轰毁伤技术	末制导保护罩毁伤技术
	电击穿毁伤技术	电（磁）场再造毁伤技术
	制导信号造假毁伤技术	机动外形改变毁伤技术
	机动流场改变毁伤技术	湍流激发毁伤技术
	平台信息阻断毁伤技术	体系信息阻断毁伤技术
	支援信息造假毁伤技术	
保障装备特性毁伤技术途径	物资变质毁伤技术	物资纵燃毁伤技术
	遮蔽失效毁伤技术	气象武器毁伤技术
	水文武器毁伤技术	地理武器毁伤技术
	要素造假毁伤技术	
交通设施特性毁伤技术途径	微型爆破"冰雹"毁伤技术	高温铝热剂轨道毁伤技术
	钢结构脆化毁伤技术	电气化铁路碳纤维毁伤技术
	交通指挥控制网络毁伤技术	交通航路封锁封堵毁伤技术
	交通信号干扰压制毁伤技术	交通驿站持续封控毁伤技术
	交通节点持续封控毁伤技术	
工程设施特性毁伤技术途径	通道结构阻断毁伤技术	通道设施阻断毁伤技术
	通道爆轰效应毁伤技术	通道传播效应毁伤技术
	工事供电保障毁伤技术	工事供水保障毁伤技术
	工事换气保障毁伤技术	工事介质击穿毁伤技术
	工事信息封锁毁伤技术	工事信息造假毁伤技术
网电装备特性毁伤技术途径	与体系网络特性毁伤技术相同	

附表4：

平台结构特性毁伤技术途径	
热防护结构毁伤技术	力防护结构毁伤技术
电磁防护结构毁伤技术	破壳式防护结构毁伤技术
粘附式防护结构毁伤技术	嵌入式防护结构毁伤技术
环境增强毁伤技术	"后门"洞开电磁毁伤技术
预毁伤防护结构毁伤技术	连带毁伤防护结构毁伤技术
破壳式隐身结构毁伤技术	红外隐身防护结构毁伤技术
背景隐身防护结构毁伤技术	雷达隐身防护结构毁伤技术
粘附式隐身结构毁伤技术	嵌入式隐身结构毁伤技术
放热式红外特性毁伤技术	吸入式红外特性毁伤技术
机械连接结构毁伤技术	电气连接结构毁伤技术
共振式连接结构毁伤技术	疲劳式连接结构毁伤技术

平台攻防特性	
传感器破片云毁伤技术	传感器化学熔毁毁伤技术
传感器雾霾遮蔽毁伤技术	传感器干扰压制毁伤技术
传感器目标造假毁伤技术	发射装置殉爆毁伤技术
平台惯导基准毁伤技术	杀伤链闭环迟滞毁伤技术
末制导罩通用拦截毁伤技术	伴随式多目标打击毁伤技术
烟火式景象匹配毁伤技术	遮蔽式反辐射毁伤技术

平台保障特性	
目标变特性毁伤技术	目标藏特性毁伤技术
目标假特性毁伤技术	

平台感知特性毁伤技术途径	与感知装备特性毁伤技术相同

平台网电特性	与体系网络特性毁伤技术相同

附表 5:

类别	技术
体系节点特性毁伤技术途径	天基伴飞干扰毁伤技术 天基网络攻防毁伤技术 天基对接脱轨毁伤技术 天基动能毁伤技术 天基寄生毁伤技术 天基轨道操控毁伤技术 天基碎片操控毁伤技术
体系网络特性毁伤技术途径	利用系统漏洞毁伤技术 电脑木马毁伤技术 嗅探器毁伤技术 物理介质传播毁伤技术 网络防火墙毁伤技术 网络加密毁伤技术 入侵检测毁伤技术 网络安全扫描毁伤技术
体系对抗特性毁伤技术途径	运用条件毁伤技术 运用流程毁伤技术 运用周期毁伤技术 可靠性毁伤技术 维修性毁伤技术 保障性毁伤技术 测试性毁伤技术 安全性毁伤技术 环境适应性毁伤技术
体系自主特性毁伤技术途径	广域体系自主特性毁伤技术 多域体系自主特性毁伤技术 分布体系自主特性毁伤技术
体系环境特性毁伤技术途径	广域体系环境毁伤技术 多域体系环境毁伤技术 分布体系环境毁伤技术
体系支援特性毁伤技术途径	与感知装备特性、平台感知特性、体系网络特性、体系自主特性、体系对抗特性毁伤技术相同

参考文献

[1] 军事科学院. 中国人民解放军军语 [M]. 北京：战士出版社, 1982.

[2] 精确打击洞见. 非负之言——战斗力的要素 [OL]. (2021.03.02) [2022. 07.28]. https://mp.weixin.qq.com/s/-hEGajQYUSOX1rg9eTkyyA.

[3] 精确打击洞见. 非负之言——导弹装备体系漫谈（六）[OL]. (2021.08. 09) [2022.07.28]. https://mp.weixin.qq.com/s?src=11&timestamp=1658479825&ver=3935&signature=LwA3z3ZB*XL50Vn*xeUK3tkagmOD9Pbo8-bvSNjfuDOk1n0D.

[4] 目光. 导弹定制毁伤导论 [M]. 北京：北京理工大学出版社, 2020.

[5] 精确打击洞见. 如何表达导弹作战体系的能力 [OL]. (2022.03.06) [2022. 07.28]. https://mp.weixin.qq.com/s/U8BqHi4IsMY-kxdVscK1KA

[6] 目光. 导弹定制毁伤导论 [M]. 北京：北京理工大学出版社, 2020.

[7] 韩明磊, 马晶, 周泽宇, 等. 基于 Agent 建模的海战场杀伤链评估系统研究 [J]. 计算机仿真, 2022, 39 (03)：11-16+406.

[8] 李清. 精确打击新思考 [J]. 国际航空, 2010 (05)：18-21.

[9] 赵国宏. 从俄乌冲突中杀伤链运用再看作战管理系统 [J/OL]. 战术导弹技术：1-20 [2022-07-27]. DOI：10.16358/j.issn.1009-1300.2220537.

[10] 王耀祖, 尚柏林, 宋笔锋, 等. 基于杀伤链的作战体系网络关键节点识别方法 [J/OL]. 系统工程与电子技术：1-11 [2022-07-27]. https://kns.cnki.net/kcms/detail/11.2422.TN.20220615.1421.015.html

[11] 王建平, 胡春阳, 曹维, 等. 防空反导软硬杀伤综合运用研究 [J]. 火力与指挥控制, 2022, 47 (05)：183-187.

[12] 熊旭, 程光, 张玉健, 等. 基于态势感知和网络杀伤链的电网报警关联分析 [J]. 工业信息安全, 2022 (02)：13-24.

[13] 江海超. 注重构建跨域杀伤链 [N]. 解放军报, 2021-11-23 (007). DOI：10.28409/n.cnki.njfjb.2021.007298.

[14] 杨松, 王维平, 李小波, 等. 杀伤链概念发展及研究现状综述 [C]//. 第三届体系工程学术会议论文集——复杂系统与体系工程管理., 2021：67-72. DOI：10.26914/c.cnkihy.2021.018411.

[15] 杀伤链：美军制胜未来战争之道 [J]. 军事文摘, 2021 (03)：6.

[16] 张传良, 丁浩淼. 从杀伤链到杀伤网——全域作战视角下的杀伤链战略

[J]. 军事文摘, 2021 (03): 7-12.

[17] 苟子奕, 韩春阳. 美陆军杀伤链作战体系建设发展探析——以"项目融合"演习为例 [J]. 军事文摘, 2021 (03): 19-24.

[18] 刘冠邦, 张昕, 郑明. 美军空战场杀伤链发展与启示 [J]. 指挥信息系统与技术, 2020, 11 (04): 10-14. DOI: 10.15908/j.cnki.cist.2020.04.002.

[19] 刘子骛. 云协同作战分析 [J]. 现代工业经济和信息化, 2019, 9 (06): 119-120. DOI: 10.16525/j.cnki.14-1362/n.2019.06.54.

[20] 郝英好, 严晓芳, 赵楠. 无人机在优化时敏目标杀伤链中的作用研究 [J]. 中国电子科学研究院学报, 2015, 10 (06): 662-666.

[21] 郜越, 敖志刚, 李宁, 等. 时间敏感目标打击杀伤链的优化问题 [J]. 兵工自动化, 2012, 31 (05): 9-12.

[22] 王志军, 尹建平. 弹药学 [M]. 北京: 北京理工大学出版社, 2005.

[23] 张合. 引信与武器系统交联理论及技术 [M]. 北京: 国防工业出版社, 2010.

[24] 王树山. 终点效应学 [M]. 2版. 北京: 北京理工大学出版社, 2019.

[25] 李世中. 引信概论 [M]. 北京: 北京理工大学出版社, 2017.

[26] 臧晓京, 蒋琪. 威力可调的常规战斗部 [J]. 飞航导弹, 2011 (04): 90-91+97.

[27] 李元, 温玉全. 定向战斗部毁伤效能评估 [J]. 兵工学报, 2021, 42 (S1): 1-10.

[28] 付斯琴, 姬聪生, 姬军鹏. 偏心起爆定向战斗部引战系统设计的几个问题 [J]. 现代防御技术, 2020, 48 (01): 26-31.

[29] 崔瀚, 张国新. 定向战斗部研究现状及展望 [J]. 飞航导弹, 2019 (03): 84-89. DOI: 10.16338/j.issn.1009-1319.20180272.

[30] 王红宇. 随动定向战斗部驱动旋转测试系统设计 [D]. 太原: 中北大学, 2018.

[31] 李元. 偏心起爆定向战斗部若干理论与技术研究 [D]. 北京: 北京理工大学, 2016.

[32] 赵宇哲, 李健, 马天宝. 展开式定向战斗部展开过程实验研究 [J]. 高压物理学报, 2016, 30 (02): 116-122.

[33] 张蓬蓬, 张俊宝, 宋琛. 定向战斗部在空空导弹上的应用分析 [J]. 电光与控制, 2015, 22 (03): 93-96.

[34] 尤杨. 多点偏心起爆战斗部的旋转定向及杀伤效应研究 [D]. 北京: 北

京理工大学，2015.

[35] 滕玺，米双山. 定向战斗部的现状分析与发展 [J]. 飞航导弹，2014 (04)：89-94. DOI：10.16338/j.issn.1009-1319.2014.04.008.

[36] 于锋. 某型防空反导定向战斗部关键技术研究 [D]. 沈阳：沈阳理工大学，2014.

[37] 《中国大百科全书》编委会. 中国大百科全书 [M]. 北京：中国大百科全书出版社，1989.

[38] 《兵器工业科学技术辞典》编委会. 兵器工业科学技术辞典 [M]. 北京：国防工业出版社，1991.

[39] 《中国军事百科全书》编委会. 中国军事百科全书 [M]. 2版. 北京：军事科学出版社，1991.

[40] 舒远杰. 炸药学概论 [M]. 北京：化学工业出版社，2011.

[41] 王世英，计冬奎. 二次起爆云爆战斗部的发展趋势 [C] //. OSEC首届兵器工程大会论文集.，2017：325-328.

[42] 杜伟. 云爆弹结构与气动特性分析 [D]. 太原：中北大学，2017.

[43] 吴力力，丁玉奎，甄建伟. 云爆弹关键技术发展及战场运用 [J]. 飞航导弹，2016 (12)：41-46.

[44] 李红波. 能量守恒应用广，分门别类规律朗 [J]. 求学，2021 (13)：37-39.

[45] 李向东，杜忠华. 目标易损性 [M]. 北京：北京理工大学出版社，2013.

[46] 房桂祥，周之翔，王彩霞，等. 战术武器文化内涵刍议 [J]. 航天工业管理，2016 (11)：35-37.

[47] 张允航. 弹目交会目标毁伤评估策略研究 [D]. 西安：西安工业大学，2021.

[48] 精确打击洞见. 有效毁伤与毁伤有效性的目的意义 [EB/OL]. https://www.sohu.com/a/535226084_358040，2022-04-04.

[49] 邓宇，邓非，邓海. 信息能的概念与定量 [J]. 医学信息，2007 (04)：676.

[50] 陈铭，史志中，蔡克荣. 弹目相对速度对防空导弹引战配合的影响 [J]. 制导与引信，2015，36 (03)：7-11.

[51] 张合. 引信与环境 [J]. 探测与控制学报，2019，41 (01)：1-5.

[52] 邓甲昊. 引信目标探测基本理论与分析 [J]. 制导与引信，2005 (02)：1-6.

[53] 李争，刘元雪，胡明，等. "上帝之杖" 天基动能武器毁伤效应评估 [J].

振动与冲击，2016，35（18）：159-164+180.

[54] 许全均，孙国基. 未来的舰载电能武器［J］. 舰载武器，1997（01）：26-27.

[55] 吴凡. 21世纪超级武器——电能武器［J］. 军事史林，2002.

[56] 肖金石，刘文化，张世英，等. 强电磁脉冲对导弹的电磁毁伤性分析［J］. 火力与指挥控制，2010，35（08）：63-65+74.

[57] 王伟力，余迅，李永胜. E-弹-大规模电性毁伤武器［J］. 海军航空工程学院学报，2006，21（5）：593-593.

[58] 田锦昌，袁健全，陈旭情. 电磁炸弹——一种大规模电磁毁伤武器（上）［J］. 飞航导弹，2007（03）：23-30.

[59] 杨志群，倪晋麟，储晓彬，等. 关于主瓣干扰抑制技术的研究［J］. 电波科学学报，2003（02）：147-152.

[60] 姜璐. 信息科学交叉研究［M］. 浙江教育出版社，2007.

[61] 军事科学院. 中国人民解放军军语［M］. 解放军战士出版社，1982.

[62] 精确打击洞见. 非负之言——体系的域模块［OL］.（2022.08.01）［2022.08.03］. https://mp.weixin.qq.com/s/cwWolp6BHTYSvXjYeAZNZA.

[63] 精确打击洞见. 导弹作战原则［OL］.（2022.07.20）［2022.08.03］. https://mp.weixin.qq.com/s/WjUn-QTaOgtzEO5RqM4Rbg.

[64] 精确打击洞见. 非负之言——导弹杀伤链之痛［OL］.（2022.06.22）［2022.08.03］. https://mp.weixin.qq.com/s/EdlkdO2vEkvVQ-MwuQLN2QQ.

[65] 精确打击洞见. 如何表达导弹作战体系的能力［OL］.（2022.03.06）［2022.08.03］. https://mp.weixin.qq.com/s/U8BqHi4IsMY-kxdVscK1KA.

[66] Bai du 百科. 装备保障能力［OL］.（2022.07.27）［2022.07.27］. https://baike.baidu.com/item/装备保障能力/50904000.

[67] Bai du 百科. 自组织［OL］.（2022.07.27）［2022.07.27］. https://baike.baidu.com/item/自组织/6997559.

[68] Bai du 百科. 向心力［OL］.（2022.07.27）［2022.07.27］. https://baike.baidu.com/item/向心力/13236677.

[69] Bai du 百科. 导弹姿态控制系统［OL］.（2022.07.27）［2022.07.27］. https://baike.baidu.com/item/导弹姿态控制系统/9222627.

[70] Bai du 百科. 脑机接口［OL］.（2022.07.27）［2022.07.27］. https://baike.baidu.com/item/脑机接口/7864914?fr=aladdin.

[71] Bai du 百科. 听觉器官［OL］.（2022.07.27）［2022.07.27］. https://baike.baidu.com/item/听觉器官/2363264.

[72] Bai du 百科. 主动防御系统 [OL].(2022.07.27)[2022.07.27]. https://baike.baidu.com/item/主动防御系统/22095295?fr=aladdin.

[73] Bai du 百科. 军事地理保障 [OL].(2022.07.27)[2022.07.27]. https://baike.baidu.com/item/军事地理保障/22636273?fr=aladdin.

[74] Bai du 百科. 气象水文装备 [OL].(2022.07.27)[2022.07.27]. https://baike.baidu.com/item/气象水文装备/12532433?fr=aladdin.

[75] Bai du 百科. 战场感知 [OL].(2022.07.27)[2022.07.27]. https://baike.baidu.com/item/战场感知/2841075?fr=aladdin.

[76] Bai du 百科. 信息感知 [OL].(2022.07.27)[2022.07.27]. https://baike.baidu.com/item/信息感知/50892601?fr=aladdin.